高职高专"十二五"电气信息类规划教材

电 路 基 础

主　编　侯卓生　焦舒玉
副主编　汤　燕
参　编　陈江宁　马金燕
　　　　魏倩茹　孙　娜

U0278859

华中科技大学出版社
中国·武汉

内 容 提 要

本书在结构、内容安排等方面融入了编者多年来的教学经验,力求全面体现高等职业教育的特点,满足当前教学的需要。

本书包括电路的基本概念和基本定律、电路的基本分析方法、电路的基本定理、正弦交流电路及其应用、三相交流电路、互感与谐振电路、非正弦周期电流电路、线性动态电路分析、二端网络 9 章内容。

本书是全国高职高专"十二五"电气信息类规划教材,可作为高职高专院校电路基础课程的教学用书。

图书在版编目(CIP)数据

电路基础/侯卓生　焦舒玉　主编.—武汉:华中科技大学出版社,2011.8
ISBN 978-7-5609-7189-6

Ⅰ.电… Ⅱ.①侯… ②焦… Ⅲ.电路理论-高等职业教育-教材 Ⅳ.TM13

中国版本图书馆 CIP 数据核字(2011)第 129334 号

电路基础　　　　　　　　　　　　　　　侯卓生　焦舒玉　主编

策划编辑:田　密
责任编辑:熊　慧
封面设计:潘　群
责任校对:周　娟
责任监印:周治超
出版发行:华中科技大学出版社(中国·武汉)
　　　　　武昌喻家山　　邮编:430074　　电话:(027)81321915
录　　排:武汉佳年华科技有限公司
印　　刷:武汉华工鑫宏印务有限公司
开　　本:787mm×1092mm　1/16
印　　张:12.25
字　　数:310 千字
版　　次:2017 年 7 月第 1 版第 4 次印刷
定　　价:25.80 元

前　　言

本书共分为 9 章,在编写中将传统的电路课程内容进行了重新规划和整合,注重对学生素质及实践能力、创新能力的培养,突出了以下几个方面的特点。

(1) 理论和实践相结合,拓宽学生的视野。

(2) 将理论教学和实践教学融为一体,既是理论学习的参考书,又是实验实训指导书。在实验实训项目的选取上,精心挑选了 12 个项目,锻炼学生的实践能力和工程技能。

(3) 每章开始都有针对本章的教学要求,章后有本章小结和习题,梳理了教学重点,便于学生自学和检验,培养了学生的自学能力。

本书第 1 章由孙娜老师编写,第 2、3 章由马金燕老师编写,第 4、5 章由陈江宁老师编写,第 6、7 章由魏倩茹老师编写,第 8、9 章由汤燕老师编写。全书由侯卓生教授和焦舒玉教授最终审稿。

本书可作为相关高职高专电力系统自动化、电气自动化、发电厂及电力系统自动化等专业的教材,也可作为电力行业的培训教材。

编　者
2011 年 5 月

目　　录

第 1 章　电路的基本概念和基本定律

教学目标

本章介绍电路、电路模型的概念，电流、电压及其参考方向，定义电阻、电容、电感等基本电路元件，着重阐述电路分析中最基本的规律——基尔霍夫定律。要求能正确画出简单设备的电路图，理解电路模型的含义；掌握电功率和电能的计算方法；能正确标出各电量的参考方向，明确参考方向与实际方向的关系；理解并掌握基尔霍夫定律，能将 KCL、KVL 应用到电路分析中。

1.1　电路和电路模型

【案例 1-1】　手电筒电路是一种常用的简单实用电路。这个电路由一个电源（干电池）、一个负载（小灯泡）、一个开关和若干导线所组成，如图 1-1 所示。

1. 电路的概念

电路是电流流通的闭合路径，是为了实现特定的功能将某些电气设备和元器件按一定方式连接而成的一个集合体。电路又称网络，由电源、负载和中间环节三个部分组成。电路中提供电能的设备或元器件称为电源（如电池）；电路中吸收电能或输出信号的元器件称为负载（如电灯）；中间环节是连接电源和负载的部分（如导线），用来传输和控制电能。

实际电路在日常生活中随处可见，种类繁多，功能各异，但按其功能可概括为两种类型。一是实现电能的传输、转换和分配的电路。在图 1-1 所示的实际电路中，开关闭合后，储存在干电池中的化学能转换为电能，经导线供给灯泡使用，灯泡则将电能转换为光能和热能。二是实现对信号处理的电路。手机、电视电路就是这类电路的实例。

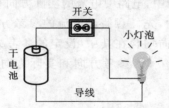

图 1-1　手电筒实际电路图

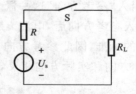

图 1-2　手电筒电路模型

2. 电路模型

为研究电路的基本规律，需要根据实际元件的物理性能建立理想模型。由理想元件组成的电路称为电路模型。在电路分析中，用电路模型代替实际电路进行分析和研究。例如，案例 1-1 中的手电筒电路，其实际电路元件包括干电池、灯泡、开关和导线，电路模型如图 1-2 所示。

图 1-2 所示电路中，U_s 和 R 是实际电压源的符号，电阻 R_L 是一个以消耗电能为主的实际负载的符号，S 是控制开关，导线是可忽略电阻的连接线。

本书中所研究的电路都是由理想元件构成的电路模型，而不是实际电路。

3. 电路的分类

实际电路可分为集总参数电路和分布参数电路两大类。一个实际电路当其几何尺寸(d)远小于电路中电磁波的波长(λ)时,就称为集总参数电路,否则就称为分布参数电路。

1.2 电路中的基本物理量

电路中涉及的物理量主要有电压、电流、电荷、电位、功率等,本节主要讲述这些物理量及其相关的概念。

1. 电流及电流的参考方向

1)电流的概念

电荷的定向移动称为电流。电流的方向规定为正电荷运动的方向,电流的大小用电流强度来衡量。电流强度在数值上等于单位时间内通过导体横截面的电量。电流强度用 i 表示。

$$i=\lim_{\Delta t \to 0}\frac{\Delta q}{\Delta t}=\frac{\mathrm{d}q}{\mathrm{d}t} \tag{1-1}$$

式中,Δq 为极短时间 Δt 内通过导体横截面的电荷量;i 随时间变化按一定规律变化,因此它是时间的函数。

大小和方向都不随时间变化而变化的电流称为稳恒电流,也称为直流(DC),这时电流强度用 I 表示,式(1-1)可写成

$$I=\frac{q}{t} \tag{1-2}$$

式中,q 为时间 t 内通过导体横截面的电荷量。

在 SI(国际单位制)中,电荷的基本单位是库仑(C),时间的基本单位是秒(s),电流的基本单位是安培,简称安(A),常用的电流单位还有千安(kA)、毫安(mA)、微安(μA)等。

$$1 \text{ kA}=10^3 \text{ A}, \quad 1 \text{ mA}=10^{-3} \text{ A}, \quad 1 \text{ } \mu\text{A}=10^{-6} \text{ A}$$

2)电流的参考方向

电流的实际方向是客观存在的,但在复杂电路的分析中,电路中电流的实际方向很难预先判断,为此引入"参考方向"这一概念。在欲分析的电路中,先任意假设电流的参考方向,用箭头表示。引入参考方向后,电流 i 是代数量,其大小和方向均含在其中,设定的参考方向是确定电流为正的标准,因此参考方向也称为正方向。当 $i>0$ 时,参考方向和实际方向一致;当 $i<0$时,参考方向和实际方向相反,如图 1-3 所示。

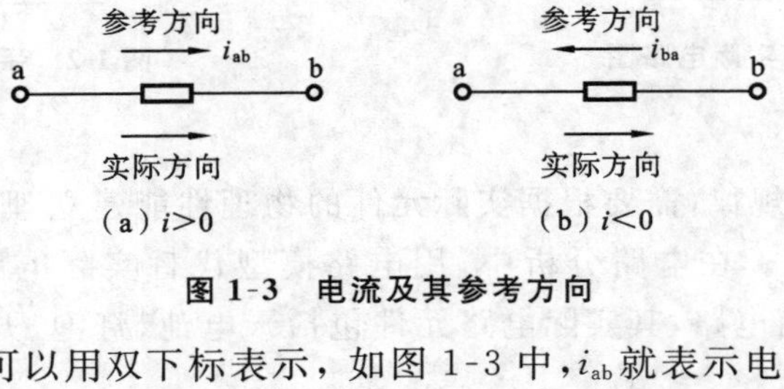

图 1-3　电流及其参考方向

电流的参考方向还可以用双下标表示,如图 1-3 中,i_{ab} 就表示电流的参考方向是从 a 点指向 b 点,当参考方向改变时有 $i_{ab}=-i_{ba}$。注意,在未规定参考方向的情况下,电流的正、负号是没有意义的。

【**例 1-1**】 当图 1-4 所示电路中电流分别为 $i=2$ A 和 $i=-2$ A 时,确定正电荷移动的方

向。

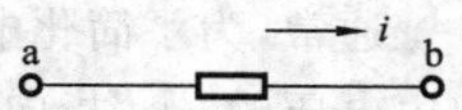

　　解　(1) $i>0$，即 $i=2$ A 时，参考方向和实际方向一致，正电荷从
a→b 移动。

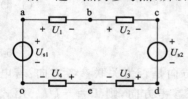

图 1-4　例 1-1 电路图

　　(2) $i<0$，即 $i=-2$ A 时，参考方向和实际方向相反，正电荷从 b→a 移动。

2. 电压、电位及电压的参考方向

1) 电压、电位的概念

电路中 a、b 两点间的电压表明单位正电荷由 a 点移到 b 点时电场力所做的功，用 u_{ab} 表示，即

$$u_{ab}=\lim_{\Delta q\to 0}\frac{\Delta W_{ab}}{\Delta q}=\frac{\mathrm{d}W_{ab}}{\mathrm{d}q} \tag{1-3}$$

式中，Δq 为由 a 点移到 b 点的电荷量；ΔW_{ab} 为移动过程中电荷所减少的电能。电压的 SI 单位为伏特，简称伏（V），常用的电压单位还有千伏（kV）、毫伏（mV）和微伏（μV）等。

$$1\ \mathrm{kV}=10^{3}\ \mathrm{V},\quad 1\ \mathrm{mV}=10^{-3}\ \mathrm{V},\quad 1\ \mathrm{\mu V}=10^{-6}\ \mathrm{V}$$

　　在电路中任选一点作为参考点，则某点的电位就是由该点到参考点的电压。电位用符号 V 表示，电位的单位与电压的单位相同。例如，a、b 两点的电位分别表示为 V_a、V_b，a、b 两点间的电压与该两点的电位有如下关系：

$$U_{ab}=V_a-V_b \tag{1-4}$$

　　电位与电压的主要区别在于：电路中两点间的电压数值是绝对的，与参考点的选择无关；电路中某一点的电位是相对的，取决于参考点的选择，参考点不同，同一点的电位也就不同。

　　【例 1-2】　图 1-5 所示电路中，o 点为参考点，各元件上电压分别为 $U_{s1}=20$ V，$U_{s2}=4$ V，$U_1=8$ V，$U_2=2$ V，$U_3=5$ V，$U_4=1$ V。试求 U_{ac}、U_{bd}、U_{be} 和 U_{ae}。

　　解　选 o 点为参考点，所以 o 点电位 $V_o=0$。其他各点的电位分别为

$$V_a=U_{s1}=20\ \mathrm{V}$$
$$V_b=-U_1+U_{s1}=(-8+20)\ \mathrm{V}=12\ \mathrm{V}$$
$$V_c=-U_2-U_1+U_{s1}=(-2-8+20)\ \mathrm{V}=10\ \mathrm{V}$$
$$V_d=U_3+U_4=(5+1)\ \mathrm{V}=6\ \mathrm{V}$$
$$V_e=U_4=1\ \mathrm{V}$$

图 1-5　例 1-2 图

根据式(1-4)，求出两点间电压分别为

$$U_{ac}=V_a-V_c=(20-10)\ \mathrm{V}=10\ \mathrm{V},\quad U_{bd}=V_b-V_d=(12-6)\ \mathrm{V}=6\ \mathrm{V}$$
$$U_{be}=V_b-V_e=(12-1)\ \mathrm{V}=11\ \mathrm{V},\quad U_{ae}=V_a-V_e=(20-1)\ \mathrm{V}=19\ \mathrm{V}$$

2) 电压的参考方向

　　两点间电压的实际方向由高电位指向低电位。在欲分析的电路中，先任意假设电压的参考方向，用"+"和"−"表示，或者用双字母下标、实线箭头表示。引入参考方向后，电压 u 为代数量，其大小和方向均含在其中。当 $u>0$ 时，参考方向和实际方向一致；当 $u<0$ 时，参考方向和实际方向相反，如图 1-6 所示。

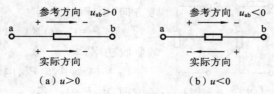

图 1-6　电压的参考方向

通常,为了简化电路分析,将某元件上电压与电流的参考方向选为一致,即电流的参考方向由电压的"＋"指向"－",这样选定的参考方向称为电流与电压的关联参考方向,简称关联方向,反之,称为非关联参考方向,如图 1-7 所示。

3. 电动势

电动势是一个表征电源特征的物理量。电源的电动势是电源将其他形式的能转化为电能的本领,在数值上,等于非静电力将单位正电荷从电源负极通过电源内部移送到电源正极所做的功。它具有克服导体电阻对电流的阻力,使电荷在闭合的导体回路中流动的作用。电动势常用符号 E(有时也可用 ε 表示),单位是伏(V)。电动势的方向规定为从电源内部的负极(低电位端)指向正极(高电位端),用箭头表示,如图 1-8 所示。

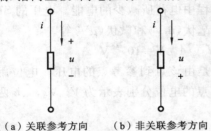

（a）关联参考方向　　（b）非关联参考方向

图 1-7　电压、电流的参考方向

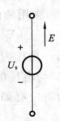

图 1-8　电动势的正方向

4. 电功率和电能

1）电功率

单位时间内电场力所做的功称为电功率,简称功率,用符号 P 或 p 表示。

$$p=\frac{\mathrm{d}W}{\mathrm{d}t}=\frac{\mathrm{d}W}{\mathrm{d}q}\cdot\frac{\mathrm{d}q}{\mathrm{d}t}=ui \tag{1-5}$$

在直流电路中,有

$$P=UI \tag{1-6}$$

计算电路元件的功率时,首先要判断电压与电流的参考方向是否为关联参考方向:若电压、电流的参考方向为关联参考方向,则 $P=UI$;若为非关联参考方向,则 $P=-UI$。用式 (1-5)计算电路功率时,若 $p>0$,则该电路吸收功率,若 $p<0$,则该电路实际发出或释放功率。功率的单位为瓦特,简称瓦(W),常用的单位还有兆瓦(MW)、千瓦(kW)、毫瓦(mW)等。

$$1\ \mathrm{MW}=10^6\ \mathrm{W},\quad 1\ \mathrm{kW}=10^3\ \mathrm{W},\quad 1\ \mathrm{mW}=10^{-3}\ \mathrm{W}$$

【例 1-3】　计算图 1-9 中各元件的功率,指出是释放功率还是吸收功率。

解　图 1-9(a)中,电压、电流的参考方向为关联参考方向,由 $P=UI$ 得

$$P=2\times(-3)\ \mathrm{W}=-6\ \mathrm{W}<0$$

故释放功率。

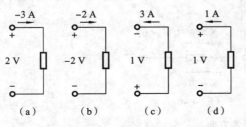

（a）　　（b）　　（c）　　（d）

图 1-9　例 1-3 图

图 1-9(b)中,电压、电流的参考方向为关联参考方向,由 $P=UI$ 得

$$P=(-2)\times(-2)\ \mathrm{W}=4\ \mathrm{W}>0$$

故吸收功率。

图 1-9(c)中,电压、电流的参考方向为关联参考方向,由 $P=UI$ 得

$$P=1\times 3\ \mathrm{W}=3\ \mathrm{W}>0$$

故吸收功率。

图 1-9(d)中,电压、电流的参考方向为非关联参考方向,由 $P=-UI$ 得

$$P=-(1\times1)\text{ W}=-1\text{ W}<0$$

故释放功率。

2) 电能

电能就是电场力所做的功,用符号 W 来表示,单位是焦耳(J)。当正电荷 dq 在时间 dt 内由电路中的 a 点到 b 点时,ab 段电路吸收的能量为 $dW=udq$,又 $dq=idt$,故 $dW=uidt$,若通电时间由 t_0 到 t,则电路中的电能为功率对时间的积分,即

$$W=\int_{t_0}^{t}ui\,dt \tag{1-7}$$

直流电路中,负载功率不随时间变化而变化,在时间 t 内,负载吸收的电能为

$$W=Uq=UIt=U^2t/R=I^2Rt=Pt \tag{1-8}$$

电能的常用单位还有 kW·h(千瓦·时),1 kW·h 的电能通常称为 1 度电。

$$1\text{ kW·h}=1\,000\text{ W}\times3\,600\text{ s}=3.6\times10^6\text{ J}$$

1.3　电路元件

【案例 1-2】　单相异步电动机属于感性负载,它常用于功率不大的电动工具(如电钻、搅拌器等)和众多的家用电器(如洗衣机、电风扇、抽油烟机等)中。图 1-10 所示的是吊扇的电气原理图。其中,L_A、L_B 分别是单相异步电动机 M 的工作绕组、启动绕组;电容 C 是启动电容,它与启动绕组 L_B 串联;S 是开关;电感 L 是调速电抗器。

1. 电阻元件

电阻元件是从实际电阻器抽象出来的理想化模型,是代表电路中消耗电能这一物理现象的理想二端元件,在电路图中用字母 R 或 r 表示。电阻的 SI 单位是欧姆,简称欧(Ω)。电阻的倒数称为电导,用字母 G 表示,即

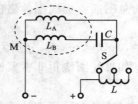

图 1-10　吊扇的电气原理图

$$G=\frac{1}{R} \tag{1-9}$$

电导的 SI 单位为西门子,简称西(S)。电导是衡量材料导电能力的参考量,电阻越大,电导越小,导电性能越差;反之,电阻越小,电导越大,导电性能越好。

在电路分析中,电阻元件是耗能元件的理想化模型,在讨论各种理想元件的性能时,最重要的是确定电阻端电压与电流的关系,在关联参考方向下,电阻元件的电压与电流的关系为

$$U=RI \tag{1-10}$$

式(1-10)就是著名的欧姆定律。从式(1-10)推出

$$R=\frac{U}{I},\quad I=\frac{U}{R} \tag{1-11}$$

电阻元件的功率为

$$P=UI=\frac{U^2}{R}=I^2R \tag{1-12}$$

电阻元件的特性用其电流与电压的代数关系表示,称为电压电流关系(CVR),也称伏安

特性,可以用电流为横坐标,电压为纵坐标的直角坐标系中的曲线来表示,称为电阻元件的伏安特性曲线。电阻元件,若其伏安特性不随时间变动,则称为定常电阻,否则称为时变电阻。若定常电阻元件的伏安特性曲线是通过坐标原点的直线,则这种电阻元件称为线性电阻元件;若其伏安特性是通过坐标原点的曲线,则这种电阻元件称为非线性电阻元件。线性电阻元件的电路符号如图 1-11(a)所示,线性电阻元件的伏安特性曲线如图 1-11(b)所示,是通过坐标原点的直线,表示电压与电流成正比。

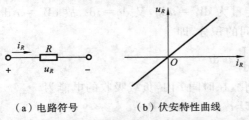
（a）电路符号 （b）伏安特性曲线
图 1-11 线性电阻元件的电路符号及伏安特性曲线

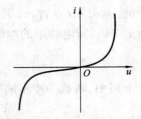
图 1-12 二极管的伏安特性曲线

在工程上,还有许多电阻元件,其伏安特性曲线是一条过原点的曲线,这样的电阻元件就是非线性电阻元件。如图 1-12 所示的曲线是非线性电阻元件二极管的伏安特性曲线。

2. 电感元件

电感元件(简称电感)是指电感器(电感线圈)和各种变压器,是一种储能元件。电感的原始模型为导线绕成的圆柱线圈,当线圈中通以电流 i 时,线圈中就会产生磁通量 Φ,并储存能量。电感用 L 表示,它在数值上等于单位电流产生的磁链。对于 N 匝线圈,与整个线圈相交链的总磁通称为线圈的磁链,用 Ψ 表示,则

$$\Psi = \Phi_1 + \Phi_2 + \cdots + \Phi_N \tag{1-13}$$

式中,$\Phi_1,\Phi_2,\cdots,\Phi_N$ 分别为第 $1,2,\cdots,N$ 个线匝所交链的磁通。

如果线圈绕得非常紧密,则可以认为

$$\Phi_1 = \Phi_2 = \cdots = \Phi_N = \Phi \tag{1-14}$$

电感是实际线圈的理想化模型,是一个二端理想化元件。任何时刻,电感的磁链 Ψ 与电流 i 成正比,即

$$\Psi = Li \tag{1-15}$$

式中,L 为线圈的自感或电感,是与电流、磁链无关的正实常数。这种理想化的线圈就是线性电感元件,参数是自感或电感 L。电感的单位是亨利,简称亨(H),常用的电感单位还有毫亨(mH)、微亨(μH),它们之间的换算关系为

$$1 \text{ mH} = 10^{-3} \text{ H}, \quad 1 \text{ } \mu\text{H} = 10^{-6} \text{ H}$$

线性电感元件的电路符号如图 1-13(a)所示,其 $\Psi\text{-}i$ 特性曲线如图 1-13(b)所示,其特性曲线是通过坐标原点的一条直线。

选择某一时刻的电流 i_L、电感两端的电压 u_L 和磁链 Ψ_L,u_L 和 i_L 参考方向关联,Ψ_L 和 i_L 满足右手螺旋定则,即 Ψ_L 和 i_L 的参考方向关联,如图 1-14 所示,则 Φ_L 和 u_L 的参考方向也彼此关联。

此时,自感磁链

$$\Psi_L = Li_L \tag{1-16}$$

而自感电压

$$u_L = \frac{\mathrm{d}\Psi_L}{\mathrm{d}t} = \frac{\mathrm{d}(Li_L)}{\mathrm{d}t} \tag{1-17}$$

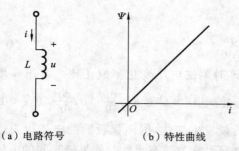

（a）电路符号　　　　（b）特性曲线

图 1-13　线性电感元件的电路符号及其特性曲线

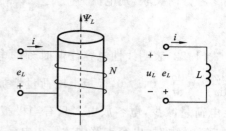

图 1-14　电流、电压和磁通的参考方向关联

若电感为线性元件，则

$$u_L = L\frac{\mathrm{d}i_L}{\mathrm{d}t} \tag{1-18}$$

由式（1-18）可知，线性电感元件上的电压与其电流变化率成正比。电流变化越快，感应电压越高；电流变化越慢，感应电压越低；当电流是不随时间变化而变化的直流电时，感应电压为零，所以在直流电路中，电感相当于短路。

在电压和电流关联参考方向下，电感吸收的功率为

$$p = ui = iL\frac{\mathrm{d}i_L}{\mathrm{d}t} \tag{1-19}$$

电感储存磁场能，其大小为

$$W_L = \frac{1}{2}Li_L^2 \tag{1-20}$$

3. 电容元件

把两块金属板用绝缘介质隔开就构成了一个简单的电容。电容的基本特征是可容纳电荷。电荷的聚集过程也就是电场建立的过程，这一过程中，外力所做的功应等于电容所存储的能量。因此，也可以说电容是一种储能元件。

电容的特性用两极板间的电压 u 和极板上存储的电荷 q 来表示，二者之间的关系可以用 q-u 坐标平面上的一条曲线来表示，若该曲线是一条通过坐标原点的直线，则此电容称为线性电容，直线的斜率就是电容的电容量 C，即

$$C = \frac{q}{u} \tag{1-21}$$

电容 C 的 SI 单位为法拉，简称法（F），实际电容往往比 1 F 小得多，因此常用微法（μF）、皮法（pF）等单位。

$$1\ \mathrm{F} = 10^6\ \mu\mathrm{F} = 10^{12}\ \mathrm{pF}$$

线性电容的电路符号及其在 q-u 平面上的特性曲线如图 1-15 所示。

当极板间电压 u 变化时，极板上的电荷 q 也随之变化，电容中出现电流。若规定电压、电

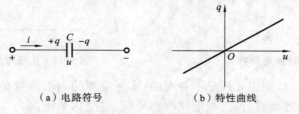

（a）电路符号　　　　（b）特性曲线

图 1-15　线性电容的电路符号及其特性曲线

流的参考方向关联,则电流为

$$i = \frac{dq}{dt} = C\frac{du}{dt} \tag{1-22}$$

式(1-22)表明线性电容任何时刻的电流只与该时刻的电压变化率成正比。电压 u 增高时,$\frac{du}{dt}>0,\frac{dq}{dt}>0,i>0$,极板上电荷量增加,电容充电;电压 u 降低时,$\frac{du}{dt}<0,\frac{dq}{dt}<0,i<0$,极板上电荷量减少,电容放电。只有当极板上的电荷量发生变化,因而极板间的电压也发生变化,如充、放电时,电容支路中才形成电流。因此,电容也称为动态元件。如果极板间的电压不随时间变化而变化,即为直流电压时,则由于没有电荷的转移,电容支路中不会形成电流。这时,电容两端虽有电压,电流却等于零,这就是电容的隔直作用。

电容充电后存储电场能,且电场能的大小为

$$W_C = \frac{1}{2}Cu_C^2 \tag{1-23}$$

1.4　电路中的电源元件

【案例 1-3】　蓄电池是一种常见的电源,它多用于汽车、电力机车、应急灯等,图 1-16 所示的是汽车照明灯的电气原理图。其中,R_A、R_B 是一对汽车照明灯;S 是开关;U_s 是 12 V 的蓄电池。

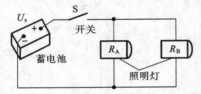

图 1-16　汽车照明灯的电气原理图

凡是向电路提供能量或信号的设备称为电源。电源有两种类型:其一为电压源,其二为电流源。电压源的电压不随其外电路变化而变化,电流源的电流也不随其外电路变化而变化,因此,电压源和电流源统称为独立电源,简称独立源。在电子电路的模型中还有另一种电源,它的电压和电流不是独立的,而是受电路中另一处电压或电流控制的,这种电源称为受控源或非独立源。

1. 理想电压源与实际电压源

凡是端电压保持恒定值 U_s,或端电压 $U_s(t)$ 是某一固定的时间函数,而与流经其中的电流无关的电源称为理想电压源。理想电压源有两个基本特点。

(1)无论外电路如何变化,它的端电压总保持恒定值 U_s,或为一定的时间函数 $U_s(t)$。

(2)通过电压源的电流不仅取决于电压源,还取决于外电路。

理想电压源的表示方法如图 1-17 所示,其伏安特性曲线如图 1-18 所示。

图 1-17　电压源电路符号　　　　　图 1-18　电压源的伏安特性曲线

理想电压源这种二端理想元件是不存在的,实际电源的端电压都是随其电流的变化而变化的,例如,干电池,接通负载后,其端电压就会降低,这是因为电源内部有内阻。实际的直流电压源可用数值等于 U_s 的理想电压源和一个内阻 R_i 相串联的模型来表示,如图 1-19 所示。

实际直流电压源的端电压为

$$U = U_s - U_R = U_s - IR_i$$

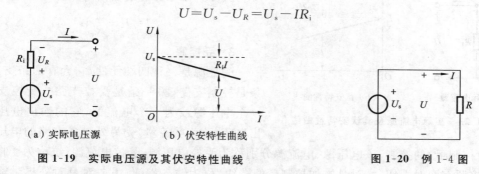

（a）实际电压源　　　（b）伏安特性曲线

图 1-19　实际电压源及其伏安特性曲线　　　　图 1-20　例 1-4 图

【例 1-4】　图 1-20 所示电路中，直流电压源的电压 $U_s = 10$ V。求：

（1）$R = \infty$ 时的电压 U、电流 I；

（2）$R = 10\ \Omega$ 时的电压 U、电流 I；

（3）$R \to 0\ \Omega$ 时的电压 U、电流 I。

解　（1）$R = \infty$ 时，外电路开路，U_s 为理想电压源，故

$$U = U_s = 10\ \text{V}$$

则

$$I = \frac{U}{R} = \frac{U_s}{R} = 0$$

（2）$R = 10\ \Omega$ 时，$U = U_s = 10$ V，则

$$I = \frac{U}{R} = \frac{U_s}{R} = \frac{10}{10}\ \text{A} = 1\ \text{A}$$

（3）$R \to 0\ \Omega$ 时，$U = U_s = 10$ V，则

$$I = \frac{U}{R} = \frac{U_s}{R} \to \infty$$

2. 理想电流源与实际电流源

输出电流始终保持恒定值 I_s 或是某一固定的时间函数 $I_s(t)$，而与其两端的电压无关的电源称为理想电流源。理想电流源有两个基本特点。

（1）无论外电路如何变化，它的输出电流为恒定值 I_s，或为一定的时间函数 $I_s(t)$。

（2）电流源两端的电压不仅取决于电流源，还取决于外电路。

理想电流源的表示方法如图 1-21 所示，伏安特性曲线如图 1-22 所示。

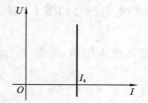

图 1-21　电流源电路符号　　　　　图 1-22　电流源的伏安特性曲线

理想电流源实际上也是不存在的，实际电流源内部也有能量消耗，其输出的电流随端电压的变化而变化。

实际的直流电流源可用数值等于 I_s 的理想电流源和一个内阻 R_i' 相并联的模型来表示，如图 1-23（a）所示。实际直流电流源的伏安特性曲线如图 1-23（b）所示。

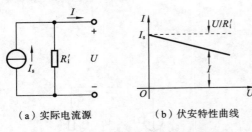

（a）实际电流源　　　（b）伏安特性曲线

图 1-23　实际电流源及其伏安特性曲线

实际直流电流源的输出电流为

$$I = I_s - \frac{1}{R_i'}U \tag{1-24}$$

3. 受控源

受控源是一种四端元件，它含有两条支路，一条是控制支路，另一条是受控支路。受控支路为一个电压源或为一个电流源，它的输出电压或输出电流（称为受控量）受另外一条支路的电压或电流（称为控制量）的控制，该电压源、电流源分别称为受控电压源、受控电流源，统称为受控源。

受控源有两对端钮：一对是施加控制量的端钮，称为输入端钮；另一对是对外提供输出电压（或电流）的端钮，称为输出端钮。根据控制量是电压还是电流，将受控源分为四种类型：电压控制电压源（VCVS）、电压控制电流源（VCCS）、电流控制电压源（CCVS）、电流控制电流源（CCCS）。

受控电压源的电压和受控电流源的电流不是独立的，而是受电路中某个电压或电流控制的。四种受控源的电路符号如图 1-24 所示。

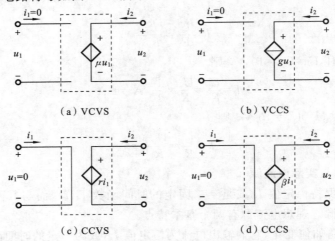

（a）VCVS　　　　　　　（b）VCCS

（c）CCVS　　　　　　　（d）CCCS

图 1-24　四种受控源的电路符号

1）VCVS

VCVS 的电路符号如图 1-24（a）所示，它的特性为

$$u_2 = \mu u_1 \tag{1-25}$$

式中，μ 为电压放大倍数，它是一个量纲为 1 的量。控制量为电压，输入电流为零，即输入端口是开路的。

2）VCCS

VCCS 的电路符号如图 1-24（b）所示，它的特性为

$$i_2 = g u_1 \tag{1-26}$$

式中，g 为转移电导，是一个常量。控制量为电压，输入电流为零，即输入端口是开路的。

3）CCVS

CCVS 的电路符号如图 1-24（c）所示，它的特性为

$$u_2 = r i_1 \tag{1-27}$$

式中，r 为转移电阻，也是一个常量。控制量为电流，输入电压为零，即输入端口是短路的。

4）CCCS

CCCS 的电路符号如图 1-24(d)所示，它的特性为

$$i_2 = \beta i_1 \tag{1-28}$$

式中，β 为电流放大倍数，它是一个量纲为 1 的量。控制量为电流，输入电压为零，即输入端口是短路的。

【例 1-5】　图 1-25 所示电路为 VCCS，已知 $I_2 = 2U_1$，电流源 $I_s = 1$ A，求电压 U_2。

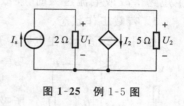

图 1-25　例 1-5 图

解　从图 1-25 所示电路可知，控制电压 U_1 为

$$U_1 = I_s \times 2 \text{ V} = 1 \times 2 \text{ V} = 2 \text{ V}$$
$$I_2 = 2U_1 = 2 \times 2 \text{ A} = 4 \text{ A}$$
$$U_2 = -5I_2 = -5 \times 4 \text{ V} = -20 \text{ V}$$

1.5　电路的工作状态

在实际用电过程中，根据不同的需要和不同的负载情况，电路有不同的状态。这些不同的状态表现为电路中电流、电压及功率转换、分配情况的不同。其中有的状态并不是正常的工作状态而是事故状态，应尽量避免和消除。因此，了解并掌握使电路处于不同状态的条件和特点是正确、安全用电的前提。

1. 开路工作状态

开路又称为断路，就是电源和负载未构成闭合回路，此时电路中无电流通过。典型的开路状态如图 1-26 所示，电源与负载之间的双刀开关 S 断开，也就是未构成闭合回路。这种情况主要发生在负载不用电，以及检修电源等设备，排除故障的场合，其特点如下：未构成闭合电路，电路中的电流必为零，即 $I = 0$；出现在开关 S 两侧的电压是不同的，在负载一侧 $U_0' = 0$，在电源一侧 $U_0 = E$（因电流 $I = 0$，内阻无压降，所以电源一侧的开路电压就等于电源的电动势）。此时电源不向负载提供电功率，电路中也无电功率的转换，所以这种状态又称为电源的空载状态，即电源功率 $P_E = 0$。

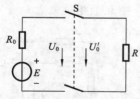

图 1-26　开路工作状态

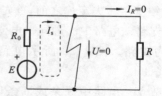

图 1-27　短路工作状态

2. 短路工作状态

短路就是电源未经负载而直接由导线接通构成闭合回路。图 1-27 所示的是电源短路的情况，电源两端由一条导线直接连通。电源短路的特点如下。

（1）电源直接经过短路导线形成闭合回路，电流不再流过负载，故负载电流 $I_R = 0$。因回路内只包含电源内阻 R_0（导线电阻 $r = 0$），故流经电源的电流是 $I_s = \dfrac{E}{R_0}$，称为短路电流。因为通常电源内阻 R_0 总是很小的，比负载电阻要小得多，所以短路电流 I_s 很大，大大超过正常工

作电流。

（2）电源的端电压 $U=0$。

（3）负载中无电流通过，端电压为零，故负载吸收的电功率 $P_R=0$。

总结以上分析可知，电源被短路时，将形成极大的短路电流，电源功率将全部消耗在电源内部，可能将电源立即烧毁。电源短路是一种严重的事故状态，在用电操作中应注意避免。另外，在电路中都加有保护器，如最常用的熔断器及工业控制电路中的自动断路器等，以便在发生短路事故或电流过大时，使故障电路与电源自动断开，避免发生严重后果。

3. 有载工作状态

如图 1-28 所示，在电路中开关 S 闭合之后，电源与负载接通，产生电流，并向负载输出电

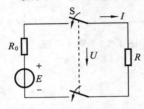

图 1-28　有载工作状态

功率，电路开始正常的功率转换，这种工作状态称为有载状态，其特点是：电源电动势产生的总电功率等于电源内阻 R_0 和负载电阻 R 所吸收的电功率之和，即 $P_E=EI=I^2R_0+I^2R$，符合能量守恒定律。

电气设备在实际运行时，应严格遵守各有关额定值的规定。如果设备刚好是在额定值下运行，则这种状态称为额定工作状态。由于制造厂家在设计电气设备时，全面考虑了经济性、可靠性和使用寿命等因素，经过精确计算，才得到各个额定值，因此，设备在额定工作状态下工作时，利用得最充分、最经济合理。设备在低于额定值状态下运行时，不仅设备未能充分利用，不经济，而且可能导致工作不正常，严重时还可能损坏设备，例如，电动机在远低于额定电压值状态下工作，就存在这种可能性。设备在高于额定值状态下工作时，如果超过额定值不多，且持续时间也不太长，则不一定造成明显事故，但可能影响设备的寿命。

1.6　基尔霍夫定律

电路是由元件相互连接而成的。前面已经介绍了基本电路元件的特性，本节介绍电路所要遵守的基本约束关系，即基尔霍夫定律。

1. 支路、节点、回路及网孔的概念

在介绍基尔霍夫定律之前，首先结合图 1-29 所示电路介绍几个相关概念。

（1）支路　电路中流过同一电流的一个分支（至少含一个元件）称为支路。图 1-29 所示电路中有 6 条支路：aed、cfd、agc、ab、bc、bd。

（2）节点　电路中 3 条或 3 条以上支路的连接点称为节点。图 1-29 所示电路中有 4 个节点：a、b、c、d。

（3）回路　回路即由若干条支路组成的闭合路径，其中每个节点只经过一次。图 1-29 所示电路中有 7 个回路：abdea、bcfdb、abcga、agcbdea、abdfcga、abcfdea、agcfdea。

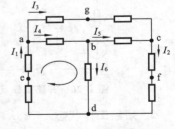

图 1-29　电路实例

（4）网孔　平面电路中，如果回路内部不包含其他任何支路，则这样的回路称为网孔。因此，网孔一定是回路，但回路不一定是网孔。图 1-29 所示电路中回路 agcfdea 就不是网孔。

2. 基尔霍夫电流定律

基尔霍夫定律包括基尔霍夫电流定律和基尔霍夫电压定律。基尔霍夫电流定律，简记为

KCL,是电流的连续性在集总参数电路上的体现,其物理背景是电荷守恒定理。基尔霍夫电流定律是确定电路中任意节点处各支路电流之间关系的定律,因此又称为节点电流定律。它的内容为:对电路中的任一节点,在任一瞬间,流出和流入该节点电流的代数和为零,即

$$\sum I = 0 \tag{1-29}$$

对图 1-29 所示电路中的节点 a,应用 KCL 方程则有

$$-I_1 + I_3 + I_4 = 0$$

由上式得

$$I_1 = I_3 + I_4$$

上式表明,在任一瞬间,流入某一节点的电流之和恒等于由该节点流出的电流之和,即

$$\sum I_入 = \sum I_出 \tag{1-30}$$

通常规定,参考方向背离节点的电流取正号,而参考方向指向节点的电流取负号。例如,图 1-30 所示的为某电路中的节点 a,连接在节点 a 的支路共有五条,在所选定的参考方向下有

$$-I_1 + I_2 + I_3 - I_4 + I_5 = 0$$

KCL 定律不仅适用于电路中的节点,还可以推广应用于电路中任一假设的封闭面。即在任一瞬间,通过电路中的任一假设封闭面电流的代数和为零。

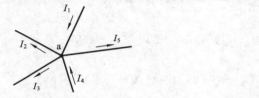

图 1-30 KCL 应用

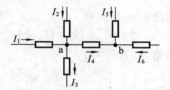

图 1-31 例 1-6 图

【例 1-6】 已知 $I_1 = 3$ A、$I_2 = 5$ A、$I_3 = -18$ A、$I_5 = 9$ A,计算图 1-31 所示电路中的电流 I_6 及 I_4。

解 对节点 a,根据 KCL 定律可知

$$-I_1 - I_2 + I_3 + I_4 = 0$$

则

$$I_4 = I_1 + I_2 - I_3 = (3 + 5 + 18) \text{ A} = 26 \text{ A}$$

对节点 b,根据 KCL 定律可知

$$-I_4 - I_5 - I_6 = 0$$

则

$$I_6 = -I_4 - I_5 = (-26 - 9) \text{ A} = -35 \text{ A}$$

3. 基尔霍夫电压定律

基尔霍夫电压定律,简记为 KVL,是确定电路中任意回路内各电压之间关系的定律,因此又称为回路电压定律。它的内容为:在任意时刻,对任意闭合回路,各支路电压的代数和等于零;或在任意时刻,对任一闭合回路,各段电阻上电压降的代数和等于各电源电压的代数和,即

$$\sum U = 0 \quad 或 \quad \sum IR = \sum U_s \tag{1-31}$$

应当指出,在列写回路电压方程时,首先要对回路选取一个回路绕行方向。通常规定,参考方向与回路绕行方向相同的电压取正号,参考方向与回路绕行方向相反的电压取负号。

例如,图 1-32 所示的为某电路中的一个回路 abcda,各支路的电压为 U_1、U_2、U_3、U_4,因此,在选定的回路绕行方向下有

$$U_1 + U_2 - U_3 - U_4 = 0$$

KVL 定律不仅适用于电路中的具体回路,还可以推广应用于电路中任一假想的回路,即

在任一瞬间,沿回路绕行方向,电路中假想的回路中各段电压的代数和为零。

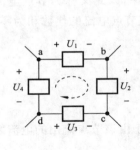

图 1-32　KVL 应用　　　　　　　　　　图 1-33　例 1-7 图

【**例 1-7**】　试求图 1-33 所示电路中元件 3、4、5、6 的电压。

解　在回路 cdec 中有

$$U_5 = U_{cd} + U_{de} = [-(-5)-1] \text{ V} = 4 \text{ V}$$

在回路 bedcb 中有

$$U_3 = U_{be} + U_{ed} + U_{dc} = [3+1+(-5)] \text{ V} = -1 \text{ V}$$

在回路 debad 中有

$$U_6 = U_{de} + U_{eb} + U_{ba} = (-1-3-4) \text{ V} = -8 \text{ V}$$

在回路 abea 中有

$$U_4 = U_{ab} + U_{be} = (4+3) \text{ V} = 7 \text{ V}$$

实验项目 1　电位、电压的测定及电位图的绘制

1. 实验目的

(1) 明确电位和电压的概念,验证电路中电位的相对性和电压的绝对性。

(2) 掌握电位图的绘制方法。

2. 实验设备与器材

所需实验设备与器材包括直流可调稳压电源(0～30 V)1 个、直流数字电压表 1 个、万用表 1 个、实验电路板挂箱 1 个。

3. 实验内容与步骤

1) 实验内容

(1) 电位与电压的测量　在一个确定的闭合电路中,各点电位的高低视所选的电位参考点的不同而不同,但任意两点间的电位差(即电压)是绝对的,它不因参考点电位改变而改变。据此性质,可用一个电压表来测量电路中各点的电位及任意两点间的电压。

(2) 电位图的绘制　在直角平面坐标系中,以电路中的电位值为纵坐标,电路中各点位置(电阻)为横坐标,将测量到的各点电位在该坐标平面中标出,并把标出点按顺序用直线相连接,就可得到电路的电位变化图。每一段直线段即表示该两点间电位的变化情况,直线的斜率表示电流的大小。对于一个闭合回路,其电位变化图是封闭的折线。

由于电路中电位参考点可任意选定,对于不同的参考点,所绘出的电位变化图是不同的,

但其各点电位变化的规律是一样的。在作电位图或实验测量时必须正确区分电位的高低,按照惯例,应先选取回路电流的方向,设定该方向上的电压降为正。所以,在用电压表测量时,若仪表指针正向偏转,则说明电压表正极的电位高于负极的电位。

2)实验步骤

(1)实验线路如图 1-34 所示,按图接线。

(2)以图 1-34 所示电路中的 a 点作为电位参考点,分别测量 b、c、d、e、f 各点的电位值 V 及相邻两点之间的电压值 U_{ab}、U_{bc}、U_{cd}、U_{de}、U_{ef} 及 U_{fa},数据列于表 1-1 中。

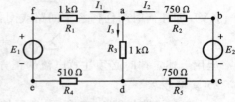

图 1-34　实验项目 1 电路

(3)以 d 点作为参考点,重复实验内容(2)的步骤,测得数据记入表 1-1 中。

表 1-1　电位与电压的测量

电位参考点	V 与 U /V	V_a	V_b	V_c	V_d	V_e	V_f	U_{ab}	U_{bc}	U_{cd}	U_{de}	U_{ef}	U_{fa}
a	计算值												
	测量值												
	相对误差												
d	计算值												
	测量值												
	相对误差												

4. 实验总结与分析

(1)根据实验数据,绘制两个电位图,并对照观察各对应点间的电压情况。

(2)总结电位相对性和电压绝对性的结论。

(3)写出心得体会。

实验项目 2　基尔霍夫定律的验证

1. 实验目的

(1)对 KCL 和 KVL 进行验证,加深对两个定律的理解。

(2)学会用电流插头、插座测量各支路电流的方法。

2. 实验设备与器材

所需实验设备与器材包括直流可调稳压电源(0~30 V)1 个、直流数字电压表 1 个、万用表 1 个、实验电路板挂箱 1 个。

3. 实验内容与步骤

1)实验内容

KCL 和 KVL 是电路分析理论中最重要的基本定律,适用于线性或非时线性电路、时变或非时变电路的分析计算。KCL 和 KVL 定义的是电路中各支路的电流或电压的一种约束关系,是一种"电路结构"或"拓扑"的约束,与具体元件无关。而元件的伏安约束关系描述的是元件的具体特性,与电路的结构(即电路的节点、回路数目及连接方式)无关。只有二者相结合才能衍生出多种多样的电路分析方法(如节点法和网孔法)。

KCL 即任何时刻流进和流出任一个节点的电流的代数和为零,用公式表示为

$$\sum i(t) = 0 \quad 或 \quad \sum I = 0$$

KVL 即任何时刻任何一个回路或网孔的电压降的代数和为零,用公式表示为

$$\sum u(t) = 0 \quad 或 \quad \sum U = 0$$

运用上述定律时必须注意电流的正方向,此方向可预先任意设定。

2) 实验步骤

(1) 实验线路如图 1-35 所示,按图接线。

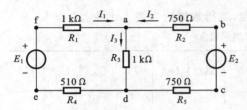

图 1-35　实验项目 2 电路图

(2) 实验前先任意设定 3 条支路的电流参考方向,如图 1-35 所示电路中的 I_1、I_2、I_3 所示,并熟悉线路结构,掌握各开关的操作使用方法。

(3) 分别将两路直流可调稳压源接入电路,令 $E_1 = 6$ V,$E_2 = 12$ V,其数值要用电压表监测。

(4) 熟悉电流插头和插座的结构,先将电流插头的红、黑两接线端分别接至数字毫安表的"＋"、"－"极,再将电流插头分别插入 3 条支路的 3 个电流插座中,读出相应的电流值,记入表 1-2 中。

(5) 用直流数字电压表分别测量两路电源及电阻元件上的电压值,数据记入表 1-2 中。

表 1-2　基尔霍夫定律的验证

内容	电源电压/V		支路电流/mA				回路电压/V				
	E_1	E_2	I_1	I_2	I_3	$\sum I$	U_{ea}	U_{ab}	U_{cd}	U_{de}	$\sum U$
计算值											
测量值											
相对误差											

4. 实验总结与分析

(1) 根据实验数据,选定节点 a,验证 KCL 的正确性。

(2) 根据实验数据,选定实验电路中任一个闭合回路,验证 KVL 的正确性。

(3) 重新设定支路和闭合回路的电流方向,重复(1)、(2)两个步骤。

(4) 写出心得体会。

本 章 小 结

1. 基本概念

电路分析的对象是实际电路的电路模型;电流、电压是电路中的基本物理量,分析计算时,首先要设定电流和电压的参考方向,这样计算的结果才有实际意义;电路中某点到参考点之间的电压就是该点的电位;单位时间内电场力所做的功称为电功率,简称为功率。

2. 电路元件——电阻、电感、电容

电阻是耗能元件,该元件的电压、电流的实际方向总是一致的;电感、电容元件是储能元

件,电感以磁场形式储能,电容以电场形式储能,它们都不消耗能量。

3. 电路中的独立电源——电压源、电流源

电压源的电压是确定的时间函数,其电流由电压源及其外电路决定;电流源的电流是确定的时间函数,其电压由电流源及其外电路决定。

4. 基尔霍夫定律

基尔霍夫定律是电路分析所要遵守的基本约束关系,它揭示了电路元件的互联规律。该定律包括 KCL、KVL,分别讲述了电路中电流、电压满足的规律。

习 题 1

1.1 电路的组成及各组成部分的作用是什么?

1.2 电路的理想电源包括哪两种?并分别简述其特点。

1.3 简述电路的三种工作状态。

1.4 某一导线中有恒定电流 10 mA,试问在 20 ms 内有多少电荷穿过导体截面?

1.5 一个 1 000 W 的电炉接在 220 V 的电源上使用,试问流过电炉的电流有多大?

1.6 在图 1-36 所示电路中,$U_{ab}=-5$ V,试问 a、b 两点中哪个点的电位高?

1.7 试求图 1-37 所示支路中 a 点的电位 V_a。

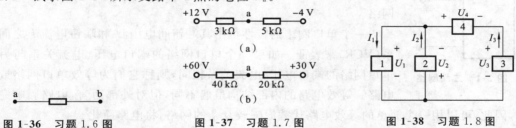

图 1-36 习题 1.6 图   图 1-37 习题 1.7 图   图 1-38 习题 1.8 图

1.8 在图 1-38 所示电路中,方框表示电源或电阻。各元件电压和电流的参考方向如图 1-38 所示。已知:$I_1=2$ A,$I_2=1$ A,$I_3=1$ A,$U_1=4$ V,$U_2=-4$ V,$U_3=7$ V,$U_4=-3$ V。

(1)试标出各电流和电压的实际方向。

(2)试求每个元件的功率,并判断其是电源还是负载。

1.9 计算图 1-39 所示电路中 b 点的电位。

1.10 如图 1-40 所示,以 c 点为参考点,已知 $V_a=21$ V,$V_b=15$ V,$V_d=-5$ V,求 U_{bd}、U_{ac}。

1.11 在图 1-41 所示电路中,已知电压 $U_{ab}=5$ V,试求电源电压 u_s。

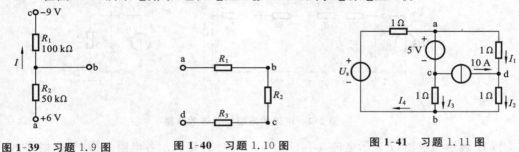

图 1-39 习题 1.9 图   图 1-40 习题 1.10 图   图 1-41 习题 1.11 图

第2章 电路的基本分析方法

教学目标 ───

　　熟练掌握电路分析的等效概念。在此基础上,掌握电阻的连接、分压与分流公式、简单电阻电路的分析方法、Y-△变换、实际电压源与电流源的互换,能够熟练应用支路电流法、网孔电流法、节点电位法等电路分析方法分析电路。

2.1　等效电路的概念

　　等效是电路分析中一个重要的基本概念。

　　只有两个端钮与其他电路相连的网络,称为二端网络,如图 2-1 所示。二端网络的两个端钮也称为一个端口,因此,二端网络也称为单口网络。单口网络 N 如果其内部含有电源,则称

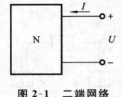

图 2-1　二端网络

为有源单口网络;单口网络 N 如果其内部不含电源,则称为无源单口网络。

　　一个单口网络的特性可由其端钮间电压 U 和端钮电流 I 之间的关系(VCR)来表征。如果一个单口网络的端口电压、电流关系与另一个单口网络的端口电压、电流关系相同,则称它们为等效单口网络或等效电路。等效电路的内部结构虽然不同,但对外部而言,电路影响完全相同,因此,可以用一个简单的等效电路代替原来较复杂的网络,将电路简化。

　　此外,还有三端网络、四端网络……n 端网络。两个 n 端网络,如果对应各端钮的电压、电流关系相同,则它们是等效的。

2.2　电阻的串联、并联和混联电路

1. 电阻的串联与分压

　　图 2-2(a)中 n 个电阻相串联,其特点是:各电阻元件首尾相连,且连接处没有分支;流过各电阻的电流相同。

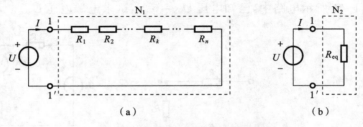

图 2-2　电阻的串联及其等效电路

　　以 U 表示总电压,I 表示电流,$U_1,U_2,U_3,\cdots,U_n$ 分别表示各电阻上的电压,根据 KVL 和欧姆定律有

$$U=U_1+U_2+\cdots+U_n$$
$$U=(R_1+R_2+\cdots+R_n)I \tag{2-1}$$

若用一个电阻 R_{eq} 代替这 n 个串联的电阻,如图 2-2(b)所示,并定义

$$R_{eq}=R_1+R_2+\cdots+R_n=\sum_{k=1}^{n}R_k$$

即有

$$R_{eq}=\frac{U}{I}$$

电路两端电压和电流的关系不会改变。根据等效的概念,电阻 R_{eq} 称为这些串联电阻的等效电阻。显然,串联等效电阻大于任一被串联电阻。特别地,如果 n 个阻值相同的电阻串联,即当 $R_1=R_2=\cdots=R_n=R$ 时,其等效电阻 $R_{eq}=nR$。

如果将式(2-1)两边同乘以 I,则有

$$P=UI=R_1I^2+R_2I^2+\cdots+R_nI^2=R_{eq}I^2$$

此式表明,n 个电阻串联吸收的总功率,等于各个电阻吸收的功率之和,等于它们的等效电阻吸收的功率。

电阻串联时,各电阻上的电压为

$$U_k=R_kI=\frac{R_k}{R_{eq}}U \tag{2-2}$$

即各电阻上的电压与其各自的电阻值成正比,或者说,总电压按各个串联电阻的电阻值进行分配,阻值越大,分配到的电压也越大。式(2-2)称为串联分压公式。

当两个电阻 R_1、R_2 串联时,分压公式为

$$U_1=\frac{R_1}{R_1+R_2}U,\quad U_2=\frac{R_2}{R_1+R_2}U$$

2. 电阻的并联与分流

图 2-3(a)所示电路中 n 个电阻相并联,其特点是:所有电阻的一端连接在一起,另一端也连接在一起;各电阻两端的电压相同。

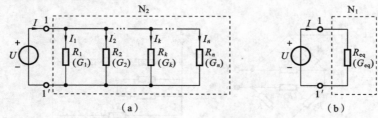
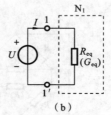

图 2-3　电阻的并联及其等效电路

每个电阻两端的电压相同,均为 U,电路中的总电流为 I,$G_1,G_2,\cdots,G_n$ 分别表示各电阻元件的电导,各电阻的电流分别为 $I_1,I_2,\cdots,I_n$,参考方向如图 2-3 所示,根据 KCL 和欧姆定律有

$$I=I_1+I_2+\cdots+I_n$$

或者

$$I=G_1U+G_2U+\cdots+G_nU=(G_1+G_2+\cdots+G_n)U=G_{eq}U \tag{2-3}$$

式(2-3)中

$$G_{eq}=\frac{I}{U}=G_1+G_2+\cdots+G_n=\sum_{k=1}^{n}G_k \tag{2-4}$$

根据等效的概念,称电导 G_{eq} 是这些并联电导的等效电导。显然,等效电导大于任一并联电导。

式(2-4)也可表示成

$$\frac{1}{R_{eq}} = \frac{1}{R_1} + \frac{1}{R_2} + \cdots + \frac{1}{R_n} = \sum_{k=1}^{n} \frac{1}{R_k} \tag{2-5}$$

式中,R_{eq} 为这些并联电阻的等效电阻。显然,并联等效电阻小于任一并联电阻。若 n 个阻值相同的电阻并联,即 $R_1 = R_2 = \cdots = R_n = R$ 时,其等效电阻 $R_{eq} = \dfrac{R}{n}$。并联电阻越多,等效电阻越小。

如果将式(2-3)两边同乘以 U,则有

$$P = UI = G_1 U^2 + G_2 U^2 + \cdots + G_n U^2 = G_{eq} U^2$$

此式表明,n 个电阻并联吸收的总功率,等于各个电阻吸收的功率之和,等于它们的等效电阻吸收的功率。

电阻并联时,流过各个电阻的电流为

$$I_k = G_k U = \frac{G_k}{G_{eq}} I \quad (k = 1, 2, \cdots, n) \tag{2-6}$$

式(2-6)称为并联电阻(电导)的分流公式,它表明各并联电阻的电流与其电导成正比,或者与其电阻成反比。

当两个电阻 R_1、R_2 并联时,分流公式为

$$I_1 = \frac{R_2}{R_1 + R_2} I, \quad I_2 = \frac{R_1}{R_1 + R_2} I$$

3. 电阻的混联

某一电路如果其中既有电阻的串联又有电阻的并联,则称为电阻的串并联电路或混联电路。混联电路形式多样,但其电阻经过串联和并联化简,最终都能等效成一个电阻 R_{eq}。混联电路各元件的电压和电流可通过 KCL、KVL 及分流和分压公式进行求解。

【例 2-1】 求图 2-4(a)所示电路的电阻 R_{ab}。$R_1 = 4\ \Omega, R_2 = 3\ \Omega, R_3 = 4\ \Omega, R_4 = 1.2\ \Omega,$ $R_5 = 2.4\ \Omega$。

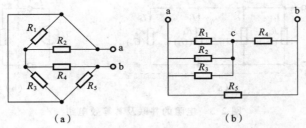

图 2-4　例 2-1 图

解 其等效电路图如图 2-4(b)所示,则

$$R_{123} = R_1 /\!/ R_2 /\!/ R_3 = \frac{R_1 R_2 R_3}{R_1 R_2 + R_2 R_3 + R_3 R_1} = \frac{4 \times 3 \times 4}{4 \times 3 + 3 \times 4 + 4 \times 4}\ \Omega = 1.2\ \Omega$$

$$R_{1234} = R_{123} + R_4 = (1.2 + 1.2)\ \Omega = 2.4\ \Omega$$

$$R_{ab} = R_{1234} /\!/ R_5 = \frac{R_{1234} R_5}{R_{1234} + R_5} = \frac{2.4 \times 2.4}{2.4 + 2.4}\ \Omega = 1.2\ \Omega$$

【例 2-2】 图 2-5(a)所示电路中 $R_1 = 8\ \Omega, R_2 = 3\ \Omega, R_3 = 6\ \Omega, R_4 = 10\ \Omega, r = 1\ \Omega, E =$ 12 V,求电流 I。

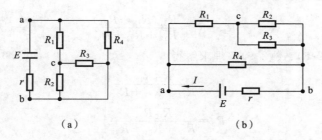

（a）　　　　　　　　　　（b）

图 2-5　例 2-2 图

解　其等效电路图如图 2-5（b）所示，则
$$R_{ab} = (R_1 + R_2 /\!/ R_3) /\!/ R_4 = (8 + 3 /\!/ 6) /\!/ 10 \ \Omega = 5 \ \Omega$$
$$I = \frac{E}{R_{ab} + r} = \frac{12}{5 + 1} \ \text{A} = 2 \ \text{A}$$

2.3　电阻的星形与三角形连接及其等效变换

1. 星形连接与三角形连接

在电路中，有时会遇到有些电路元件之间的连接既非串联，也非并联的情况。如图 2-6 所示的电阻连接，图 2-6（a）所示电路中的三个电阻 R_1、R_2、R_3 各有一端子连接在一起构成电路的一个节点，另一个端子则分别与外电路连接，这样的连接方式称为星形连接（或 Y 连接）；图 2-6（b）所示电路中的三个电阻 R_{12}、R_{23}、R_{31} 的端子分别首尾相连，形成三个节点，再由这三个节点作为输出端与外电路相连，这样的连接方式称为三角形连接（或 △ 连接）。

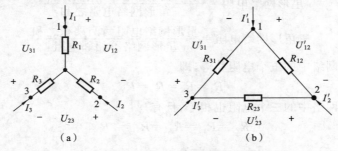

（a）　　　　　　　　　　（b）

图 2-6　电阻的 Y 连接与 △ 连接

2. 星形连接与三角形连接之间的等效变换

电阻的星形连接和三角形连接都是通过三个端子与外电路相连的，如果能够保证这三个端子 1、2、3 之间的电压 U_{13}、U_{23}、U_{31} 分别对应相等，且流入这三个端子的电流 I_1、I_2、I_3 也分别对应相等，则根据等效的概念可知，图 2-6 所示电阻的星形连接和三角形连接相互等效。

如果图 2-6（a）、图 2-6（b）所示两个电阻网络对外是等效的，那么，在任一端子处于任一特殊情况下时也应当是等效的。若令端子 3 对外断开，那么，图 2-6（a）所示电路的 1、2 端子间的等效电阻应该等于图 2-6（b）所示电路的 1、2 端子间的等效电阻，即
$$R_1 + R_2 = \frac{R_{12}(R_{23} + R_{31})}{R_{12} + R_{23} + R_{31}} \tag{2-7}$$
同理，分别令 1、2 端子对外断开，则另两端子间的等效电阻也应有
$$R_2 + R_3 = \frac{R_{23}(R_{12} + R_{31})}{R_{12} + R_{23} + R_{31}} \tag{2-8}$$

$$R_3 + R_1 = \frac{R_{31}(R_{12} + R_{23})}{R_{12} + R_{23} + R_{31}} \tag{2-9}$$

对式(2-7)、式(2-8)、式(2-9)整理求解得

$$\left. \begin{aligned} R_1 &= \frac{R_{31} R_{12}}{R_{12} + R_{23} + R_{31}} \\ R_2 &= \frac{R_{12} R_{23}}{R_{12} + R_{23} + R_{31}} \\ R_3 &= \frac{R_{23} R_{31}}{R_{12} + R_{23} + R_{31}} \end{aligned} \right\} \tag{2-10}$$

式(2-10)为从已知的三角形网络电阻求等效星形网络电阻的关系式。

反之,如果已知的是星形网络电阻,则由式(2-7)、式(2-8)和式(2-9)可解得

$$\left. \begin{aligned} R_{12} &= \frac{R_1 R_2 + R_2 R_3 + R_3 R_1}{R_3} \\ R_{23} &= \frac{R_1 R_2 + R_2 R_3 + R_3 R_1}{R_1} \\ R_{31} &= \frac{R_1 R_2 + R_2 R_3 + R_3 R_1}{R_2} \end{aligned} \right\} \tag{2-11}$$

式(2-11)就是从已知星形网络电阻求等效三角形网络电阻的关系式。

应用式(2-10)和式(2-11),就可进行星形电阻网络和三角形电阻网络之间的等效变换。注意,变换前后,对应端子的电压和对应端子的电流将保持不变,即外特性不变。

不难看出,上述等效变换公式可归纳为

$$星形网络电阻 = \frac{三角形网络相邻电阻的乘积}{三角形网络电阻之和}$$

$$三角形网络电阻 = \frac{星形网络电阻两两乘积之和}{星形网络不相邻电阻}$$

如果星形电阻网络中的三个电阻相等,即

$$R_1 = R_2 = R_3 = R_Y$$

则等效三角形电阻网络中的三个电阻也相等,且有

$$R_\triangle = R_{12} = R_{23} = R_{31} = 3R_Y$$

反之,则有

$$R_Y = R_1 = R_2 = R_3 = \frac{1}{3} R_\triangle$$

【例 2-3】 在图 2-7(a)所示电路中,$R_1 = 1\ \Omega$,$R_2 = 2\ \Omega$,$R_3 = 3\ \Omega$,$R_4 = 4\ \Omega$,$R_5 = 5\ \Omega$,$R_6 = 6\ \Omega$,$U_s = 1\ V$。试求通过电压源的电流 I。

解 先将 R_1、R_2 和 R_3 构成的星形电阻网络变换为等效的三角形电阻网络,如图 2-7(b)所示,各边电阻分别为

$$R_{12} = R_1 + R_2 + \frac{R_1 R_2}{R_3} = \left(1 + 2 + \frac{1 \times 2}{3}\right)\ \Omega = 3.667\ \Omega$$

$$R_{23} = R_2 + R_3 + \frac{R_2 R_3}{R_1} = \left(2 + 3 + \frac{2 \times 3}{1}\right)\ \Omega = 11\ \Omega$$

$$R_{31} = R_3 + R_1 + \frac{R_3 R_1}{R_2} = \left(3 + 1 + \frac{3 \times 1}{2}\right)\ \Omega = 5.5\ \Omega$$

然后将图 2-7(b)所示电路中的两个三角形网络合并为一个等效的三角形网络,如图 2-7

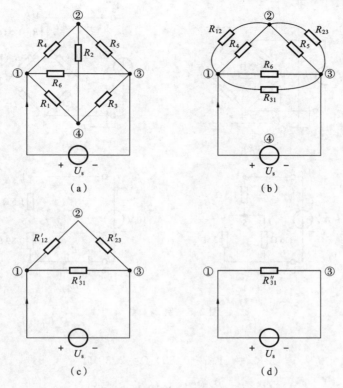

图 2-7 例 2-3 图

(c)所示,其各边电阻分别为

$$R'_{12}=\frac{R_{12}R_4}{R_{12}+R_4}=\left(\frac{3.667\times4}{3.667+4}\right)\ \Omega=1.913\ \Omega$$

$$R'_{23}=\frac{R_{23}R_5}{R_{23}+R_5}=\left(\frac{11\times5}{11+5}\right)\ \Omega=3.438\ \Omega$$

$$R'_{31}=\frac{R_{31}R_6}{R_{31}+R_6}=\left(\frac{5.5\times6}{5.5+6}\right)\ \Omega=2.870\ \Omega$$

再求出节点①和节点③之间的端口等效电阻,如图 2-7(d)所示。

$$R''_{31}=\frac{(R'_{12}+R'_{23})R'_{31}}{R'_{12}+R'_{23}+R'_{31}}=1.868\ \Omega$$

最后求出通过电压源的电流为

$$I=\frac{U_s}{R''_{31}}=\frac{1}{1.868}\ A=0.535\ A$$

【例 2-4】 试求图 2-8(a)虚线所示二端网络的等效电阻 R_{ab} 及电流 I。

解 图 2-8(a)所示电路可等效转换成图 2-8(b)所示电路,则

$$R_1=\frac{3\times5}{3+5+2}\ \Omega=1.5\ \Omega$$

$$R_2=\frac{2\times5}{3+5+2}\ \Omega=1\ \Omega$$

$$R_3=\frac{2\times3}{3+5+2}\ \Omega=0.6\ \Omega$$

图 2-8(b)所示的是一个混联电路,可分别简化为图 2-8(c)、图 2-8(d)所示的电路。由图

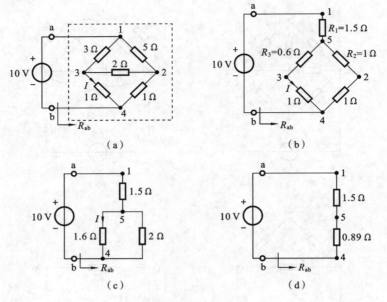

图 2-8 例 2-4 图

2-8(d)所示电路有

$$R_{ab} = (1.5 + 0.89) \ \Omega = 2.39 \ \Omega$$

$$U_{54} = \frac{0.89}{1.5 + 0.89} \times 10 \ \mathrm{V} = 3.72 \ \mathrm{V}$$

返回到图 2-8(c)所示电路,于是

$$I = \frac{U_{54}}{1.6} = \frac{3.72}{1.6} \ \mathrm{A} = 2.33 \ \mathrm{A}$$

2.4   电源的等效变换

1. 理想电源的连接

电路分析中经常会遇到多个电源串联和并联的情况,也可以应用等效的概念将其简化。

图 2-9(a)所示电路中 n 个电压源相串联,根据 KVL,有

$$U = U_{s1} + U_{s2} + U_{s3} + \cdots + U_{sn} = \sum_{k=1}^{n} U_{sk}$$

故这 n 个串联的电压源可以等效为一个电压源,如图 2-9(b)所示,且满足 $U_s = \sum_{k=1}^{n} U_{sk}$,即等效电压源的电压 U_s 等于这 n 个串联电压源电压的代数和。在计算 U_s 时必须注意各串联电

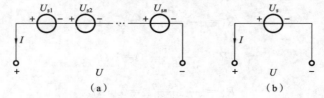

图 2-9   电压源的串联

压源电压的参考极性,如果 U_{sk} 的参考极性与图 2-9(b)所示电路中 U_s 的参考极性一致,则式中 U_{sk} 的前面取"+"号,反之取"-"号。例如,图 2-10(a)所示的为三个电压源的串联情况,其等效电压源如图 2-10(b)所示,其电压大小为

$$U_s = U_{s1} - U_{s2} + U_{s3}$$

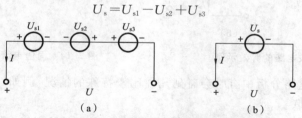

图 2-10　电压源串联电路的等效示例

n 个电压源,只有在各电压值相等且极性一致的情况下才允许并联,其等效电压源为其中任一电压源,如图 2-11(a)、(b)所示。

图 2-11　等值电压源的并联

当电压值不等的几个电压源并联时,根据电压源的基本特性可知,这种情况将不能满足 KVL,因而不允许存在。

如图 2-12(a)所示的为 n 个电流源并联的电路图,根据 KCL,有

$$I = I_{s1} + I_{s2} + \cdots + I_{sn} = \sum_{k=1}^{n} I_{sk}$$

其电压 U 取决于外电路。故这 n 个并联的电流源可以等效为一个电流源,如图 2-12(b)所示,且满足 $I_s = \sum_{k=1}^{n} I_{sk}$,即等效电流源的电流 I_s 等于各并联电流源电流的代数和。在计算 I_s 时必须注意各并联电流源电流的参考极性,如果 I_{sk} 的参考极性与图 2-12(b)所示电路中 I_s 的参考极性一致,则式中 I_{sk} 的前面取"+"号,反之取"-"号。例如,图 2-13(a)所示的为三个电流源并联的情况,其等效电流源如图 2-13(b)所示,其电流大小为

$$I_s = -I_{s1} - I_{s2} + I_{s3}$$

n 个电流源,只有在各电流值相等且方向一致的情况下才允许串联,其等效电流源即为其中任一电流源,如图 2-14(a)、图 2-14(b)所示。

当电流值不等的几个电流源并联时,根据电流源的基本特性可知,这种情况将不能满足 KCL,因而不允许存在。

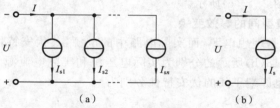

图 2-12　电流源的并联

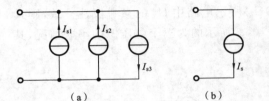 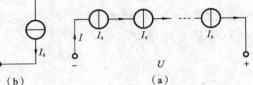 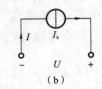

图 2-13 电流源并联电路的等效示例 　　图 2-14 同值电流源的串联

值得注意的是,电路分析中有时会碰到几种比较特殊的情况,例如,电压源与支路并联或者是电流源与支路串联。

与电压源并联的任一元件或支路,如图 2-15(a)所示电路中的 I_s 及图 2-15(b)所示电路中的 R,由于电压源的电压与外电路无关,因此端子间的电压取决于电压源,由外部特性等效的概念可知,它们均视为开路,则该并联电路可以用一个等效的电压源来代替,且等效电压源的电压仍等于 U_s,但是等效电压源中的电流已不等于替代前电压源的电流,而等于外部电流 I,如图 2-15(c)所示。

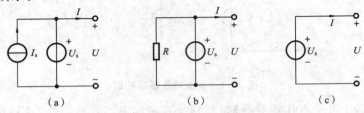

图 2-15 电压源与支路并联

同理,与电流源 I_s 串联的任一元件或支路,如图 2-16(a)所示电路中的 U_s 及图 2-16(b)所示电路中的 R,由于电流源的电流与外电路无关,因此流过端子间的电流取决于电流源,它们视为短路,即该串联电路可以用一个等效电流源替代,且等效电流源的电流仍等于 I_s,但是等效电流源两端的电压不等于替代前电流源的电压,而等于外部电压 U,如图 2-16(c)所示。

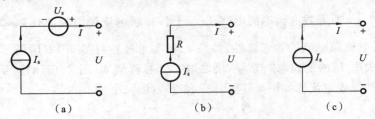

图 2-16 电流源与支路的串联

【例 2-5】 求图 2-17(a)所示电路的最简等效电路。

解 应用上述电源串联、并联等效化简的方法,按图 2-17 中箭头所示顺序逐步化简,便可得到最简等效电路,如图 2-17(c)所示。

2. 两种实际电源模型间的等效变换

前面讲述的电源都是理想电源,而实际电路中的电源,其伏安特性与理想电源的并不相同。图 2-18(a)和图 2-18(b)所示的分别为实际电压源和实际电流源的模型。它们的端电压 U 与电流 I 的关系式,也即端子间的伏安特性分别为

图 2-18(a)中

$$U = U_s - IR_s$$

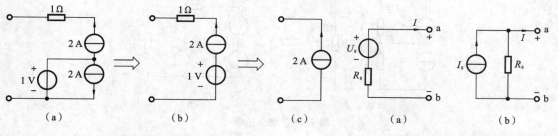

图 2-17 例 2-5 图   图 2-18 两种实际电源模型

或

$$I=\frac{U_s}{R_s}-\frac{U}{R_s} \tag{2-12}$$

图 2-18(b)中

$$I=I_s-UG_s \tag{2-13}$$

对比式(2-12)和式(2-13),如果它们的对应项相等,即

$$I_s=\frac{U_s}{R_s}, \quad G_s=\frac{1}{R_s}, \quad U_s=\frac{I_s}{G_s}, \quad R_s=\frac{1}{G_s} \tag{2-14}$$

则图 2-18 所示两种电源模型对外就有完全相同的伏安特性,即对外电路是等效的。这样,依据式(2-14)就可以实现实际电压源与实际电流源模型间的等效变换。

(1)当把电压源模型等效变换为电流源模型时,电流源的电流 $I_s=U_s/R_s$,内阻 $R_s'=R_s$。

(2)当把电流源模型等效变换为电压源模型时,电压源的电压 $U_s=I_s R_s'$,内阻 $R_s=R_s'$。

进行等效变换时还要注意以下几点。

(1)电源模型互换是电路等效变换的一种方法,这种等效是对外部电路等效,即对电源以外的电路等效,对电源内部电路是不等效的。

(2)电压源模型与电流源模型之间可以等效互换,但是理想电压源与理想电流源之间不能等效互换。

(3)不但要满足数值关系,同时还要满足电流源与电压源参考极性之间的关系,即电流源电流参考极性与电压源电压参考极性相反。

(4)电源模型等效互换的方法可以推广应用。如果理想电压源与外接电阻串联,则可把外接电阻看做内阻,并可将其等效变换为电流源模型;如果理想电流源与外接电阻并联,则可把外接电阻看做内阻,并可将其等效变换为电压源模型。

【例 2-6】 把图 2-19(a)所示电路等效为电压源模型。

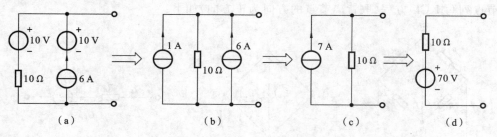

图 2-19 例 2-6 图

解 变换过程分别如图 2-19(b)、(c)、(d)所示。

【例 2-7】 求图 2-20 所示电路中的电流 I。

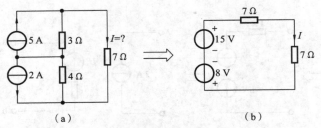

（a）　　　　　　　　　　　　　　（b）

图 2-20　例 2-7 图

解　图 2-20(a)中 5 A 电流源和 3 Ω 电阻及 2 A 电流源和 4 Ω 电阻构成两个电流源模型,将两个电流源模型等效为电压源模型,等效电路图如图 2-20(b)所示(注意电压源的极性)。

由图 2-20(b)可得

$$I = \frac{15-8}{7+7} \text{ A} = 0.5 \text{ A}$$

2.5　支路电流法

利用等效变换逐步化简电路进行分析计算的方法适用于具有一定结构形式且比较简单的电路。如果要对复杂的电路进行全面的一般性探讨,则还需要寻求一些系统化的方法。所谓系统化的方法就是,不改变电路的结构,先选择电路的变量(电压或者电流),再根据 KCL、KVL 建立起电路变量的方程求解电路的方法。

1. 支路法($2b$ 法)

对于一个具有 n 个节点、b 条支路的电路,根据 KCL 定律可以列出 $n-1$ 个以各支路电流为变量的独立的 KCL 方程;根据 KVL 定律可以列出 $b-n+1$ 个以各支路电压为变量的独立的 KVL 方程。这两组方程共有 b 个,而未知数为这 b 条支路的电流和电压,共 $2b$ 个,因此还需 b 个独立方程。对于 b 条支路,可以根据元件的 VCR 列出 b 个方程,使方程数总计为 $2b$ 个,与未知变量数目相等。因此,可以由这 $2b$ 个方程解出 $2b$ 个支路电压和支路电流。这种方法称为支路法或 $2b$ 法。下面举例说明。

【例 2-8】　列写图 2-21(a)所示电路的支路法方程。

解　设各支路的支路电压与支路电流取关联参考方向,各支路方向分别如图 2-21(a)、图 2-21(b)所示。将电压源 U_s 与电阻 R_6 的串联组合作为一条支路,如图 2-21(c)所示,则节点数 $n=4$,支路数 $b=6$。对于 4 个节点,可选节点④为参考节点,其他 3 个节点为独立节点,对独立节点列写 KCL 方程(取背离节点的方向为正方向)如下:

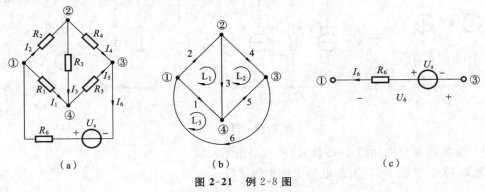

（a）　　　　　　　　　　（b）　　　　　　　　　　（c）

图 2-21　例 2-8 图

$$
\left.\begin{array}{r}
I_1 + I_2 - I_6 = 0 \\
-I_2 + I_3 + I_4 = 0 \\
-I_4 - I_5 + I_6 = 0
\end{array}\right\} \tag{2-15}
$$

选取网孔作为一组独立回路，其方向与编号如图 2-21(b)所示。对每个回路列写 KVL 方程如下：

$$
\left.\begin{array}{l}
L_1 : -U_1 + U_2 + U_3 = 0 \\
L_2 : -U_3 + U_4 - U_5 = 0 \\
L_3 : U_1 + U_5 + U_6 = 0
\end{array}\right\} \tag{2-16}
$$

对每条支路列写 VCR 方程如下：

$$
\left.\begin{array}{l}
U_1 = R_1 I_1 \\
U_2 = R_2 I_2 \\
U_3 = R_3 I_3 \\
U_4 = R_4 I_4 \\
U_5 = R_5 I_5 \\
U_6 = -U_s + R_6 I_6
\end{array}\right\} \tag{2-17}
$$

综合式(2-15)、式(2-16)、式(2-17)，便可得到所需的 $2b = 2 \times 6 = 12$ 个独立方程，此即为支路法方程。列写支路法方程时，除了可以将电压源与电阻的串联组合作为一条支路处理外，有时也将电流源与电阻的并联组合看做一条支路处理。

通过例 2-8 可以看出，$2b$ 方程的缺点是方程数目太多，给手算求解联立方程带来困难。如何减少方程和变量的数目呢？下面将介绍支路电流法。

2. 支路电流法

支路电流法就是列写以支路电流为变量的电路方程的方法，它实际上是在支路法方程的基础上得来的。由于支路电流变量为 b 个，所以需要 b 个独立的方程。先列出 $n-1$ 个关于支路电流的独立 KCL 方程、$b-n+1$ 个关于支路电压的独立 KVL 方程和 b 个支路的 VCR 方程，然后对 VCR 方程变形，将所有的支路电压用支路电流表示，代入 $b-n+1$ 个独立 KVL 方程中替换支路电压变量而留下支路电流变量，得到 $b-n+1$ 个关于支路电流的独立的 KVL 方程，与 $n-1$ 个独立 KCL 方程联立构成支路电流法方程。

现以例 2-8 中的电路为例，说明如何建立支路电流法方程。将式(2-17)代入式(2-16)并整理，并将除支路电流项以外的各项都移至等式右边，得

$$
\left.\begin{array}{l}
-R_1 I_1 + R_2 I_2 + R_3 I_3 = 0 \\
-R_3 I_3 + R_4 I_4 - R_5 I_5 = 0 \\
R_1 I_1 + R_5 I_5 + R_6 I_6 = U_s
\end{array}\right\} \tag{2-18}
$$

将式(2-18)与式(2-15)联立起来，就组成了以支路电流为变量的支路电流法方程。对式(2-18)，可简记为

$$
\sum R_k I_k = \sum U_{sk} \tag{2-19}
$$

式中，$R_k I_k$ 为回路中支路 k 的电阻 R_k 上的电压。求和时应遍及该回路中的所有支路，且该求和运算为代数和运算，即当 I_k 的参考方向与所在回路绕向一致时，$R_k I_k$ 前取"＋"号；当 I_k 的参考方向与所在回路绕向相反时，$R_k I_k$ 前取"－"号。式(2-19)等号右边为回路中电压源电压的代数和，其中 U_{sk} 为回路中第 k 条支路中的电源电压。对不含有电压源的支路，该项为零；对

含有电压源的支路,该项的大小即为电压源电压,且当电压源的电压方向与回路绕向相反时,该项前面取"+"号,当电压源的电压方向与回路绕向一致时,该项前面取"一"号。

现将支路电流法的一般步骤归纳如下:

(1) 设定 b 条支路电流的参考方向,并以它们作为电路变量;

(2) 对 $n-1$ 个独立节点,按 KCL 列节点方程 $\sum I = 0$;

(3) 对 $b-(n-1)$ 个独立回路,按 KVL 列回路方程 $\sum RI = \sum U_s$;

(4) 联立方程 $\sum I = 0$ 和 $\sum RI = \sum U_s$,解出各支路电流;

(5) 如果需要,可根据元件约束关系计算电压或功率等。

【例 2-9】 电路如图 2-22 所示,若 $U_{s1} = 130$ V,$U_{s2} = 117$ V,$R_1 = 1\ \Omega$,$R_2 = 0.6\ \Omega$,$R_3 = 24\ \Omega$,求各支路电流及电压源各自发出的功率。

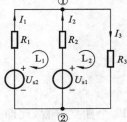

图 2-22 例 2-9 图

解 标出各支路电流的参考方向如图 2-22 所示,将电压源与电阻的串联形式视作一条支路,则节点数为 $n=2$,支路数为 $b=3$,所以独立 KCL 方程数为 $n-1=2-1=1$ 个,独立 KVL 方程数为 $b-n+1=3-2+1=2$ 个。对于节点①列出 KCL 方程为

$$-I_1 - I_2 + I_3 = 0 \tag{2-20}$$

对回路 L_1 和 L_2,直接按 $\sum R_k I_k = \sum U_{sk}$ 的形式列出 KVL 方程为

$$\left. \begin{aligned} R_1 I_1 - R_2 I_2 &= U_{s1} - U_{s2} \\ R_2 I_2 + R_3 I_3 &= U_{s2} \end{aligned} \right\} \tag{2-21}$$

代入已知条件可得

$$\left. \begin{aligned} I_1 - 0.6 I_2 &= 130 - 117 = 13 \\ 0.6 I_2 + 24 I_3 &= 117 \end{aligned} \right\} \tag{2-22}$$

联立式(2-20)和式(2-22)求解可得

$$I_1 = 10\ \text{A}, \quad I_2 = -5\ \text{A}, \quad I_3 = 5\ \text{A}$$

则 U_{s1} 发出的功率为

$$P_1 = U_{s1} I_1 = 130 \times 10\ \text{W} = 1\ 300\ \text{W}$$

U_{s2} 发出的功率为

$$P_2 = U_{s2} I_2 = 117 \times (-5)\ \text{W} = -585\ \text{W}$$

因此,电路中的电压源共发出功率

$$P = P_1 + P_2 = (1\ 300 - 585)\ \text{W} = 715\ \text{W}$$

【例 2-10】 试用支路电流法求解图 2-23 所示电路的支路电流和支路电压。

解 设备支路电流如图 2-23 所示,已知 $I_4 = 3$ A,故未知电流仅有 5 个,只需要列出 5 个独立方程。

(1) 列节点 a、b、c 的 $\sum I = 0$ 方程如下:

$$I_1 + I_2 - 3 = 0$$
$$I_2 - I_3 - I_5 = 0$$
$$I_1 + I_3 + I_6 = 0$$

(2) 只需列两个回路的 $\sum RI = \sum U_s$ 方程。因为电流源电压未知,所以在选择回路时

应避开电流源支路。现选回路 acba 和 bcdb，于是有

$$I_1 - 0.5I_3 - 0.1I_2 = -1$$
$$0.5I_3 - I_5 = -2$$

（3）求各支路电流。整理以上方程，有

$$1.1I_2 + 0.5I_3 = 4$$
$$-I_2 + 1.5I_3 = -2$$

解得

$$I_2 = 3.26 \text{ A}$$
$$I_3 = 0.84 \text{ A}$$
$$I_1 = (3 - 3.26) \text{ A} = -0.26 \text{ A}$$
$$I_5 = (3.26 - 0.84) \text{ A} = 2.42 \text{ A}$$
$$I_6 = (0.26 - 0.84) \text{ A} = -0.58 \text{ A}$$

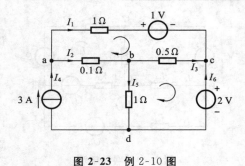

图 2-23　例 2-10 图

（4）支路电压分别为

$$U_{ab} = 0.1I_2 = 0.326 \text{ V}$$
$$U_{bc} = 0.5I_3 = 0.42 \text{ V}$$
$$U_{bd} = 1 \times I_5 = 2.42 \text{ V}$$
$$U_{ac} = 1 \times I_1 + 1 = 0.74 \text{ V}$$
$$U_{ad} = U_{ab} + U_{bd} = 2.746 \text{ V}$$
$$U_{cd} = 2 \text{ V}$$

（5）用外沿网孔的 KVL 方程校核，有

$$U_{ac} + U_{cd} + U_{da} = 0.74 + 2 - 2.746 \text{ V} \approx 0 \text{ V}$$

因此上列各计算值正确。上面所得的各电流、电压是近似值，故这里出现误差。

2.6　网孔电流法

支路电流法比支路法简便，但当支路数目较多时，联立的方程式也随之增多，计算仍然很烦琐。因此希望能进一步减少联立方程的数目，以使电路分析得到进一步的简化。此外，还希望分析方法规范，即方程的列写有固定的方式可循，便于掌握且不容易出错。支路法的联立方程由三组独立的方程—— $\sum I = 0$、$\sum U = 0$ 和支路伏安方程组成。支路电流法由两组独立方程—— $\sum I = 0$ 和 $\sum RI = \sum U_s$ 组成。为了进一步减少联立方程的数目，可以考虑只选其中的一组方程进行分析，例如，$\sum RI = \sum U_s$。这时方程的变量不能直接用支路的电流，否则方程数为 $b - n + 1$，少于变量数 b，将无法进行求解。为此需要寻求一组与方程数目相等的独立变量。对这组独立变量的要求是：各支路电流能够由它们简便地表示。规范分析的方法就是通过一组独立变量求支路电流或支路电压的间接分析法。虽然它们是一种间接分析法，但由于方程数量少，列写规范，且解题简便，故在电路分析中得到了广泛的应用。

1. 网孔电流

什么是网孔电流呢？网孔电流是一种假想的沿着平面网络的网孔边界连续流动的电流，其流向一般规定为与网孔的绕行方向一致。如图 2-24 所示的为具有 3 个网孔的电路，假设在每个网孔中都对应一个网孔电流，分别记作 I_{11}、I_{12}、I_{13}。

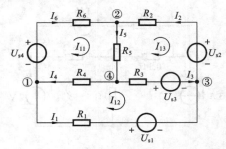

图 2-24 网孔电流

显然,若已知 3 个网孔,则各支路电流便可以求出来了,即

$$I_1 = -I_{12}, \quad I_2 = -I_{13}, \quad I_3 = I_{12} - I_{13}$$
$$I_4 = I_{11} - I_{12}, \quad I_5 = I_{11} - I_{13}, \quad I_6 = I_{11}$$

可见,网孔电流是一组完备的变量,很容易证明网孔电流也是一组独立的电流。网孔电流法的关键就是要列出以网孔电流 I 为变量的电路方程——网孔电流方程。

2. 网孔电流法

下面讨论网孔电流方程的列写方法。

对图 2-24 所示电路,分别对 3 个网孔应用 KVL,则有

I_1：$\qquad R_6 I_{11} + R_5(I_{11} - I_{13}) + R_4(I_{11} - I_{12}) = U_{s4}$

I_2：$\qquad R_1 I_{12} + R_3(I_{12} - I_{13}) + R_4(I_{12} - I_{11}) = U_{s1} - U_{s3}$

I_3：$\qquad R_2 I_{13} + R_3(I_{13} - I_{12}) + R_5(I_{13} - I_{11}) = U_{s3} - U_{s2}$

经整理得
$$\begin{cases} (R_4 + R_5 + R_6)I_{11} - R_4 I_{12} - R_5 I_{13} = U_{s4} \\ -R_4 I_{11} + (R_1 + R_3 + R_4)I_{12} - R_3 I_{13} = U_{s1} - U_{s3} \\ -R_5 I_{11} - R_3 I_{12} + (R_2 + R_3 + R_5)I_{13} = U_{s3} - U_{s2} \end{cases}$$

这就是网孔电流方程,其中只有网孔电流 I_{11}、I_{12}、I_{13} 为未知变量,其余均为已知变量。因变量数目与方程数目相等,故方程有唯一的解。

通过观察,不难发现以上方程具有如下特点。

(1) 方程左边是网孔的电压降,右边是电压升(一般为电压源电压)。对网孔 I_1 的方程来说,I_{11} 前面的系数是 I_1 中所有支路的电阻之和,且符号均为正。同样的,网孔 I_2 和 I_3 的方程中 I_{12} 和 I_{13} 前面的系数也分别是 I_2 和 I_3 中的全部电阻之和。这类系数称为网孔的自电阻,简称自电阻,用 R_{nn} 表示。例如,I_1 的自电阻为 $R_{11} = R_4 + R_5 + R_6$,I_2 的自电阻为 $R_{22} = R_1 + R_3 + R_4$,I_3 的自电阻为 $R_{33} = R_2 + R_3 + R_5$。

(2) 对网孔 I_1 而言,I_{12} 和 I_{13} 前面的系数都是 I_1 与 I_2、I_3 共同含有的电阻之和,且符号为负。同样,对网孔 I_2 和 I_3 也是这样的。这类系数称为互电阻,用 R_{nm} 表示,即 $R_{12} = -R_4$,$R_{13} = -R_5$,$R_{21} = -R_4$,$R_{23} = -R_3$,$R_{31} = -R_5$,$R_{32} = -R_3$。

可见,自电阻总是正的,互电阻总是负的。

上述特点可以说明如下:

(1) 因为假设网孔电流的方向与该网孔的绕行方向一致,所以由网孔电流在该网孔电阻上产生的电压降总是正的,所有自电阻前面的符号全是正的;

(2) 因为各网孔的绕行方向都一致,所以网孔电流在其他网孔中产生的电压降总为负。

这样就可以把上述网孔电流方程写成一般形式,即
$$\begin{cases} R_{11} I_{11} + R_{12} I_{12} + R_{13} I_{13} = U_{s11} \\ R_{21} I_{11} + R_{22} I_{12} + R_{23} I_{13} = U_{s22} \\ R_{31} I_{11} + R_{32} I_{12} + R_{33} I_{13} = U_{s33} \end{cases}$$

式中,U_{s11}、U_{s22}、U_{s33} 分别表示网孔 I_1、I_2、I_3 中电源的电压升,即电源电压之和。

对于只含有电阻和独立电压源的电路,若其具有 n 个独立网孔,且各网孔电流的绕行方向一致,则其网孔电流方程的一般形式为

$$
\left.
\begin{array}{l}
R_{11} I_{11} + R_{12} I_{12} + \cdots + R_{1n} I_{1n} = U_{s11} \\
R_{21} I_{11} + R_{22} I_{12} + \cdots + R_{2n} I_{1n} = U_{s22} \\
\quad\quad\quad\quad\quad\quad\quad \vdots \\
R_{n1} I_{11} + R_{n2} I_{12} + \cdots + R_{nn} I_{1n} = U_{snn}
\end{array}
\right\}
$$

现将用网孔电流法求解电路的步骤归纳如下。

(1) 选定 n 个独立网孔，规定网孔电流方向与网孔的绕行方向一致，且均为顺时针方向。

(2) 直接列写这 n 个网孔电流方程(注意：自电阻为正，互电阻为负)。

(3) 联立并求解方程组，求出网孔电流。

(4) 由网孔电流求各支路的电流。若指定各支路电流的参考方向，则支路电流为有关网孔电流的代数和。

【例 2-11】 电路如图 2-25 所示，已知 $U_{s1} = 8\ V，R_1 = 2\ \Omega，R_2 = 3\ \Omega，R_3 = 6\ \Omega，U_{s3} = 12\ V$，用网孔电流法求各支路电流。

解　设网孔电流 I_{11}、I_{12} 如图 2-25 所示，列网孔电流方程组为

$$
\begin{cases}
(R_1 + R_2) I_{11} - R_2 I_{12} = U_{s1} \\
-R_2 I_{11} + (R_2 + R_3) I_{12} = -U_{s3}
\end{cases}
$$

代入数据可得

$$
\begin{cases}
5 I_{11} - 3 I_{12} = 8 \\
-3 I_{11} + 9 I_{12} = -12
\end{cases}
$$

解得　　　　　　$I_{11} = 1\ A，\quad I_{12} = -1\ A$

各支路电流分别为

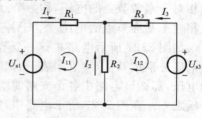

图 2-25　例 2-11 图

$$
I_1 = I_{11} = 1\ A
$$
$$
I_2 = -I_{11} + I_{12} = [-1 + (-1)]\ A = -2\ A
$$
$$
I_3 = -I_{12} = -(-1)\ A = 1\ A
$$

3. 电路中含有理想电流源支路的分析方法

当网络中含有理想电流源时，因为理想电流源不能变换成电压源，而网孔电流方程的每一项均为电压，所以在列写网孔电压方程时，可以根据理想电流源所处的位置不同而采取不同的方法。

一种情况是，含有理想电流源的支路为某一网孔所独有，则该网孔电流就等于已知电流源的电流。这样网孔电流变量就少了一个，方程数也相应减少了一个，即对应的网孔电流方程不必列出，其他网孔方程仍按常规方法列出。

另一种情况是，含有理想电流源的支路同时为两个网孔所共有，则为了列这两个网孔的回路电压方程，要增设理想电流源的端电压为未知变量。由于未知变量增加，方程数相应也要增加，所以要补充一个能反映理想电流源电流变量和相关网孔电流之间关系的辅助方程。

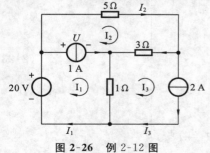

图 2-26　例 2-12 图

【例 2-12】 电路如图 2-26 所示，试用网孔电流法求各网孔电流。

解　当电流源出现在电路外围边界上时，该网孔电流等于电流源电流，成为已知量，此例中的 $I_3 = 2\ A$。此时不必列出此网孔的网孔电流方程。

对于 1 A 电流源，有两个网孔电流流过它，列写方程时需要计入它的电压，如图 2-26 所示，然后列出两个网孔方程和一个补充方程，即

$$\begin{cases} I_1 - I_3 + U = 20 \\ (5+3)I_2 - 3I_3 - U = 0 \\ I_1 - I_2 = 1 \end{cases}$$

代入 $I_3 = 2$ A，整理后得到

$$\begin{cases} I_1 + 8I_2 = 28 \\ I_1 - I_2 = 1 \end{cases}$$

解得 $\qquad\qquad I_1 = 4$ A， $I_2 = 3$ A， $I_3 = 2$ A

2.7　节点电位法

1. 节点电压

与用独立电流变量来建立电路方程类似，也可以用独立电压变量来建立电路方程。在具有 n 个节点的连通电路中，可以任选其中的一个节点作为基准，称为参考节点，其余 $n-1$ 个节点相对于参考节点的电压，称为节点电压。将基准节点作为电位参考点或零电位点，其余各节点相对于基准节点的电压就等于各节点的电位。

如图 2-27 所示电路共有 4 个节点，以 0 点作为参考点，其余 3 个独立节点相对于参考点的电压分别用 U_{n1}、U_{n2}、U_{n3} 表示，则有 $U_{n1} = U_{10}$，$U_{n2} = U_{20}$，$U_{n3} = U_{30}$。如果能求得这 3 个节点的电压，那么该电路中各个支路的端电压就应该是该支路所连接的两个节点的电位差，即节点电压之差。在图 2-27 所示电路中，第 1 条支路（标有支路电流 I_1 的支路）的端电压为 $U_{10} = U_{n1}$，第 2 条支路（标有支路电流 I_2 的支路）的端电压为 $U_{12} = U_{n1} - U_{n2}$，依此类推，则有 $U_{13} = U_{n1} - U_{n3}$，$U_{23} = U_{n2} - U_{n3}$，$U_{20} = U_{n2}$，$U_{30} = U_{n3}$ 等。根据各支路电流与端电压的伏安关系，由已知的端电压就可以进一步求得各支路电流。

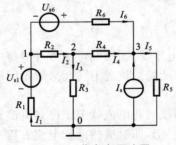

图 2-27　节点电压法图

如图 2-27 中，各支路电流在图示参考方向下与节点电压之间存在如下关系：

$$U_{n1} = U_{s1} - I_1 R_1$$
$$U_{n1} - U_{n2} = I_2 R_2$$
$$U_{n2} = I_3 R_3$$
$$U_{n2} - U_{n3} = I_4 R_4$$
$$U_{n3} = I_5 R_5$$
$$U_{n1} - U_{n3} = -U_{s6} + I_6 R_6$$

进而可得

$$\left.\begin{aligned} I_1 &= \frac{U_{s1} - U_{n1}}{R_1} = G_1(U_{s1} - U_{n1}) \\[6pt] I_2 &= \frac{U_{n1} - U_{n2}}{R_2} = G_2(U_{n1} - U_{n2}) \\[6pt] I_3 &= \frac{U_{n2}}{R_3} = G_3 U_{n2} \\[6pt] I_4 &= \frac{U_{n2} - U_{n3}}{R_4} = G_4(U_{n2} - U_{n3}) \\[6pt] I_5 &= \frac{U_{n3}}{R_5} = G_5 U_{n3} \\[6pt] I_6 &= \frac{U_{n1} - U_{n3} + U_{s6}}{R_6} = G_6(U_{n1} - U_{n3} + U_{s6}) \end{aligned}\right\} \qquad (2\text{-}23)$$

可见,只需求出节点电压,所有支路电流也就都可以求得。节点电压法就是以电路的 $n-1$ 个独立节点电压为变量列写方程而求解电路的方法,也称为节点电位法。

2. 节点电压法

下面以图 2-27 为例来说明如何建立节点电压方程。对图中的独立节点 1、2、3 可分别列写 KCL 方程为

$$I_1 - I_2 - I_6 = 0$$
$$I_2 - I_3 - I_4 = 0$$
$$I_4 + I_6 + I_s - I_5 = 0$$

将式(2-23)代入可得

$$G_1(U_{s1} - U_{n1}) - G_2(U_{n1} - U_{n2}) - G_6(U_{n1} - U_{n3} + U_{s6}) = 0$$
$$G_2(U_{n1} - U_{n2}) - G_3 U_{n2} - G_4(U_{n2} - U_{n3}) = 0$$
$$G_4(U_{n2} - U_{n3}) + G_6(U_{n1} - U_{n3} + U_{s6}) + I_s - G_5 U_{n3} = 0$$

经整理得

$$(G_1 + G_2 + G_6)U_{n1} - G_2 U_{n2} - G_6 U_{n3} = G_1 U_{s1} - G_6 U_{s6}$$
$$-G_2 U_{n1} + (G_2 + G_3 + G_4)U_{n2} - G_4 U_{n3} = 0$$
$$-G_6 U_{n1} - G_4 U_{n2} + (G_4 + G_6 + G_5)U_{n3} = G_6 U_{s6} + I_s$$

上式可进一步写成

$$\left.\begin{array}{l} G_{11}U_{n1} + G_{12}U_{n2} + G_{13}U_{n3} = I_{s11} \\ G_{21}U_{n1} + G_{22}U_{n2} + G_{23}U_{n3} = I_{s22} \\ G_{31}U_{n1} + G_{32}U_{n2} + G_{33}U_{n3} = I_{s33} \end{array}\right\} \tag{2-24}$$

这就是具有 3 个独立节点电路的节点电压方程的一般形式。式中,具有相同双下标的电导 G_{11}、G_{22}、G_{33} 分别是独立节点 1、2、3 所连接的各个支路的电导之和,称为各独立节点的自电导,它们总取正值。具有不同双下标的电导 G_{12}、G_{21}、G_{13}、G_{31}、G_{23}、G_{32} 等,分别是直接连接两个相关节点的各支路电导的和,称为互电导,它们总取负值。显然,当两节点间没有支路直接相连接时,相应的互电导为零。

式(2-24)方程的右边分别表示流入相应节点的电流源电流的代数和(若是电压源与电阻相串联的模型,则可以等效变换为电流源与电导相并联的模型)。当电流源的电流方向指向相应节点时取正号,反之则取负号。在本例中,$I_{s11} = G_1 U_{s1} - G_6 U_{s6}$,$I_{s33} = G_6 U_{s6} + I_s$,而节点 2 连接的 3 条支路都是无源支路,所以 $I_{s22} = 0$。

将式(2-24)推广到具有 n 个节点的电路,可写出其节点电压方程的一般形式为

$$\left.\begin{array}{l} G_{11}U_{n1} + G_{12}U_{n2} + \cdots + G_{1(n-1)}U_{n(n-1)} = I_{s11} \\ G_{21}U_{n1} + G_{22}U_{n2} + \cdots + G_{2(n-1)}U_{n(n-1)} = I_{s22} \\ \vdots \\ G_{(n-1)1}U_{n1} + G_{(n-1)2}U_{n2} + \cdots + G_{(n-1)(n-1)}U_{n(n-1)} = I_{s(n-1)(n-1)} \end{array}\right\} \tag{2-25}$$

根据以上讨论,可归纳出节点电压法的主要步骤如下。

(1) 选定参考节点并用"⊥"符号标注,以其余各节点的节点电压作为电路变量,注意,各节点电压的参考方向均由独立节点指向参考节点。

(2) 按式(2-25)所示的一般形式列写节点电压方程。注意式中的自电导总为正值,互电导总为负值。等号右边的电流源项中,流入节点的电流取正,流出节点的电流则取负。

(3) 联立求解方程组,得出各节点电压。

(4) 选定各支路电流的参考方向,根据各支路的伏安关系,由节点电压求得各支路电流或

其他需求变量。

【例 2-13】 用节点电压法求图 2-28 中各支路的电流。

解 本电路共有 3 个节点,以 o 点为参考点,独立节点 a、b 的电位分别为 U_{na}、U_{nb}。列节点电压方程为

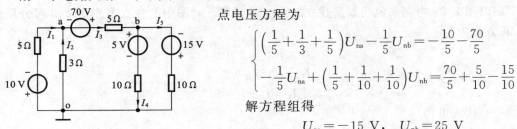

图 2-28 例 2-13 图

$$\begin{cases} \left(\dfrac{1}{5}+\dfrac{1}{3}+\dfrac{1}{5}\right)U_{na}-\dfrac{1}{5}U_{nb}=-\dfrac{10}{5}-\dfrac{70}{5} \\ -\dfrac{1}{5}U_{na}+\left(\dfrac{1}{5}+\dfrac{1}{10}+\dfrac{1}{10}\right)U_{nb}=\dfrac{70}{5}+\dfrac{5}{10}-\dfrac{15}{10} \end{cases}$$

解方程组得

$$U_{na}=-15 \text{ V}, \quad U_{nb}=25 \text{ V}$$

在图 2-28 中标出各支路电流的方向,可计算得

$$I_1=\frac{-10-U_{na}}{5}=\frac{-10+15}{5} \text{ A}=1 \text{ A}$$

$$I_2=\frac{-U_{na}}{3}=\frac{15}{3} \text{ A}=5 \text{ A}$$

$$I_3=\frac{70+U_{na}-U_{nb}}{5}=\frac{70-15-25}{5} \text{ A}=6 \text{ A}$$

$$I_4=\frac{-5+U_{nb}}{10}=\frac{-5+25}{10} \text{ A}=2 \text{ A}$$

$$I_5=\frac{15+U_{nb}}{10}=\frac{15+25}{10} \text{ A}=4 \text{ A}$$

在参考点处可进行校验,应有

$$-I_1-I_2+I_4+I_5=0$$

代入数值得

$$-1-5+2+4=0$$

符合 KCL,结果正确。

【例 2-14】 列出图 2-29(a)所示电路的节点电压方程,并求出节点 1、2 的节点电压。

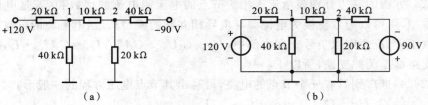

(a)   (b)

图 2-29 例 2-14 图

解 重画电路并选定参考节点如图 2-29(b)所示,直接列写节点电压方程为

$$\begin{cases} \left(\dfrac{1}{20}+\dfrac{1}{40}+\dfrac{1}{10}\right)U_{n1}-\dfrac{1}{10}U_{n2}=\dfrac{120}{20} \\ -\dfrac{1}{10}U_{n1}+\left(\dfrac{1}{20}+\dfrac{1}{10}+\dfrac{1}{40}\right)U_{n2}=-\dfrac{90}{40} \end{cases}$$

解得

$$U_{n1}=40 \text{ V}, \quad U_{n2}=10 \text{ V}$$

3. 电路中含有理想电压源支路的分析方法

对于电路含有纯独立电压源支路的情况,采用的处理方法有两种。① 如果电路中只有一个电压源,就把这个电压源的负极性端选作参考点,则电压源正极性端的节点电压就自动等于

电压源的电压，而无须求解，从而减少了一个电路方程。② 如果电路中有两个以上的电压源，且没有公共点，显然以上方法就不适用了。这时可设流过电压源的电流为一个新的电路变量 I_{us}，并把这个电压源看做电流为 I_u 的电流源，其贡献写入方程右边，由于多了一个变量，还需要补充一个用节点电压表示的电压源电压的方程。

【例 2-15】　用节点电压法求图 2-30 所示电路的各节点电压。

解　此电路有两个纯电压源支路。由于 14 V 电压源连接到节点 1 和参考点之间，节点 1 的节点电压 $U_1 = 14$ V 为已知量，因此可以不列出节点 1 的节点方程。设 8 V 电压源支路中的电流为 i_6，列出节点 2 和节点 3 的方程为

$$\begin{cases} -U_1 + (1+0.5)U_2 = 3 - I_6 \\ -0.5U_1 + (1+0.5)U_3 = 0 + I_6 \end{cases}$$

补充方程为

$$U_2 - U_3 = 8$$

代入 $U_1 = 14$ V，整理得

$$\begin{cases} 1.5U_2 + 1.5U_3 = 24 \\ U_2 - U_3 = 8 \end{cases}$$

解得　　　　　　　　　$U_2 = 12$ V，　$U_3 = 4$ V

4. 弥尔曼定理

节点电压法适用于节点数少、支路数多的电路。对于有多条支路并联于两个节点之间的电路，用节点电压法更为方便。弥尔曼定理就是节点电压法的一个特例。

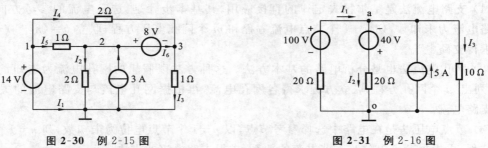

图 2-30　例 2-15 图　　　　　　　　　图 2-31　例 2-16 图

【例 2-16】　电路如图 2-31 所示，用节点电压法求各支路电流。

解　根据节点电压法，以 o 点为参考点，则只有一个独立节点 a，有

$$V_a = \dfrac{\dfrac{100}{20} - \dfrac{40}{20} + 5}{\dfrac{1}{20} + \dfrac{1}{20} + \dfrac{1}{10}} \text{ V} = 40 \text{ V}$$

根据各支路电流的参考方向，有

$$I_1 = \frac{100 - V_a}{20} = \frac{100 - 40}{20} \text{ A} = 3 \text{ A}$$

$$I_2 = \frac{V_a + 40}{20} = \frac{40 + 40}{20} \text{ A} = 4 \text{ A}$$

$$I_3 = \frac{V_a}{10} = \frac{40}{10} \text{ A} = 4 \text{ A}$$

对于图 2-31 所示电路，因为只有一个独立节点 a，其节点电位方程写成一般形式为

$$V_a = \frac{I_{saa}}{G_{aa}} \tag{2-26}$$

式(2-26)称为弥尔曼定理,分子为流入节点 a 的等效电流源之和,分母为节点 a 所连接各支路的电导之和。

本 章 小 结

本章主要介绍了直流电阻性电路的基本分析与计算方法,主要包括等效变换法、电路方程法。

1. 等效变换法

(1)等效网络的概念:若一个单口网络的端口电压、电流关系与另一个单口网络的端口电压、电流关系相同,则这两个网络对外部而言称为等效网络。

(2)串联电路的等效电阻等于各电阻之和;并联电路的等效电导等于各电导之和;混联电路的等效电阻可由电阻串、并联计算得出。

(3)电阻星形连接(Y 连接)和三角形连接(△连接)可以等效变换,对称情况下等效变换的条件是 $R_\triangle = R_Y$。

(4)实际电压源模型和实际电流源模型可以相互等效变换:当把电压源模型等效变换为电流源模型时,电流源的电流 $I_s = U_s/R_s$,内阻 $R'_s = R_s$;当把电流源模型等效变换为电压源模型时,电压源的电压 $U_s = I_s R'_s$,内阻 $R_s = R'_s$。

2. 电路方程法

(1)支路电流法是基尔霍夫定律的直接应用,其基本步骤是:选定电流的参考方向,以 b 个支路电流为未知数,列 $n-1$ 个节点电流方程和 m 个网孔电压方程,联立 $b=(n-1)+m$ 个方程求得支路电流。

(2)网孔电流法也是分析电路的基本方法。这种方法以假想的网孔电流为未知量,应用 KVL 列出 m 个网孔方程,联立方程求得各网孔电流,再根据网孔电流与支路电流的关系,求得各支路电流。

(3)节点电压法是在电路中选择参考节点,以 $n-1$ 个节点电位为未知数,列 $n-1$ 个节点电流方程,再根据节点电位与支路电流的关系,求得支路电流的方法。

习 题 2

2.1 求图 2-32 所示各电路的入端电阻 R_{ab}。

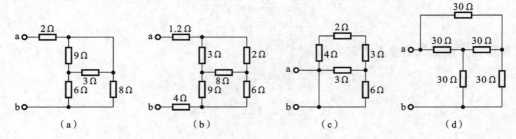

图 2-32 习题 2.1图

2.2 试求图 2-33 中各电路的等效电阻 R_{ab}。

2.3 求图 2-34 所示电路在开关 S 断开和闭合两种状态下的等效电阻 R_{ab}。

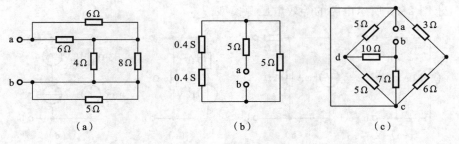

图 2-33　习题 2.2 图

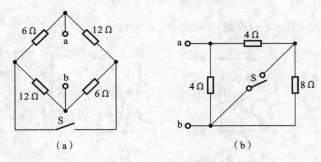

图 2-34　习题 2.3 图

2.4　试求图 2-35 所示电路的等效电阻 R_{ab}。

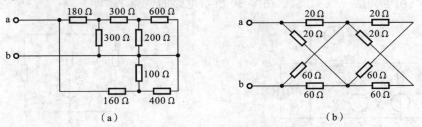

图 2-35　习题 2.4 图

2.5　对如图 2-36 所示电路,应用星形连接与三角形连接等效变换求电压 U 和 U_{ab}。

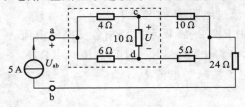

图 2-36　习题 2.5 图

2.6　试求图 2-37 所示电路的等效电路。

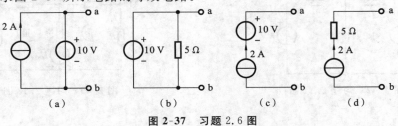

图 2-37　习题 2.6 图

2.7 求图 2-38 所示电路的等效电压源模型。

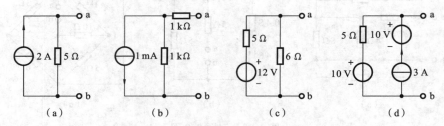

图 2-38 习题 2.7 图

2.8 求图 2-39 所示电路的等效电流源模型。

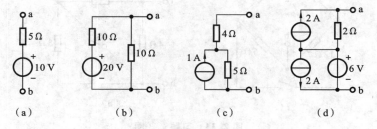

图 2-39 习题 2.8 图

2.9 利用电源的等效变换,求图 2-40 所示电路的电流 I。

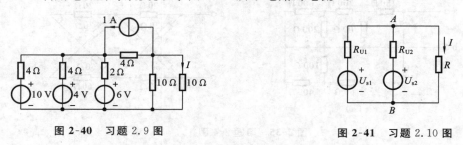

图 2-40 习题 2.9 图

图 2-41 习题 2.10 图

2.10 假设图 2-41 所示电路中,$U_{s1}=12$ V,$U_{s2}=24$ V,$R_{U1}=R_{U2}=20$ Ω,$R=50$ Ω,利用电源的等效变换方法,求解流过电阻 R 的电流 I。

2.11 采用支路分析法求图 2-42 所示电路中各支路的电流。

2.12 在图 2-43 所示电路中,$R_1=R_2=10$ Ω,$R_3=4$ Ω,$R_4=R_5=8$ Ω,$R_6=2$ Ω,$U_{s3}=20$ V,$U_{s6}=40$ V,用支路电流法求解电流 I_5。

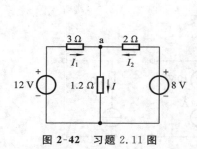

图 2-42 习题 2.11 图

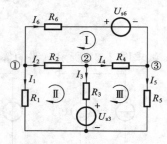

图 2-43 习题 2.12 图

2.13 用网孔分析法求：

(1) 图 2-44(a)所示电路中各支路的电流；

(2) 图 2-44(b)所示电路中的电流 I。

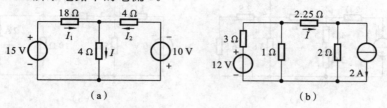

图 2-44 习题 2.13 图

2.14 列写如图 2-45 所示电路的网孔电流方程。

2.15 用网孔电流法计算图 2-46 所示电路中的电压 U。

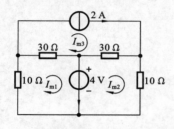

图 2-45 习题 2.14 图

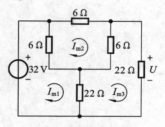

图 2-46 习题 2.15 图

2.16 先将图 2-47 所示电路化简,然后求出电流 I_3。

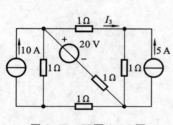

图 2-47 习题 2.16 图

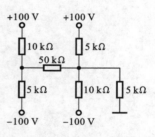

图 2-48 习题 2.17 图

2.17 用节点电压法求解图 2-48 所示电路中流过 $50\ \text{k}\Omega$ 电阻的电流 I。

2.18 列写图 2-49 所示电路的节点电压方程,并计算节点 1、节点 2 的电压及 4 A 电流源两端的电压 U。

2.19 电路如图 2-50 所示,试用弥尔曼定理求解电路中 a 点的电位值。

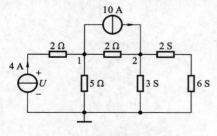

图 2-49 习题 2.18 图

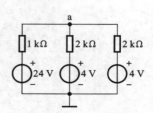

图 2-50 习题 2.19 图

2.20 列出图 2-51(a)、图 2-51(b)中电路的节点电压方程。

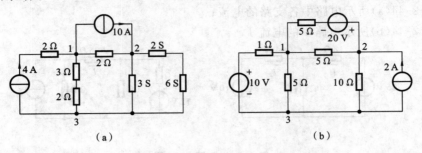

图 2-51 习题 2.20 图

第 3 章 电路的基本定理

教学目标 ————————————————————

前面两章介绍了电路的基本概念、基本定律和基本分析方法。本章主要介绍线性电路的若干重要定理，即叠加定理、戴维南定理与诺顿定理、最大功率传输定理和替代定理等，此外还简单介绍了含有受控源电路的分析计算方法。

3.1　叠　加　定　理

叠加定理体现了线性电路的基本特性，在电路分析中占有很重要的地位。下面以图 3-1 所示电路为例说明线性电路的叠加性。

1. 线性电路的叠加性

由线性元件组成的电路称为线性电路。现分析图 3-1(a)中的电压 U_1，根据节点电压法可求得图中节点 1 的电压为

$$U_{n1} = \frac{\dfrac{U_s}{R_1} + I_s}{\dfrac{1}{R_1} + \dfrac{1}{R_2}} = \frac{R_2}{R_1 + R_2} U_s + \frac{R_1 R_2}{R_1 + R_2} I_s = U'_{n1} + U''_{n1}$$

可见，节点电压 U_{n1} 由两部分组成。其中第一部分 $U'_{n1} = \dfrac{R_2}{R_1 + R_2} U_s$，是当 $I_s = 0$（看做开

路）时，电压源 U_s 单独作用的结果，如图 3-1(b)所示，第二部分 $U''_{n1} = \dfrac{R_1 R_2}{R_1 + R_2} I_s$，是当 $U_s = 0$

（看做短路）时，电流源 I_s 单独作用的结果，如图 3-1(c)所示。这就说明，由图 3-1(b)加图 3-1(c)算出的结果与由图 3-1(a)直接算出的结果相同。将上述结论推广到一般情况即说明线性电路具有叠加性。

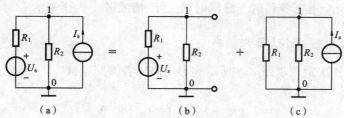

图 3-1　叠加定理图例

2. 叠加定理

叠加定理表明，在线性电路中，多个独立电源共同作用时，任一支路的电流或电压都等于各独立电源单独作用时，在该支路产生的电流或电压的代数和。

应用叠加定理时，要注意以下几点。

(1) 叠加定理只适用于线性电路，不适用于非线性电路。

(2) 在各个独立电源分别单独作用时，那些暂时不起作用的独立电源都应视为零值，即电

压源用短路代替,电流源用开路代替,而其他元件的连接方式都不应有变动。

(3)叠加时要注意电流和电压的参考方向。如果分电流(或电压)的参考方向与原电路中的电流(或电压)的参考方向相同,则取正号,反之则取负号。

(4)叠加定理只适用于计算线性电路中的电压或电流,而不适用于计算功率,因为功率与电压或电流之间不是线性关系,所以某一元件上的功率不等于各个电源单独作用时在该元件上所产生的功率之和。

【例 3-1】 应用叠加定理求图 3-2(a)所示电路中的电流 I_L。

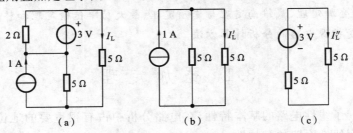

图 3-2 例 3-1 图

解 电路由两个独立电源共同作用。先由电流源单独作用,则电压源用短路代替,此时电路如图 3-2(b)所示,可得

$$I'_L = 1 \times \frac{5}{5+5} \text{ A} = 0.5 \text{ A}$$

再由电压源单独作用,电流源用开路代替,而且与电压源相并联的 2 Ω 电阻对外电路可视为开路,故这时的电路如图 3-2(c)所示,可得

$$I''_L = \frac{3}{5+5} \text{ A} = 0.3 \text{ A}$$

叠加后得

$$I_L = I'_L + I''_L = (0.5+0.3) \text{ A} = 0.8 \text{ A}$$

3. 齐次定理

齐次性是线性电路的另一个重要性质。齐次定理描述了线性电路的比例特性,其内容为:在线性电路中,当所有电压源和电流源同时增大 K 倍或减小为原来的 $\frac{1}{K}$ 时,支路电压和电流也将同样地增大 K 倍或减小为原来的 $\frac{1}{K}$。

【例 3-2】 用齐次定理求图 3-3 所示梯形电路中各支路电流。

解 设 $I'_5 = I'_6 = 1$ A,则

$$U'_{cd} = I'_5(R_5 + R_6) = 1 \times (7+8) \text{ V} = 15 \text{ V}$$

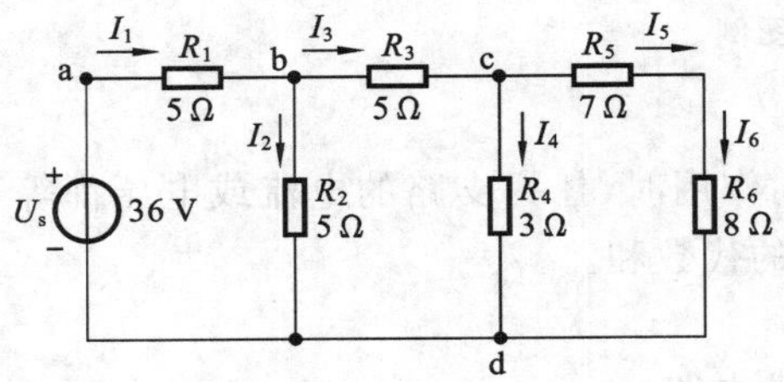

$$I'_4 = \frac{U'_{cd}}{R_4} = \frac{15}{3} \text{ A} = 5 \text{ A}$$

$$I'_3 = I'_4 + I'_5 = (5+1) \text{ A} = 6 \text{ A}$$

$$U'_{bd} = I'_3 R_3 + U'_{cd} = (6 \times 5 + 15) \text{ V} = 45 \text{ V}$$

$$I'_2 = \frac{U'_{bd}}{R_2} = \frac{45}{5} \text{ A} = 9 \text{ A}$$

$$I'_1 = I'_2 + I'_3 = (9+6) \text{ A} = 15 \text{ A}$$

$$U'_s = U'_{ad} = I'_1 R_1 + U'_{bd} = (15 \times 5 + 45) \text{ V} = 120 \text{ V}$$

图 3-3 例 3-2 图

现给定 $U_s = 36$ V,相当于将激励 U'_s 减小为 U'_s 的 $K = \dfrac{U_s}{U'_s} = \dfrac{36}{120} = \dfrac{3}{10}$,故各支路电流应是虚设电流的 $\dfrac{3}{10}$,即

$$I_1 = K I'_1 = \frac{3}{10} \times 15 \text{ A} = 4.5 \text{ A}$$

$$I_2 = K I'_2 = \frac{3}{10} \times 9 \text{ A} = 2.7 \text{ A}$$

$$I_3 = K I'_3 = \frac{3}{10} \times 6 \text{ A} = 1.8 \text{ A}$$

$$I_4 = K I'_4 = \frac{3}{10} \times 5 \text{ A} = 1.5 \text{ A}$$

$$I_5 = K I'_5 = \frac{3}{10} \times 1 \text{ A} = 0.3 \text{ A}$$

本例从离电压源最远的支路开始计算,假设其电流为 1 A,然后由远到近地推算到电压源支路,最后用齐次定理予以修正,这种方法称为倒推法。

3.2　戴维南定理与诺顿定理

实际工作中,在对网络进行分析计算时,往往只需求出网络中某一条支路或元件中的电压或电流,而不需要求出网络中全部支路的电压或电流。在这种情况下,就可以用戴维南定理或者诺顿定理求解。对所要研究的某一支路的两端而言,电路的其余部分就成为一个有源二端网络,戴维南定理和诺顿定理给出如何将一个有源线性的二端网络等效成为一个电源模型的方法。

1. 戴维南定理

戴维南定理的内容是:任何一个线性有源二端网络,对其端口来说,总可以用一个理想电压源和电阻串联的电路模型来等效代替。其中,理想电压源的电压等于线性有源二端网络在端口开路时的电压 U_{OC};电阻 R_{eq} 是二端网络内全部独立电源为零值(独立电压源短路,独立电流源开路)时所得无源网络的等效电阻。

下面通过图 3-4 对戴维南定理进行说明。

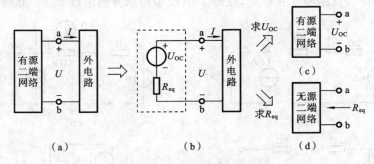

图 3-4　戴维南定理图解说明

图 3-4(b)虚线框内的等效电压源模型就是图 3-4(a)中有源二端网络的戴维南等效电路,U_{OC}、R_{eq} 可分别利用图 3-4(c)、图 3-4(d)求得。

【例 3-3】　电路如图 3-5(a)所示,已知 $U_{s1} = 16$ V,$U_{s2} = 12$ V,$R_1 = R_5 = 8$ Ω,$R_3 = 2$ Ω,

$R_2 = R_4 = 6\ \Omega$，$R_6 = 1\ \Omega$，用戴维南定理求 R_3 上的电流 I。

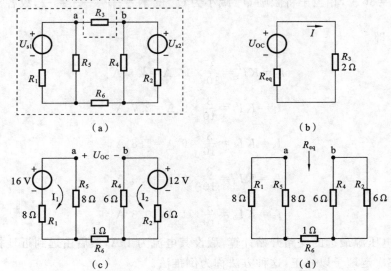

图 3-5 例 3-3 图

解 其戴维南等效电路如图 3-5(b) 所示。

(1) 将图 3-5(a) 中的待求支路移开，形成有源二端网络如图 3-5(c) 所示，则开路电压 U_{OC} 为

$$U_{OC} = \frac{R_5}{R_1 + R_5} U_{s1} - \frac{R_4}{R_2 + R_4} U_{s2} = \left(\frac{8}{8+8} \times 16 - \frac{6}{6+6} \times 12 \right) \text{V} = 2\ \text{V}$$

(2) 将有源二端网络除源，构成无源二端网络如图 3-5(d) 所示，则等效电阻 R_{eq} 为

$$R_{eq} = \frac{R_1 R_5}{R_1 + R_5} + R_6 + \frac{R_2 R_4}{R_2 + R_4} = \left(\frac{8 \times 8}{8+8} + 1 + \frac{6 \times 6}{6+6} \right) \Omega = 8\ \Omega$$

(3) 由如图 3-5(b) 所示等效电路图可知

$$I = \frac{U_{OC}}{R_{eq} + R_3} = \frac{2}{8+2}\ \text{A} = 0.2\ \text{A}$$

【**例 3-4**】 用戴维南定理求解图 3-6(a) 所示电路中电阻 R_L 上的电流 I。

解 (1) 将待求支路断开并移去，在图 3-6(b) 中可求开路电压 U_{OC}。此时 $I = 0$，在节点 a

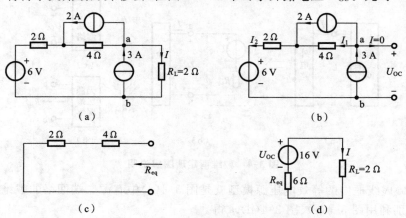

图 3-6 例 3-4 图

处可得
$$I_1 = (3-2)\ \text{A} = 1\ \text{A}$$
且有
$$I_2 = 3\ \text{A}$$
所以
$$U_{OC} = (1 \times 4 + 3 \times 2 + 6)\ \text{V} = 16\ \text{V}$$

（2）作出相应的无源二端网络如图 3-6(c)所示,显然,其等效电阻为
$$R_{eq} = 6\ \Omega$$

（3）作出戴维南等效电路并与待求支路相连,如图 3-6(d)所示。求得
$$I = \frac{U_{OC}}{R_{eq} + R_L} = \frac{16}{6+2}\ \text{A} = 2\ \text{A}$$

【例 3-5】　电路如图 3-7(a)所示,求当 R_L 分别为 1 Ω、6 Ω 时的电流 I。

解　将图 3-7(a)所示电路从 a、b 处断开,左边部分电路构成了有源线性二端网络,如图 3-7(b)所示。

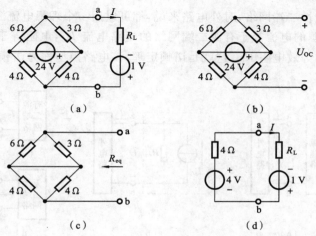

图 3-7　例 3-5 图

由图 3-7(b)可得开路电压为
$$U_{OC} = \left(-\frac{24}{3+6} \times 3 + \frac{24}{4+4} \times 4 \right)\ \text{V} = 4\ \text{V}$$

将图 3-7(b)所示的有源二端网络中的独立电源置零,得到 3-7(c)所示的无源二端网络。由图 3-7(c)可得等效电阻为
$$R_{eq} = \left(\frac{6 \times 3}{6+3} + \frac{4 \times 4}{4+4} \right)\ \Omega = 4\ \Omega$$

在求得开路电压 U_{OC} 和等效电阻 R_{eq} 后,由如图 3-7(d)所示戴维南等效电路,可得
$$I = \frac{4+1}{4+R_L} = \frac{5}{4+R_L}$$

所以,当 $R_L = 1\ \Omega$ 时,有
$$I = \frac{5}{4+1}\ \text{A} = 1\ \text{A}$$

当 $R_L = 6\ \Omega$ 时,有
$$I = \frac{5}{4+6}\ \text{A} = 0.5\ \text{A}$$

有源二端网络的戴维南等效电路还可采用下述的开路-短路法求得。

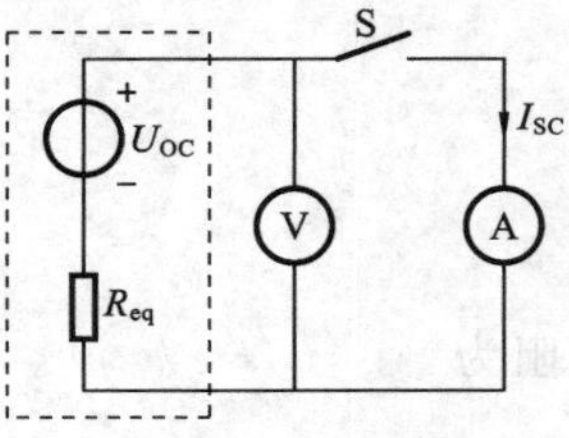

如图 3-8 所示,虚线框内是一个有源二端网络,此处已将其用戴维南等效电路表示。先将开关 S 断开,则电压表的读数即为该二端网络的开路电压 U_{OC},然后再将开关 S 闭合,电流表的读数即为该二端网络的短电流 I_{SC}。不难看出等效电阻为

$$R_{eq} = \frac{U_{OC}}{I_{SC}}$$

图 3-8 开路-短路法示图 即对有源二端网络开路一次,短路一次,就可以求得其戴维南等效电路,此法特别适用于实验。

2. 诺顿定理

在戴维南定理中等效电源是用电压源来表示的,第 2 章中已经介绍过两种实际电源模型的等效变换。因此,有源二端网络也可以用等效电流源来表示,诺顿定理就描述了这一内容。

任何一个有源线性二端网络,对外电路来说,都可以用一个理想电流源和电阻并联的模型来等效代替,该电流源的电流等于有源二端网络的短路电流 I_{SC},电阻等于将有源二端网络变成无源二端网络后的等效电阻 R_{eq},这就是诺顿定理,该电路模型称为诺顿等效电路,如图 3-9 所示。

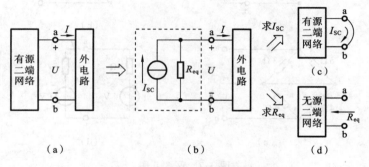

图 3-9 诺顿定理图解说明

图 3-9(b)虚线框内的等效电流源模型就是图 3-9(a)中有源二端网络的诺顿电路,I_{SC}、R_{eq} 可分别利用图 3-9(c)、图 3-9(d)求得。

【例 3-6】 求图 3-10(a)所示有源二端网络的诺顿等效电路。

解 (1) 根据诺顿定理,将 a、b 两端短接,设电流 I_1、I_2 如图 3-10(c)所示。因为 $U_{ab}=0$,则

$$\begin{cases} 20+10I_1=0 \\ -40+40I_2=0 \end{cases}$$

得
$$I_1=-2 \text{ A}, \quad I_2=1 \text{ A}$$

又对节点 a 应用 KCL,有

$$I_1+I_2-2+I_{SC}=0$$

得
$$I_{SC}=-I_1-I_2+2=[-(-2)-1+2] \text{ A}=3 \text{ A}$$

(2) 作出相应的无源二端网络如图 3-10(d)所示,其等效电阻为

$$R_{eq}=\frac{10\times40}{10+40} \text{ Ω}=8 \text{ Ω}$$

(3) 作出诺顿等效电路如图 3-10(b)所示,该电路就是图 3-10(a)所示电路的含源二端网

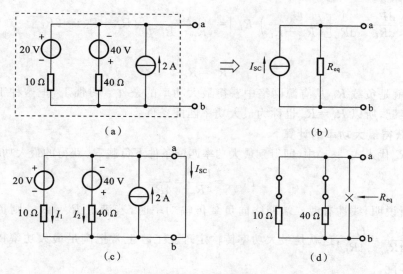

图 3-10　例 3-6 图

络的诺顿等效电路。

3.3　最大功率传输定理

在电子技术中,经常需要考虑一个问题——负载在什么条件下才能获得最大的功率? 比如说,在什么条件下放大器才能得到有效利用,从而使扬声器输出最大的音量? 这就是最大功率传输问题。

1. 负载获得最大功率的条件

为了分析方便,用图 3-11 所示电路来研究负载获得最大功率的条件。由于任何一个有源二端网络都可以用戴维南等效电路来代替,故图 3-11(b)可看做任何一个有源二端网络向负载 R_L 供电的电路。又因为任何一个有源二端网络电路内部的结构和参数都一定,所以戴维南等效电路中 U_{OC} 和 R_{eq} 均为定值。假设 R_L 的值可变,则可分析 R_L 等于何值时,得到的功率最大。由图 3-11(b)可知

$$I = \frac{U_{OC}}{R_{eq} + R_L}$$

则负载 R_L 消耗的功率为

$$P_L = I^2 R_L = \left(\frac{U_{OC}}{R_{eq} + R_L}\right)^2 R_L \qquad (3-1)$$

对于给定的 U_{OC} 和 R_{eq},当负载 R_L 变化时,负载上的电流、电压将随之变化,故负载上的功率也会跟着变化,而且不难看出

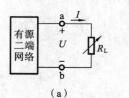

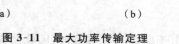

图 3-11　最大功率传输定理

$R_L = 0$ 时	$U_L = 0, \quad P_L = 0$
$R_L = \infty$ 时	$I = 0, \quad P_L = 0$

说明 R_L 在 $0 \to \infty$ 之间的变化过程中,必存在某个数值,使 R_L 为该值时,可获得最大功率。这个功率的最大值 P_{max} 应发生在 $\frac{dP_L}{dR_L} = 0$ 的时候,即

$$\frac{dP_L}{dR_L} = \frac{d}{dR_L}\left[\left(\frac{U_{OC}}{R_{eq}+R_L}\right)^2 R_L\right] = \frac{U_{OC}^2}{(R_{eq}+R_L)^3}[(R_{eq}+R_L)-2R_L]=0$$

解得

$$R_L = R_{eq} \tag{3-2}$$

式(3-2)就是负载 R_L 从有源网络中获得最大功率的条件。习惯上，把这种工作状态称为负载与电源匹配，所以 $R_L = R_{eq}$ 也称为最大功率匹配条件。

2. 负载获得最大功率的计算

将 $R_L = R_{eq}$ 代入式(3-1)中，即得到最大功率匹配条件下负载 R_L 获得的最大功率值 P_{Lmax} 为

$$P_{Lmax} = \frac{U_{OC}^2}{4R_{eq}} = \frac{U_{OC}^2}{4R_L} \tag{3-3}$$

上述分析说明，线性有源二端网络向负载传输功率时，若满足 $R_L = R_{eq}$，则负载获得最大功率 $P_{Lmax} = \frac{U_{OC}^2}{4R_{eq}} = \frac{U_{OC}^2}{4R_L}$，这就是最大功率传输定理。工程上常把满足最大功率传输条件的状况称为阻抗匹配。

应当指出，当负载与电源匹配时，负载虽然可以获得最大功率，但电源的功率传输效率只有50%。在电子信息和通信系统中，重要的是使接收端负载获得最大功率，而传输效率不是主要的。但在电力传输系统中，重要的是减少传输过程中的损失，以保证电力使用的最大效率，此时，若只有50%的效率是不允许的。

【例3-7】 电路如图 3-12(a)所示。

(1) R_L 为何值时获得最大功率？

(2) R_L 获得的最大功率是多少？

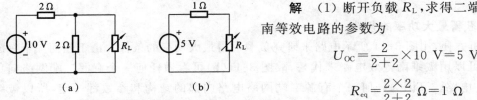

图 3-12 例 3-7 图

解 (1) 断开负载 R_L，求得二端网络的戴维南等效电路的参数为

$$U_{OC} = \frac{2}{2+2}\times 10\ \text{V} = 5\ \text{V}$$

$$R_{eq} = \frac{2\times 2}{2+2}\ \Omega = 1\ \Omega$$

等效电路如图 3-11(b)所示，由此可知当 $R_L = R_{eq} = 1\ \Omega$ 时可获得最大功率。

(2) 由式(3-3)求得 R_L 获得的最大功率为

$$P_{Lmax} = \frac{U_{OC}^2}{4R_{eq}} = \frac{5^2}{4\times 1}\ \text{W} = 6.25\ \text{W}$$

3.4 替代定理

由于电路具有等效性，因此经常用到替代的方法。例如，两个电阻串联，可用一个电阻替代，阻值为两个串联电阻的阻值之和；对于电源不作用的情况，如果是电压源，可用短路替代，如果是电流源，则可用开路替代。这种替代不会影响电路其他部分的工作状态。替代定理是用等效的方法求解电路时常用的定理。

1. 替代定理

替代定理可以叙述如下：在具有唯一解的电路中，对于任意一条支路 K，若该支路电压 U_K 和电流 I_K 为已知，则该支路可以用一个大小和方向与 U_K 相同的电压源替代，或用一个大

小和方向与 I_K 相同的电流源替代,替代后电路中全部电压和电流均保持原值不变。

替代定理中所提到的支路 K,可以是无源的也可以是有源的。替代定理不仅适用于线性电路,而且也适用于非线性电路。

【例3-8】 电路如图 3-13 所示,已知 $U_3 = 8$ V, $I_3 = 1$ A,试用替代定理求 I_1 和 I_2。

解1 支路 3 用 8 V 电压源替代,如图 3-13(b)所示,得

$$I_1 = \frac{20-8}{6} \text{ A} = 2 \text{ A}, \quad I_2 = \frac{8}{8} \text{ A} = 1 \text{ A}$$

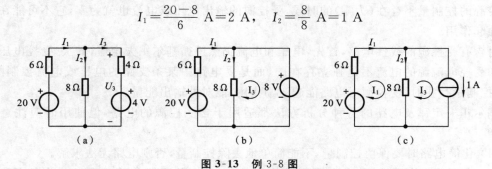

图 3-13 例 3-8 图

解2 支路 3 用 1 A 电流源替代,如图 3-13(c)所示。列网孔电流方程为

$$(6+8)I_1 - 8 \times 1 = 20$$

得

$$I_1 = \frac{20+8}{14} \text{ A} = 2 \text{ A}$$

$$I_2 = I_1 - 1 = 1 \text{ A}$$

2. 替代定理的推广

替代定理的应用可以从一条支路推广到一部分电路,只要这部分电路与其他电路只有两个连接点,就可以利用替代定理把电路分成两部分,或者把一个复杂电路分成若干部分,使计算得到简化。

例如,电路如图 3-14(a)所示,已知支路电流 I_3,在求支路电流 I_1 或 I_2 时,可以应用替代定理用图 3-14(b)求得,该电路中的 I_3 用理想电流源 I_s 替代。同理,在求支路电流 I_4 时,可由图 3-14(c)、图 3-14(d)求得。

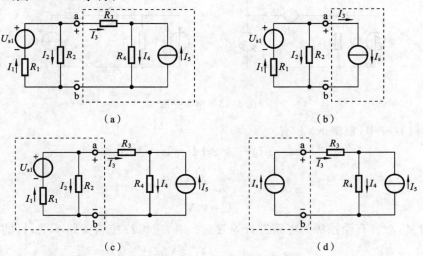

图 3-14 用替代定理分析复杂电路

3.5 含受控源电路的分析

第1章介绍了四种受控源,即电压控制电压源(VCVS)、电压控制电流源(VCCS)、电流控制电压源(CCVS)和电流控制电流源(CCCS)。受控源和独立源在电路中的作用是不同的。当受控源的控制量不存在(为零)的时候,受控源的输出电压或电流也就为零,它不可能在电路中单独起作用。

对含有受控源的线性电路,首先,电压和电流仍然遵循基尔霍夫定律,其次,受控电压源的电压和受控电流源的电流不是独立存在的,而是受电路中某条支路的电压或电流控制的,最后,当控制量存在时,受控源对电路能起激励作用,能对外输出能量。

基尔霍夫定律及电路的各种分析方法都适用于含受控源的电路,但使用时应注意以下几点。

(1) 化简电路时要保留控制量,不能简单地去除控制量,否则电路无法求解。

(2) 运用叠加定理时,独立电源可以单独考虑,受控源不能单独考虑。单独考虑独立源时,受控源也不能被简单地去除,应先看控制量是否存在,若控制量存在,则受控源就存在,若控制量为零,则受控源就为零。

(3) 运用等效电源定理时,必须将控制量和受控源置于同一个网络中。求等效电阻时,独立电源可以去除,但受控源要保留。因为有受控源的存在,所以不能再用电阻串并联的方法求等效电阻,必须采用加压求流法或开路-短路法求解。

【例 3-9】 电路如图 3-15(a)所示,用等效变换方法求电压 U。

解 按电源等效变换的方法将受控电流源 $2I_1$ 与一个 $3\ \Omega$ 电阻并联的电路模型等效变换成受控电压源与电阻串联的电路模型。变换后的电路如图 3-15(b)所示。注意在图 3-15(b)中保留了 $4\ \Omega$ 电阻支路,此电阻与理想电压源并联,本可将其看做开路,但由于该支路电流 I_1 是受控源的控制量,若将此电阻开路,则电路中就不存在控制量了。

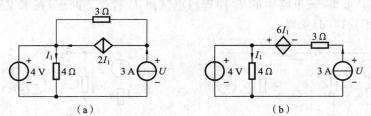

图 3-15 例 3-9 图

在图 3-15(b)中,根据 KVL 有

$$6I_1 - 3 \times 3 + U - 4 = 0$$

且有

$$I_1 = \frac{4}{4}\ \text{A} = 1\ \text{A}$$

所以

$$U = 7\ \text{V}$$

由此可见,对含有受控源的电路进行等效变换时,应保持控制支路不变,目的在于保持控制变量。

【例 3-10】 电路如图 3-16 所示,用支路电流法求各支路电流。

解 根据支路电流法,选择两个回路的绕行方向如图 3-16 所示,节点电流方程为

$$I_1 - I_2 - I_3 = 0 \qquad (3-4)$$

两个回路的电压方程为

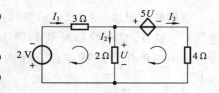

图 3-16 例 3-10 图

$$2 + 3I_1 + 2I_2 = 0 \qquad (3-5)$$

$$-2I_2 + 5U + 4I_3 = 0 \qquad (3-6)$$

列出控制量 U 与所在支路电流的关系作为辅助方程,即

$$U = 2I_2$$

代入式(3-6)得

$$8I_2 + 4I_3 = 0 \qquad (3-7)$$

联立式(3-4)、式(3-5)、式(3-7)组成方程组,解得

$$I_1 = -2 \text{ A}, \quad I_2 = 2 \text{ A}, \quad I_3 = -4 \text{ A}$$

由此可见,应用支路电流法分析含受控源的电路时,可暂时将受控源视为独立电源,按正常方法列支路电流方程,列出控制量与支路电流的关系式,代入支路电流方程,解方程即可得各支路电流。

【例 3-11】 用节点电压法求图 3-17 所示电路中的电流 I。

解 以 o 点作为参考节点,以 U_{na}、U_{nb} 为电路变量,列节点电压方程,则

对于节点 a 有

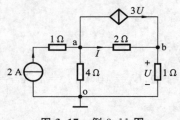

图 3-17 例 3-11 图

$$\left(\frac{1}{4} + \frac{1}{2}\right)U_{na} - \frac{1}{2}U_{nb} = 2 - 3U \qquad (3-8)$$

对于节点 b 有

$$-\frac{1}{2}U_{na} + \left(\frac{1}{2} + 1\right)U_{nb} = 3U \qquad (3-9)$$

将控制量 U 与节点电压变量的关系作为辅助方程列出,即

$$U = U_{nb} \qquad (3-10)$$

联立式(3-8)、式(3-9)、式(3-10)组成方程组,解得

$$U_{na} = -24 \text{ V}, \quad U_{nb} = 8 \text{ V}$$

所求的支路电流为

$$I = \frac{U_{na} - U_{nb}}{2 \text{ }\Omega} = -16 \text{ A}$$

应注意上述方程中,节点 a 的自电导是 $\left(\frac{1}{4} + \frac{1}{2}\right)$ S,而不是 $\left(\frac{1}{4} + \frac{1}{2} + 1\right)$ S,即与电流源串联的电导不应写进节点方程中,而应将它视为短路。这是因为节点电压法的实质是 KCL,只是以节点电压作为电路变量来建立方程。电流源支路的电流及各节点的电压都与电流源所串联的电阻(电导)无关。

应用节点电压法分析含有受控源的电路时,可暂时将受控源视为独立电源,按正常方法列出节点电压方程,列出控制量与节点电压关系式,代入节点电压方程,解方程即可得节点电压,根据节点电压与支路电流的关系式,可求得各支路电流。

【例 3-12】 利用叠加定理求图 3-18(a)所示电路中的电压 U_1。

解 用叠加定理分析电路时,独立电源在电路中的作用可以分别单独考虑,但是受控源就不能这样处理了,因为只要有控制量的存在,受控源就要出现,所以受控源不可能单独出现,也不可能在控制量存在的时候被取消。

根据叠加定理,图 3-18(a)所示电路中的 U_1 等于图 3-18(b)和图 3-18(c)所示电路中的电压 U_1' 和 U_1'' 的代数和。图 3-18(b)所示的为电流源单独作用时的电路,图 3-18(c)所示的为电压源单独作用时的电路。在两个电路中,受控源均保留,且控制量也应标成分量 U_1' 及 U_1''。

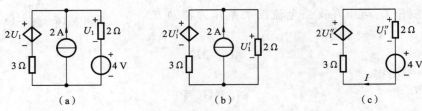

图 3-18 例 3-12 图

在图 3-18(b)中,可用节点电压法列方程如下:

$$U_1'\left(\frac{1}{3}+\frac{1}{2}\right)=\frac{2U_1'}{3}+2$$

解得
$$U_1'=12 \text{ V}$$

在图 3-18(c)中,可列写 KVL 方程
$$U_1''+4+3I-2U_1''=0$$

且
$$I=\frac{U_1''}{2}$$

解得
$$U_1''=-8 \text{ V}$$

所以
$$U_1=U_1'+U_1''=(12-8) \text{ V}=4 \text{ V}$$

【例 3-13】 电路如图 3-19(a)所示,已知 $R_1=6$ Ω,$R_2=4$ Ω,$U_s=10$ V,$I_s=4$ A,$r=10$ Ω,用戴维南定理求电流源的端电压 U_3。

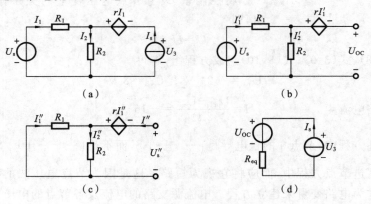

图 3-19 例 3-13 图

解 利用图 3-19(b)所示电路求开路电压 U_{OC}。这时将待求支路断开,即将电流源从原电路中断开,端钮电流为零。在图示参考方向下有

$$I_1'=I_2'=\frac{U_s}{R_1+R_2}=\frac{10}{6+4} \text{ A}=1 \text{ A}$$

$$U_{OC}=-rI_1'+I_2'R_2=(-10\times1+1\times4) \text{ V}=-6 \text{ V}$$

利用图 3-19(c)所示电路求 R_{eq}。图中仅将原网络中的电压源看做短路,而保留了受控电压源。采用外加电源法,在端钮间外加一电压 U_s'',端钮处电流为 I'',方向如图 3-19(c)所示,

则有

$$I''_1 = -I'' \frac{R_2}{R_1 + R_2} = -I'' \frac{4}{6+4} = -0.4I''$$

$$U''_s = -rI''_1 - R_1 I''_1 = -(10+6) \times (-0.4I'') = 6.4I''$$

所以

$$R_{eq} = \frac{U''_s}{I''} = 6.4 \ \Omega$$

作出戴维南等效电路如图 3-19(d)所示,则

$$U_3 = U_{OC} + R_{eq} I_s = (-6 + 6.4 \times 4) \ V = 19.6 \ V$$

实验项目 3　叠加定理的验证

1. 实验目的

(1) 验证线性电路叠加定理的正确性,从而加深对线性电路叠加性和齐次性的认识、理解。

(2) 加深理解叠加定理对非线性电路不适用。

2. 实验设备与器材

所需实验设备与器材包括双输出直流稳压电源(0~30 V)1 个、万用表(MF-30 或其他型号)1 个、直流数字电压表 1 个、直流数字毫安表 1 个、叠加定理实验电路板 1 块。

3. 实验内容与步骤

1) 原理说明

叠加定理包含如下两部分内容。

(1) 线性电路的叠加性　在有几个独立源共同作用下的线性电路中,任何一条支路的电流或电压都可以看成是由每一个独立源单独作用时在该支路所产生的电流或电压的代数和。

(2) 线性电路的齐次性　当激励信号(某独立源的值)增加 K 倍或减小为原来的 $\frac{1}{K}$ 时,电路的响应(即电路中各支路的电流和电压值)也将增加 K 倍或减小为原来的 $\frac{1}{K}$。

某独立源单独作用是指,在电路中将该独立源之外的其他独立源"去掉",即电压源用短路线取代,电流源用开路取代,受控源保持不变。

含非线性元件(如二极管)的电路不适用叠加定理。叠加定理一般也不适用于功率的叠加,即

$$P = \sum I \sum U \neq \sum IU$$

2) 实验步骤

实验线路如图 3-20 所示(首先把电路图右侧的钮子开关拨到左侧,去掉故障)。实验前先任意设定 3 条支路和 3 个闭合回路的电流正方向。图 3-20 中的 I_1、I_2、I_3 的方向已设定。3 个闭合回路的电流正方向可设为 adefa、badcb 和 fbcef。

(1) 令电源 E_1(E_1=6 V)单独作用(将开关 S_1 投向 E_1 侧,开关 S_2 投向短路侧),用直流数字电压表和毫安表(接电流插头)分别测量各电阻元件两端的电压及各支路电流,数据记入表 3-1 中。

(2) 令电源 E_2(E_2=8 V)单独作用(将开关 S_1 投向短路侧,开关 S_2 投向 E_2 侧),重复实

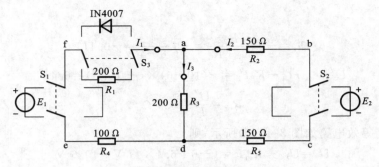

图 3-20 叠加定理的验证

验步骤(2)的测量并记录。

(3) 令 E_1 和 E_2 共同作用(开关 S_1 和 S_2 分别投向 E_1 和 E_2 侧),重复上述测量和记录。

(4) 将 E_2 的数值增大 2 倍,调至 16 V,重复实验步骤(3)的测量并记录。

表 3-1　线性电路叠加定理的验证

测量项目 实验内容	E_1/V	E_2/V	I_1/mA	I_2/mA	I_3/mA	U_{ab}/V	U_{cd}/V	U_{ad}/V	U_{de}/V	U_{fa}/V
E_1 单独作用										
E_2 单独作用										
E_1 和 E_2 共同作用										
$2E_2$ 单独作用										
$E_1/2$ 单独作用										

(5) 将 R_5 换成一个二极管 IN4007(即将开关 S_3 投向二极管一侧)重复实验步骤(1)~(5)的测量过程,数据记入表 3-2 中。

表 3-2　含二极管的非线性电路

测量项目 实验内容	E_1/V	E_2/V	I_1/mA	I_2/mA	I_3/mA	U_{ab}/V	U_{cd}/V	U_{ad}/V	U_{de}/V	U_{fa}/V
E_1 单独作用										
E_2 单独作用										
E_1 和 E_2 共同作用										
$2E_2$ 单独作用										
$E_1/2$ 单独作用										

(6) 自拟实验步骤进行故障分析实验,说明故障一是在 a、b 之间短路,故障二是在 d、e 之间断路,故障三是在 cd 之间并接二极管 IN4007。

4. 实验总结与分析

(1) 根据所测实验数据,归纳、总结实验结论,即验证线性电路的叠加性与齐次性。

(2) 各电阻元件所消耗的功率能否用叠加定理计算得出?试用上述实验数据进行计算并得出结论。

(3) 根据表 3-2 所测实验数据,能得出什么样的结论?

(4) 写出本次实验的收获与体会。

实验项目 4　戴维南定理和诺顿定理的验证

1. 实验目的

(1) 验证戴维南定理和诺顿定理,加深对戴维南定理和诺顿定理的理解。

(2) 掌握有源二端网络等效电路参数的测量方法。

2. 实验设备与器材

所需实验设备与器材包括可调直流稳压电源(0～30 V 或 0～12 V)1 个、可调直流恒流源 1 个、万用表(MF500B 或其他型号)1 个、直流数字毫安表 1 个、直流数字电压表 1 个、电位器 (470 Ω)1 个。

3. 实验内容与步骤

1) 实验原理

对任何一个线性有源网络,如果仅研究其中一条支路的电压和电源,则可将电路的其余部分看做是一个有源二端口网络(或称为有源二端网络)。

戴维南定理指出,任何一个线性有源二端网络,总可以用一个电压源和一个电阻的串联来等效代替,如图 3-21 所示。

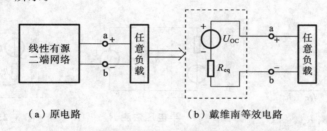

（a）原电路　　　　　　　（b）戴维南等效电路

图 3-21　线性有源二端网络及其戴维南等效电路

其电压源的电动势 U_s 等于这个有源二端网络的开路电压 U_{OC},其等效内阻 R_{eq} 等于该网络中所有独立源均置零(理想电压源视为短接,理想电流源视为开路)时的等效电阻。

诺顿定理指出,任何一个线性有源网络,总可以用一个电流源与一个电阻的并联来等效代替,如图 3-22 所示。

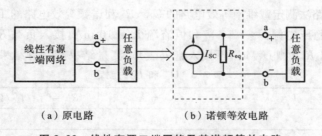

（a）原电路　　　　　　　（b）诺顿等效电路

图 3-22　线性有源二端网络及其诺顿等效电路

其电流源的电流 I_s 等于这个有源二端网络的短路电流 I_{SC},其等效内阻 R_{eq} 等于该网络中所有独立源均置零(理想电压源视为短接,理想电流源视为开路)时的等效电阻。

$U_{OC}(U_s)$ 和 R_{eq} 或者 $I_{SC}(I_s)$ 和 R_{eq} 称为有源二端网络的等效参数。

2) 有源二端网络等效参数的测量方法

(1) 开路电压、短路电流法测 R_{eq}　在有源二端网络输出端开路时,先用电压表直接测其

输出端的开路电压 U_{OC}，然后将其输出端短路，用电流表测其短路电流 I_{SC}，其等效内阻为 $R_{eq} = U_{OC}/I_{SC}$。如果二端网络的内阻很小，将其输出端口短路则易损坏其内部元件，因此不宜用此法。

（2）伏安法测 R_{eq}　用电压表、电流表测出有源二端网络的外特性如图 3-23 所示，则内阻为

$$R_{eq} = \frac{U_{OC} - U_N}{I_N}$$

伏安法主要用于测量开路电压及电流为额定值 I_N 时的输出端电压值 U_N，则内阻为

$$R_{eq} = \frac{U_{OC} - U_N}{I_N}$$

若二端网络的内阻值很低，则不宜测其短路电流。

（3）半电压法测 R_{eq}　如图 3-24 所示，当负载 R_L 的电压为被测网络开路电压的一半时，负载电阻（由电阻箱的读数确定）即为被测有源二端网络的等效内阻值。

（4）零示法测 U_{OC}　在测量具有高内阻有源二端网络的开路电压时，用电压表直接测量会造成较大的误差。为了消除电压表内阻的影响，往往采用零示法测量，如图 3-25 所示。

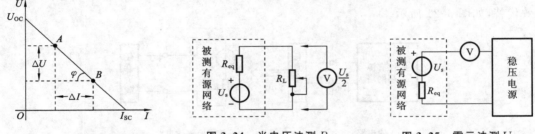

图 3-23　伏安法测 R_{eq}　　　图 3-24　半电压法测 R_{eq}　　　图 3-25　零示法测 U_{OC}

零示法的测量原理是用一个低内阻的稳压电源与被测有源二端网络进行比较，当稳压电源的输出电压与有源二端网络的开路电压相等时，电压表的读数将为"0"。然后将电路断开，测量此时稳压电源的输出电压，即为被测有源二端网络的开路电压。

3）实验内容

被测有源二端网络如图 3-26 所示。实验步骤如下。

（1）用开路-短路法测定戴维南等效电路的 U_{OC}、R_{eq} 和诺顿等效电路的 I_{SC}、R_{eq}。按图 3-26(a) 所示接线方式接入稳压电源 $U_{s2} = 10$ V 和恒流源 $I_{s2} = 10$ mA，接入负载 R_L（自己选定）。测出 U_{OC} 和 I_{SC}，并计算出 R_{eq}（测 U_{OC} 时，不接入毫安表）。测量结果和计算结果填入表 3-3 中。

表 3-3　U_{OC} 和 I_{SC} 的测定

U_{OC}/V	I_{SC}/mA	$R_{eq} = U_{OC}/I_{SC}/\Omega$

（2）负载实验　按图 3-26(a) 所示接线方式接入 R_L，改变 R_L 阻值，测量有源二端网络的外特性曲线，将相关参数值填入表 3-4 中。

表 3-4　有源二端网络的外特性测量

R_L/Ω							
U/V							
I/mA							

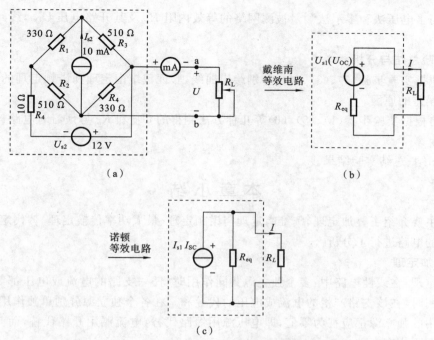

图 3-26　被测有源二端网络及其等效电路

（3）验证戴维南定理　用一个 470 Ω 的电位器作为 R_{eq}，将其阻值调整到实验步骤（1）所得的等效电阻 R_{eq} 之值，然后令其与直流稳压电源 U_{s1}（调整到实验步骤（1）所测得的开路电压 U_{OC} 之值）相串联，如图 3-26（b）所示，把 U_{s1} 和 R_L 串联成一个回路。仿照实验步骤（2）测其外特性，将相关参数值填入表 3-5 中，对戴维南定理进行验证。

表 3-5　戴维南定理的验证

R_L/Ω							
U/V							
I/mA							

（4）验证诺顿定理　用一个 470 Ω 的电位器作为 R_{eq}，将其阻值调整到实验步骤（1）所得的等效电阻 R_{eq} 之值，然后拿其与直流恒流源 I_{s1}（调整到实验步骤（1）所测得的短路电流 I_{SC} 之值）相并联，如图 3-26（c）所示，将 I_{s1} 与 R_{eq} 并联后再与 R_L 串联。改变 R_L 的阻值，测其外特性，将相关参数填入表 3-6 中，对诺顿定理进行验证。

表 3-6　诺顿定理的验证

R_L/Ω							
U/V							
I/mA							

（5）用直接测量法测定有源二端网络等效电阻（又称入端电阻）　如图 3-26（a）所示，将被测有源网络的所有独立源置零（去掉电流源 I_{s2} 和电压源 U_{s2}，并在原电压源所接的两点用一根短路导线相连），然后用伏安法或者直接用万用表的欧姆挡测定负载 R_L 开路时 a、b 两点间的电阻，此即被测网络的等效电阻 R_{eq}，或称网络的入端电阻 R_i。

（6）用半电压法和零示法测量被测网络的等效内阻 R_{eq} 及其开路电压 U_{OC}，线路及数据表格自拟。

4. 实验总结与分析

（1）根据实验步骤（2）、（3）、（4），分别绘出曲线，验证戴维南定理和诺顿定理的正确性，并分析产生误差的原因。

（2）将根据实验步骤（1）、（5）、（6）等几种方法测得的 U_{OC} 和 R_{eq} 与预习时电路计算的结果作比较。

（3）归纳、总结实验结果。

本 章 小 结

本章主要介绍了叠加定理、戴维南定理与诺顿定理、最大功率传输定理、替代定理，并对含有受控源的电路进行了分析。

1. 叠加定理

叠加定理：在线性电路中，多个独立源共同作用时，任一支路的电流或电压都等于各独立源单独作用时，在该支路产生的电流或电压的代数和。在各个独立源分别单独作用时，那些暂时不起作用的独立源都应视为零值，即电压源用短路代替，电流源用开路代替，而其他元件的连接方式都不应有变动。

齐次定理：在线性电路中，当所有电压源和电流源同时增大 K 倍或减小为原来的 $\dfrac{1}{K}$ 时，支路电压和电流也将同样地增大 K 倍或减小为原来的 $\dfrac{1}{K}$。

2. 戴维南定理与诺顿定理

戴维南定理：任何一个线性有源二端网络，对其端口来说，总可以用一个理想电压源和电阻串联的电路模型来等效代替。其中，理想电压源的电压等于线性有源二端网络在端口开路时的电压 U_{OC}；电阻 R_{eq} 是二端网络内全部独立电源为零值（独立电压源短路，独立电流源开路）时所得无源网络的等效电阻。

诺顿定理：任何一个有源线性二端网络，对外电路来说，都可以用一个理想电流源和电阻并联的模型来等效代替，该电流源的电流等于有源二端网络的短路电流 I_{SC}，电阻等于将有源二端网络变成无源二端网络后的等效电阻 R_{eq}。

3. 最大功率传输定理

最大功率传输定理：有源二端网络 N_s 向负载 R_L 传输功率，当 $R_L = R_{eq}$ 时，负载 R_L 才能获得最大功率，其最大功率为 $P_{Lmax} = \dfrac{U_{OC}^2}{4R_{eq}} = \dfrac{U_{OC}^2}{4R_L}$。

4. 替代定理

替代定理：在具有唯一解的电路中，对于任意一条支路 K，若该支路电压 U_K 和电流 I_K 为已知，则该支路可以用一个大小和方向与 U_K 相同的电压源替代，或用一个大小和方向与 I_K 相同的电流源替代，替代后电路中全部电压和电流均保持原值不变。必须注意：替代后的电路仍要有唯一解，否则将会影响电路中其他部分的电流和电压。

5. 含有受控源电路的分析

（1）应用电路方程法分析含受控源的电路时，可以暂时将受控源视为独立源，按常规方法列电路方程，列出受控源控制量与未知量的关系式，代入电路方程，可求解电路。

（2）应用电路定理法分析含受控源的电路时,不可以将受控源视为独立源,应将其保留在所在支路中进行分析。

习　题　3

3.1　求图 3-27 所示电路的入端电阻 R_i。

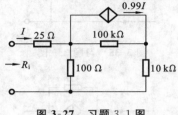

图 3-27　习题 3.1 图

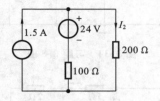

图 3-28　习题 3.2 图

3.2　求图 3-28 所示电路中的电流 I_2。

3.3　用叠加定理求图 3-29 所示电路中的电压 U。

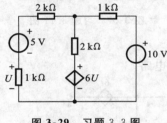

图 3-29　习题 3.3 图

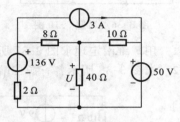

图 3-30　习题 3.4 图

3.4　用叠加定理求图 3-30 所示电路中的电压 U。

3.5　用叠加定理求图 3-31 所示电路的电压 U。

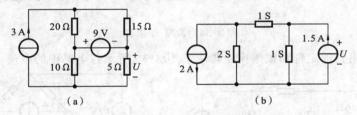

（a）　　　　　　　　　　　（b）

图 3-31　习题 3.5 图

3.6　含 CCVS 电路如图 3-32 所示,试求受控源功率。

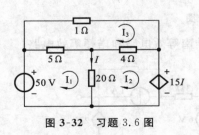

图 3-32　习题 3.6 图

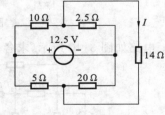

图 3-33　习题 3.7 图

3.7　求图 3-33 所示电路中通过 14 Ω 电阻的电流 I。

3.8　求图 3-34 所示梯形电路中各支路电流、节点电压和 $\dfrac{U_o}{U_s}$,其中 $U_s=10$ V。

3.9 求图 3-35 所示电路的戴维南等效电路和诺顿等效电路。

3.10 用戴维南定理求解图 3-36 所示电路中的电流 I,再用叠加定理进行校验。

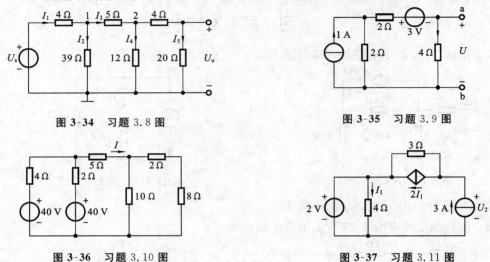

图 3-34 习题 3.8 图

图 3-35 习题 3.9 图

图 3-36 习题 3.10 图

图 3-37 习题 3.11 图

3.11 用戴维南定理求图 3-37 所示电路中的电压 U_2。

3.12 求图 3-38 所示各有源二端网络的戴维南等效电路。

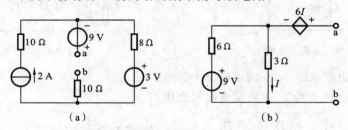

(a)

(b)

图 3-38 习题 3.12 图

3.13 分别用叠加定理和戴维南定理求解图 3-39 所示各电路中的电流 I。

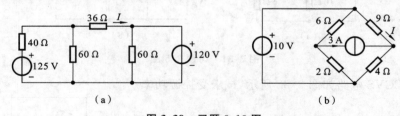

(a)

(b)

图 3-39 习题 3.13 图

3.14 电路如图 3-40 所示,求各电路 ab 端的戴维南等效电路和诺顿等效电路。

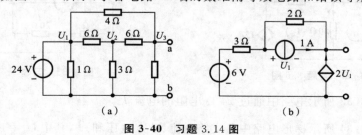

(a)

(b)

图 3-40 习题 3.14 图

3.15　电路如图 3-41 所示，当 R_L 为何值时，负载 R_L 能获得最大功率？并求此最大功率。

3.16　电路如图 3-42 所示，其中 $g = \dfrac{1}{3}$ S。试求电压 U 和电流 I。

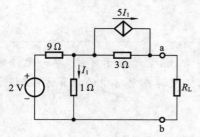

图 3-41　习题 3.15 图

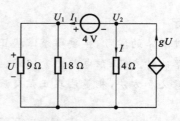

图 3-42　习题 3.16 图

3.17　电路如图 3-43 所示，电阻 R_L 为何值时能获得最大功率？并求出该最大功率。

3.18　电路如图 3-44 所示，电阻 R_L 为何值时能获得最大功率？并求出该最大功率。

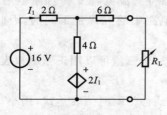

图 3-43　习题 3.17 图

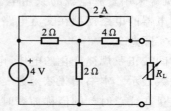

图 3-44　习题 3.18 图

第4章 正弦交流电路及其应用

教学目标 ∽∽∽

通过本章的学习,主要要求掌握正弦交流电的三要素,相量的表示方法,单一元件的正弦交流电路的特点,正弦电路中复阻抗、复导纳、功率的意义及其在电路中的计算方法,提高功率因数的意义和方法,相量法在正弦交流电中的应用。

4.1　正弦交流电的基本概念

常用的家用电器采用的都是交流电,如电视、计算机、照明灯、冰箱、空调等。即便是收音机、复读机等采用直流电源的家用电器也是通过稳压电源将交流电转变为直流电后使用的。这些家用电器的电路模型在交流电路中的规律与在直流电路中的规律是不同的,因此分析交流电路有实际意义。

随时间按正弦规律变化的电压、电流等统称为正弦量。正弦量可以用正弦函数表示,也可用余弦函数表示。本书用正弦函数表示正弦量。

正弦量在任意时刻的值称为瞬时值,其时间函数表达式称为瞬时值表达式,用小写字母表示,如 i、u 等。图 4-1 所示的是一个正弦电流电路,电流 i 在图示参考方向下的表达式为

$$i = I_m \sin(\omega t + \Psi_i) \tag{4-1}$$

波形图如图 4-2 所示。

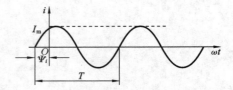

图 4-1　正弦交流电路　　　　　　　图 4-2　正弦交流电波形图

对于交流电,实际使用中往往关注的问题是,电流、电压值在多大范围内变化,变化的快慢如何,它们的方向从什么时刻开始变化,等等。为此,首先来介绍描述交流电特征的一些物理量,其中包括正弦量的三要素。

1. 最大值和有效值

（1）最大值　正弦量的大小和方向都随时间周期性地变化。正的最大值称为幅值,也称最大值,一般用大写字母加下标 m 来表示,如 I_m、U_m 分别表示电流、电压的幅值。正弦交流电的幅值不随时间的变化而变化。例如,当 $\sin(\omega t + \Psi_i) = 1$ 时,$i_{max} = I_m$,表示电流达到最大值;当 $\sin(\omega t + \Psi_i) = -1$ 时,$i_{min} = -I_m$,表示电流达到最小值。$i_{max} - i_{min} = 2I_m$,该值称为正弦电流的峰-峰值,可用 I_{p-p} 表示。

（2）有效值　正弦交流电流、电压的大小往往不用它们的幅值来计算,而常用有效值来计算。有效值是从热效应角度规定的,表述如下:如果某一周期电流 i 通过电阻 R 在一周期内产生的热量,和另一个直流电流 I 通过阻值相同的电阻,在相等的时间内产生的热量相等,那么

这个周期性电流 i 的有效值在数值上就等于这个直流电流 I。推导过程如下。

在图 4-3 所示电路中有两个相同的电阻 R,其中一个电阻通以周期电流 i,另一个电阻通以直流电流 I,在一个周期内电阻消耗的电能分别为

$$Q_i = \int_0^T Ri^2 \mathrm{d}t, \quad Q_I = RI^2 T$$

图 4-3　电阻在交、直流电路中的热效应

周期量和直流量产生的热效应相等,即

$$\int_0^T i^2 R \mathrm{d}t = I^2 RT$$

$$I = \sqrt{\frac{1}{T} \int_0^T i^2 \mathrm{d}t}$$

若周期量是正弦量,令 $i = I_m \sin(\omega t)(\Psi_i = 0)$,则

$$I = \sqrt{\frac{1}{T} \int_0^T I_m^2 \sin^2(\omega t) \mathrm{d}t} = \sqrt{\frac{I_m^2}{T} \int_0^T \frac{1 - \cos(2\omega t)}{2} \mathrm{d}t} = \frac{I_m}{\sqrt{2}}$$

即

$$I_m = \sqrt{2} I \tag{4-2}$$

也就是说,正弦量的幅值是有效值的 $\sqrt{2}$ 倍。

同理可得

$$U_m = \sqrt{2} U \tag{4-3}$$

通常说照明电路的电压是 220 V,这是指有效值,各种交流电的电气设备上所标的额定电压和额定电流均为有效值。另外,利用交流电流表和交流电压表测量的交流电流和交流电压也都是有效值。

【例 4-1】　已知某交流电流为 $i = 5\sqrt{2} \sin(\omega t)$ A,这个交流电流的幅值和有效值分别为多少?

解　幅值为

$$I_m = 5\sqrt{2} \text{ A} = 7.07 \text{ A}$$

有效值为

$$I = \frac{5\sqrt{2}}{\sqrt{2}} \text{ A} = 5 \text{ A}$$

2. 频率与周期

正弦量变化一周所需要的时间称为周期量的周期,周期通常用 T 表示,单位是秒(s),如图 4-2 所示。正弦量每秒内变化的次数称为频率,用 f 表示,单位是赫兹(Hz)。频率和周期互为倒数,即

$$f = \frac{1}{T} \tag{4-4}$$

我国和大多数国家都采用 50 Hz 作为电力标准频率,有些国家(如美国、日本等)采用 60 Hz。这种频率在工业上应用广泛,习惯上称为工频。不同领域采用不同频率,例如,高频炉采用 200~300 kHz,中频炉采用 500~8 000 Hz,高速电动机采用 150~2 000 Hz,收音机中波采用 530~1 600 kHz,收音机短波采用 2.3~23 MHz,移动通信采用 900~1 800 MHz,无线通信采用 300 GHz。

交流电变化一周还可以利用 2π 弧度或 360° 来表征。也就是说,交流电变化一周相当于

线圈转动了 2π 弧度或 $360°$。每秒正弦量变化的角度称为角频率。角频率通常用 ω 来表示，单位是弧度/秒(rad/s)。

$$\omega=\frac{2\pi}{T}=2\pi f \tag{4-5}$$

式(4-5)表示 T、f、ω 三个物理量之间的关系，只要知道其中之一，则其余均可求出。

【例 4-2】 求出我国工频 50 Hz 交流电的周期 T 和角频率 ω。

解 由式(4-4)、式(4-5)可得

$$T=\frac{1}{f}=\frac{1}{50\text{ Hz}}=0.02\text{ s}, \quad \omega=2\pi f=2\pi\times50\text{ rad/s}=314\text{ rad/s}$$

3. 相位、初相、相位差

正弦交流电瞬时表达式中的 $(\omega t+\Psi)$ 称为正弦量的相位角或相位，$t=0$ 时的相位角称为初相位角或初相位，简称初相，用 Ψ 表示。规定初相的主值范围为 $-\pi<\Psi\leqslant\pi$。如果超过主值范围，则应以 $\Psi\pm2\pi$ 进行替换。例如，$\Psi=\frac{3\pi}{2}$，应替换成 $\Psi=\frac{3\pi}{2}-2\pi=-\frac{\pi}{2}$。正弦量初相的大小和正负，与选择正弦量的计时起点有关。在波形图上，与 $\omega t+\Psi=0$ 对应的点称为零值起点。计时起点是 $\omega t=0$ 的点，即坐标原点。初相就是计时起点相对零值起点(即以零值起点为参考)的角度。

假定两个正弦量 u、i 频率相同，则

$$u=U_{\mathrm{m}}\sin(\omega t+\Psi_u)$$
$$i=I_{\mathrm{m}}\sin(\omega t+\Psi_i)$$

它们的相位差如图 4-4 中的 φ 所示，其值为

$$\varphi=(\omega t+\Psi_u)-(\omega t+\Psi_i)=\Psi_u-\Psi_i \tag{4-6}$$

式(4-6)表明，计时起点改变时，它们的相位和初相跟着改变，但是两者之间的相位差仍保持不变。需要注意，不同频率的相位差没有意义。相位差的主值范围仍为 $-\pi<\varphi\leqslant\pi$。

由图 4-4 所示的正弦波形可见，因为 u 和 i 的初相不同，即它们不是同时到达幅值或零值，图中，$\Psi_u>\Psi_i$，所以 u 较 i 先到达幅值。这时，在相位上 u 比 i 超前角度 φ，或者说 i 比 u 滞后角度 φ。

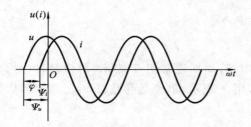

图 4-4 u 和 i 的初相不等

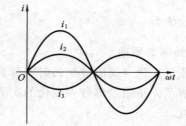

图 4-5 正弦交流电流的同相与反相

初相相等的两个正弦量，它们的相位差为零，这样的两个正弦量称为同相。同相的两个正弦量同时到达零点，同时到达幅值，如图 4-5 中的 i_1 和 i_2。相位差 φ 为 $180°$ 的两个正弦量称为反相。它们变化的进程相反，一个到达正的最大值时，另一个恰好到达负的最大值，如图 4-5 中的 i_1 和 i_3。当相位差为 $\frac{\pi}{2}$ 时，称这两个正弦量正交。

由正弦交流电的瞬时值表达式及波形图可以看出，正弦量的幅值(有效值)反映正弦量的

大小,角频率(频率、周期)反映正弦量变化的快慢,初相反映正弦量的初始位置。因此,当正弦交流电的幅值(有效值)、角频率(频率、周期)和初相确定时,正弦交流电就能被确定。也就是说,幅值、角频率、初相这三个量是正弦交流电必不可少的要素,称为正弦交流电的三要素。

【例 4-3】 正弦交流电的幅值为 311 V,$t=0$ 时的瞬时值为 269 V,频率为 50 Hz,写出其瞬时值表达式。

解 设正弦电压的瞬时值表达式为 $u=U_m\sin(\omega t+\Psi_u)$,则根据已知条件可得

$$269 \text{ V}=311\sin\Psi_u \text{ V}$$

解得

$$\sin\Psi_u=0.865$$

所以

$$\Psi_u=60° \quad 或 \quad \Psi_u=120°$$

因为 $\omega=2\pi f=2\pi\times50 \text{ rad/s}=314 \text{ rad/s}$,故解析式为

$$u=311\sin(314t+60°) \text{ V} \quad 或 \quad u=311\sin(314t+120°) \text{ V}$$

【例 4-4】 已知 $u=100\sin(\omega t-30°)$ V,$i=10\cos(\omega t+90°)$ A,试求其相位差,并指出两者的关系。

解 将正弦电流 i 的余弦函数形式转换成正弦函数形式,即

$$\cos(\omega t+90°)=\sin(\omega t+90°+90°)=\sin(\omega t+180°)$$

故电压 u 对电流 i 的相位差为

$$\varphi=-30°-180°=-210°$$

相位差超过主值范围,故

$$\varphi=-210°+360°=150°$$

即电压 u 超前电流 i 150°。

4.2 正弦量的相量表示法

正弦量可以用瞬时值表达式来表示,如 $u=U_m\sin(\omega t+\Psi_u)$,$i=I_m\sin(\omega t+\Psi_i)$,还可以用波形图表示,如图 4-2 所示。

线性电路中,如果响应与激励频率相同,则响应正弦量只有两个要素,即有效值和初相待求。复数中也有两个要素,即模和幅角,这样就可以用复数表示正弦量。下面对复数及其运算进行简要的复习。

1. 复数

数学中 $i=\sqrt{-1}$ 称为虚数单位。因为在电路中 i 表示电流,所以改用 j 表示虚数单位,即

$$j=\sqrt{-1}$$

令直角坐标系的横轴表示复数的实部,称为实轴,以 $+1$ 为单位;纵轴表示虚部,称为虚轴,以 $+j$ 为单位。实轴与虚轴构成的平面称为复平面。复平面中有一条有向线段 A,其实部为 a,其虚部为 b,如图 4-6 所示,于是有向线段 A 可表示为

$$A=a+jb$$

一个复数 A 可用如下四种形式表示。

(1)用代数形式表示为

$$A=a+jb$$

(2)用三角函数形式表示为

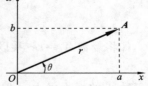

图 4-6 有向线段的复数表示

$$A = r\cos\theta + \mathrm{j}r\sin\theta$$

（3）根据欧拉公式 $e^{\mathrm{j}\theta} = \cos\theta + \mathrm{j}\sin\theta$，用指数形式表示为

$$A = r e^{\mathrm{j}\theta}$$

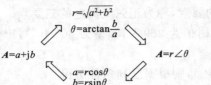

图 4-7 a、b、r、θ 之间的关系

（4）用极坐标形式表示为

$$A = r\angle\theta$$

上面四种表示形式中，a 表示实部，b 表示虚部，r 表示复数的模，θ 表示复数的幅角，θ 是正实轴方向到复数 A 之间的夹角。它们之间的关系如图 4-7 所示。

【例 4-5】 写出下列复数的直角坐标形式。

（1）$5\angle 48°$ （2）$2\angle 90°$ （3）$5\angle -90°$ （4）$10\angle 180°$

解 （1）$5\angle 48° = 5\cos 48° + \mathrm{j}5\sin 48° = 3.35 + \mathrm{j}3.72$

（2）$2\angle 90° = 2\cos 90° + \mathrm{j}2\sin 90° = \mathrm{j}2$

（3）$5\angle -90° = 5\cos(-90°) + \mathrm{j}5\sin(-90°) = -\mathrm{j}5$

（4）$10\angle 180° = 10\cos 180° + \mathrm{j}10\sin 180° = -10$

由例 4-5 可见，实数和虚数可以看成复数的特例：实数是虚部为零、幅角为零或 180° 的复数，虚数是实部为零、幅角为 90° 或 −90° 的复数。

2. 复数的运算

（1）复数的加减运算宜采用代数形式。设有复数

$$A_1 = a_1 + \mathrm{j}b_1, \quad A_2 = a_2 + \mathrm{j}b_2$$

则 $$A_1 \pm A_2 = (a_1 + \mathrm{j}b_1) \pm (a_2 + \mathrm{j}b_2) = (a_1 \pm a_2) + \mathrm{j}(b_1 + b_2) \tag{4-7}$$

复数的加运算也可在复平面上用平行四边形法则作图完成，如图 4-8（a）所示；复数的减运算如图 4-8（b）所示，当两个复数相减时，也可将被减复数旋转 180° 后用平行四边形法则作图完成，如图 4-8（c）所示。

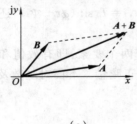
（a）

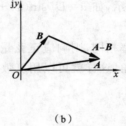
（b）

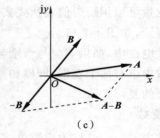
（c）

图 4-8 两个复数相加减

（2）复数的乘除运算宜用指数形式或极坐标形式进行。设有复数

$$A_1 = a_1 + \mathrm{j}b_1 = r_1\angle\varphi_1, \quad A_2 = a_2 + \mathrm{j}b_2 = r_2\angle\varphi_2$$

则 $$A_1 A_2 = r_1\angle\varphi_1 \cdot r_2\angle\varphi_2 = r_1 r_2 \angle(\varphi_1 + \varphi_2) \tag{4-8}$$

$$\frac{A_1}{A_2} = \frac{r_1\angle\varphi_1}{r_2\angle\varphi_2} = \frac{r_1}{r_2}\angle(\varphi_1 - \varphi_2) \tag{4-9}$$

如将复数 $A_1 = r e^{\mathrm{j}\varphi}$ 乘以另一个复数 $A_2 = e^{\mathrm{j}\alpha}$，则得

$$A = A_1 A_2 = r e^{\mathrm{j}(\varphi + \alpha)}$$

即复数 A 的大小仍为 r，但幅角变为 $\varphi + \alpha$，由此可见，一个复数乘以模为 1、幅角为 α 的复数，就相当于将原复数所对应的矢量逆时针旋转了角度 α，也就是，矢量 A 比矢量 A_1 超前了角

度 α。

同理，复数 $A_1 = re^{j\varphi}$ 除以 $A_2 = e^{j\alpha}$，则得

$$A = A_1 / A_2 = re^{j(\varphi-\alpha)}$$

即将原复数所对应的矢量顺时针旋转了角度 α，也就是，矢量 A 比矢量 A_1 滞后了角度 α。

当 $\alpha = \pm 90°$ 时，有

$$e^{\pm j90°} = \cos 90° \pm j\sin 90° = \pm j$$

因此任意一个相量乘上 $+j$ 后，即逆时针旋转了 $90°$；乘上 $-j$ 后，即顺时针旋转了 $90°$。所以 j 称为旋转 $90°$ 的旋转因子。

在三相电路的分析计算中，常使用 $\alpha = 120°$ 这个旋转因子。

3. 相量表示法

一个正弦量的瞬时值可以用一个旋转的有向线段在虚轴上的投影来表示，如图 4-9 所示。

$$I_m[i(t)] = I_m[I_m\sqrt{2}Ie^{j(\omega t+\Psi)}] = \sqrt{2}I\sin(\omega t + \Psi_i)$$

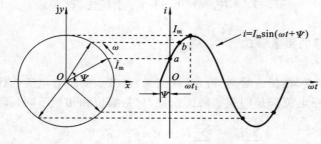

图 4-9　用正弦波形和旋转有向线段来表示正弦量

可见，正弦量可用旋转有向线段表示，而有向线段可用复数表示，所以正弦量也可用复数表示。如果用复数来表示正弦量，则复数的模即为正弦量的幅值或有效值，复数的幅角即为正弦量的初相。为了与一般的复数相区别，将表示正弦量的复数称为相量，并在大写字母上打"·"，于是表示正弦电流的相量为

$$\dot{I}_m = I_m \angle \Psi, \quad \dot{I} = I \angle \Psi$$

式中，$\dot{I}_m$ 为电流幅值的相量，$\dot{I}$ 为电流有效值的相量。下面不加声明，相量均指有效值相量，简称相量。

在复平面上画出的若干个相量的图形，称为相量图。从相量图上能形象地看出各个正弦量的大小和相位关系。人为设定初相 $\Psi = 0$ 的正弦量称为参考正弦量。参考正弦量的设定是任意的，但在同一电路中，只能设定一个参考正弦量。

在使用相量时要注意以下几点。

（1）相量只是表示正弦量，而不等于正弦量。

（2）只有同频率的正弦量才能用相量表示，不同频率的正弦量不能用相量表示。

（3）相量的两种表示形式，即复数形式、相量图形式。

（4）同频率的正弦量能画在同一相量图上。可不画坐标轴，参考相量画在水平方向。

（5）实际应用中，模多采用有效值，用符号表示为 $\dot{U}$、$\dot{I}$。

【例 4-6】　试写出下列正弦量的相量并作出相量图。

$$i_1 = 5\sqrt{2}\sin\left(100\pi t + \frac{\pi}{6}\right) \ \text{A}$$

$$u_1 = 10\sqrt{2}\sin\left(100\pi t + \frac{\pi}{3}\right) \text{ V}$$

$$u_2 = 10\sqrt{2}\sin\left(100\pi t - \frac{2\pi}{3}\right) \text{ V}$$

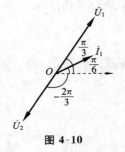

图 4-10

解 各电压、电流的有效值相量分别为

$$\dot{I}_1 = 5\angle\frac{\pi}{6} \text{ A}$$

$$\dot{U}_1 = 10\angle\frac{\pi}{3} \text{ V}$$

$$\dot{U}_2 = 10\angle-\frac{2\pi}{3} \text{ V}$$

相量图如图 4-10 所示。

4.3 电路定律的相量形式

1. 基尔霍夫定律的相量形式

1) KCL 的相量形式

电路中的任意节点,在任一时刻,流出(或流入)该节点的所有电流的代数和恒为零。在正弦稳态电路中,各支路电流都是同频率的正弦量,只是幅值和初相不同,其 KCL 方程可表示为

$$\sum_{k=1}^{n} i_k = \sum_{k=1}^{n} I_{km}\sin(\omega t + \Psi_{ki}) = 0 \tag{4-10}$$

式中,n 为汇于节点的支路数,i_k 为支路 k 中的电流。设正弦电流 i_k 对应的相量为 $\dot{I}_k$,即

$$i_k = I_{km}\sin(\omega t + \Psi_{ki}), \quad \dot{I}_k = I_k e^{\mathrm{j}\Psi_{ki}}$$

根据线性规则和唯一性规则,可得式(4-10)对应的相量关系为

$$\sum_{k=1}^{n} \dot{I}_k = 0 \tag{4-11}$$

这就是 KCL 的相量形式。它表明,在相量电路中,流出(或流入)任一节点电流相量的代数和等于零。特别要注意的是,正弦电流的有效值一般都不满足 KCL 的关系,即

$$\sum_{k=1}^{n} I_k \neq 0$$

2) KVL 的相量形式

对于正弦稳态电路中的任一回路,KVL 的相量形式为

$$\sum_{k=1}^{n} \dot{U}_k = 0 \tag{4-12}$$

式中,n 为回路中的支路数,$\dot{U}_k$ 为回路中的支路 k 电压的有效值相量。

式(4-12)表明,在相量电路中,沿任一回路电压相量的代数和等于零。特别要注意的是,正弦电压的有效值一般也不满足 KVL 的关系。

对于线性电路,电路中电压和电流的频率均与激励频率相同。如果所有激励源均为同一频率的正弦量,则各支路的电流和电压都是和激励源相同频率的正弦量,因此,都可以表示为相量形式。下面举几个例子加以说明。

【例 4-7】 图 4-11 所示电路中,电流表 A_1 读数为 5 A,A_2 读数为 20 A,A_3 读数为 25 A。求电流表 A 及 A_4 的读数。

解 设 $\dot{U}=U\angle0°$ 为参考相量。由电压、电流的相位关系,可以确定并联支路电流的初相。

$$\dot{I}_1=5\angle0°\ \text{A},\quad \dot{I}_2=-\text{j}20\ \text{A}=20\angle-90°\ \text{A},\quad \dot{I}_3=\text{j}25\ \text{A}=25\angle90°\ \text{A}$$

由 KCL 可得

$$\dot{I}_4=\dot{I}_2+\dot{I}_3=-\text{j}20\ \text{A}+\text{j}25\ \text{A}=\text{j}5\ \text{A}=5\angle90°\ \text{A}$$

$$\dot{I}=\dot{I}_1+\dot{I}_4=\dot{I}_1+\dot{I}_2+\dot{I}_3=(5+\text{j}5)\ \text{A}=7.07\angle45°\ \text{A}$$

所以,电流表 A 的读数为 7.07 A,电流表 A_4 的读数为 5 A。

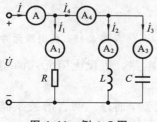

图 4-11 例 4-7 图

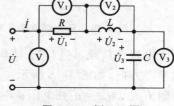

图 4-12 例 4-8 图

【例 4-8】 图 4-12 所示电路中电压表 V_1 的读数为 15 V,V_2 的读数为 80 V,V_3 的读数为 100 V。求电压表 V 的读数。

解 设电流 $\dot{I}=I\angle0°$ A 为参考相量,则各元件电压的初相即可确定。

$$\dot{U}_1=15\angle0°\ \text{V},\quad \dot{U}_2=80\angle90°\ \text{V},\quad \dot{U}_3=100\angle-90°\ \text{V}$$

由 KVL 可得

$$\dot{U}=\dot{U}_1+\dot{U}_2+\dot{U}_3=(15\angle0°+80\angle90°+100\angle-90°)\ \text{V}$$
$$=(15-\text{j}20)\ \text{V}=25\angle-53.13°\ \text{V}$$

所以,电压表 V 的读数为 25 V。

【例 4-9】 如图 4-13 所示交流电路中 $u_1=10\sqrt{2}\sin(\omega t)\ \text{V}$,$u_2=16\sqrt{2}\sin(\omega t+90°)\ \text{V}$,求 u_3。

解 由 KVL 可得

$$u_1+u_2-u_3=0\quad \text{或}\quad u_1+u_2=u_3$$

而

$$\dot{U}_1=10\angle0°\ \text{V}=10\ \text{V},\quad \dot{U}_2=16\angle90°\ \text{V}=16\text{j}\ \text{V}$$

则有

$$\dot{U}_3=\dot{U}_1+\dot{U}_2=(10+16\text{j})\ \text{V}=18.87\angle57.99°\ \text{V}$$

因此

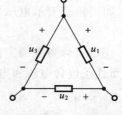

图 4-13 例 4-9 电路图

$$u_3=18.87\sqrt{2}\sin(\omega t+57.99°)\ \text{V}$$

2. 元件伏安关系的相量形式

负载为电阻、电感、电容中任意一个单一元件的正弦交流电路,称为单一参数正弦交流电路。分析各种交流电路时,必须首先掌握单一参数电路中电压与电流的关系、相量运算和相量图,以及其功率和能量的分析。其他各种类型的交流电路无非是这些单一理想元件的不同组合而已。例如,在照明电路中使用的白炽灯为纯电阻性负载,日光灯属于感性负载,其等效电路如图 4-14 所示。由图 4-14 可知,日光灯是一种电阻、电感串联的负载。

1) 电阻元件

纯电阻元件电路是最简单的正弦交流电路,日常生活和工作中接触到的白炽灯、电炉、电烙

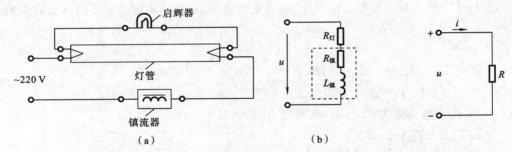

图 4-14　日光灯电路及其等效电路　　　　　　图 4-15　纯电阻元件交流电路

铁等都属于电阻性负载,它们与交流电源连接组成纯电阻电路。假设电阻元件两端的电压与电流关联参考方向,如图 4-15 所示。

在电阻 R 两端加上正弦电压 u 时,电阻中就有正弦电流 i 通过。两者的关系满足欧姆定律,即

$$u = Ri$$

为了分析方便起见,令电压 u 初相为零($\Psi_u = 0$),则

$$\left. \begin{array}{l} u = U_m\sin(\omega t) \xrightarrow{\text{用相量表示为}} \dot{I} = I\angle 0° \\[2mm] i = \dfrac{u}{R} = \dfrac{U_m}{R}\sin(\omega t) = I_m\sin(\omega t) \xrightarrow{\text{用相量表示为}} \dot{U} = U\angle 0° \end{array} \right\} \tag{4-13}$$

比较两式可知电阻元件两端的电压 u 和电流 i 的频率相同,且电压与电流的有效值(或幅值)的关系符合欧姆定律。电压与电流的相位差 $\varphi = 0$,即电压与电流同相。它们在数值上满足关系式

$$\frac{U_m}{I_m} = \frac{U}{I} = R$$

这表示电阻元件电压、电流的波形如图 4-16 所示。

如用相量表示电压与电流的关系,则为

$$\dot{U} = R\dot{I} \tag{4-14}$$

式(4-14)为欧姆定律的相量表示式。它不仅表明了电压和电流之间的幅值(有效值)关系,而且还包含电压和电流之间的相位关系。电阻元件的电压、电流相量图如图 4-17 所示。

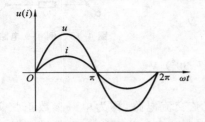

图 4-16　电阻元件电压、电流的波形图

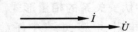

图 4-17　电阻元件的电压与电流相量图

【例 4-10】　纯电阻元件电路中,$R = 5\ \Omega$,$u_R = 20\sqrt{2}\sin(\omega t + 60°)$ V,求电流 i 的瞬时值表达式。

解　由 $u_R = 20\sqrt{2}\sin(\omega t + 60°)$ V 得

$$\dot{U}_R = 20\angle 60°\ \text{V}$$

$$\dot{I}=\frac{\dot{U}}{R}=\frac{20\angle60°}{5}\text{ A}=4\angle60°\text{ A}$$

$$i=4\sqrt{2}\sin(\omega t+60°)\text{ A}$$

2）电感元件

（1）电感元件的电压和电流关系　设电路正弦电流为

$$i=I_\text{m}\sin(\omega t)\xrightarrow{\text{用相量表示为}}\dot{I}=I\angle0°$$

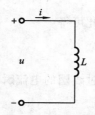

在电压、电流关联参考方向的情况下，如图 4-18 所示，可知电感元件两端电压为

$$u=L\frac{\mathrm{d}i}{\mathrm{d}t}=\omega LI_\text{m}\cos(\omega t)$$

$$=\omega LI_\text{m}\sin(\omega t+90°)$$

图 4-18　纯电感元件交流电路

$$=U_\text{m}\sin(\omega t+90°)\xrightarrow{\text{用相量表示为}}\dot{U}=U\angle90°$$

比较电压和电流的关系式可知，电感元件两端的电压 u 和电流 i 也是同频率的正弦量，且电压的相位超前电流的 $90°$，电压与电流在数值上满足关系式

$$\frac{U_\text{m}}{I_\text{m}}=\frac{U}{I}=\omega L \tag{4-15}$$

如用相量表示电压与电流的关系，则为

$$\dot{U}=\mathrm{j}X_L\dot{I}=\mathrm{j}\omega L\dot{I} \tag{4-16}$$

式（4-16）表示电压的有效值等于电流的有效值与感抗的乘积，在相位上电压比电流超前 $90°$。电感元件的电压、电流波形如图 4-19 所示。电感元件的电压、电流相量图如图 4-20 所示。

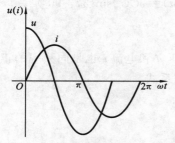

图 4-19　电感元件电压与电流的波形图

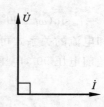

图 4-20　电感元件电压与电流相量图

（2）感抗的概念　式（4-15）中电感元件电压有效值（或幅值）与电流有效值（或幅值）的比值为 ωL，它的单位是欧姆。当电压 U 一定时，ωL 越大，则电流 I 越小。可见，电感元件具有对交流电流起阻碍作用的物理性质，所以称为感抗，感抗用 X_L 表示，即

$$X_L=\omega L=2\pi fL \tag{4-17}$$

感抗是交流电路中的一个重要概念，它表示线圈对交流电流阻碍作用的大小。从 $X_L=2\pi fL$ 可知，感抗的大小与线圈本身的电感量 L 和通过线圈电流的频率有关。f 越高，X_L 越大，线圈对电流的阻碍作用越大；f 越低，X_L 越小，线圈对电流的阻碍作用越小。当 $f=0$ 时 $X_L=0$，此时线圈对直流电流相当于短路。这就是线圈本身所固有的"直流畅通，高频受阻"作用。由于具有这个特性，电感元件在电子及电工技术中有广泛的应用。

【例 4-11】　把一个电感量为 0.35 H 的线圈接到 $u_L=220\sqrt{2}\sin(\omega t+30°)\text{ V}$ 的工频电源

上,求线圈中的电流瞬时值表达式。

解 由线圈两端电压的表达式 $u_L=220\sqrt{2}\sin(\omega t+30°)$ V 可得电压 u_L 所对应的相量为

$$\dot{U}_L=220\angle 30° \text{ V}$$

线圈的感抗为

$$X_L=\omega L=100\times 3.14\times 0.35 \text{ }\Omega=110 \text{ }\Omega$$

因此可得

$$\dot{I}_L=\frac{\dot{U}_L}{jX_L}=\frac{220\angle 30°}{110\angle 90°} \text{ A}=2\angle -60° \text{ A}$$

通过线圈的电流瞬时值表达式为

$$i_L=2\sqrt{2}\sin(314t-60°) \text{ A}$$

3) 电容元件

(1) 电容元件的电压和电流关系 图 4-21 所示的是一个电容元件与正弦电源连接的电路,电路中的电流 i 和电容两端的电压 u 的参考方向如图所示。

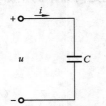

当电压发生变化时,电容元件极板上的电荷也要随着发生变化,在电路中就引起电流

$$i=\frac{dq}{dt}=C\frac{du}{dt}$$

如果在电容元件 C 两端加一正弦电压

$$u=U_\text{m}\sin(\omega t) \xrightarrow{\text{用相量表示为}} \dot{U}=U\angle 0°$$

图 4-21 电容元件电路

则

$$i =C\frac{du}{dt}=CU_\text{m}\frac{d}{dt}[\sin(\omega t)]=\omega CU_\text{m}\cos(\omega t)=\omega CU_\text{m}\sin(\omega t+90°)$$

$$=I_\text{m}\sin(\omega t+90°) \xrightarrow{\text{用相量表示为}} \dot{I}=I\angle 90°$$

比较电压和电流的关系式可知,电容元件两端的电压 u 和电流 i 也是同频率的正弦量,且在相位上电流超前电压 $90°$,电压与电流在数值上满足关系式

$$\frac{U_\text{m}}{I_\text{m}}=\frac{U}{I}=\frac{1}{\omega C} \tag{4-18}$$

如用相量表示电压与电流的关系,则为

$$\dot{U}=-jX_C\dot{I}=-j\frac{1}{\omega C}=\frac{1}{j\omega C}\dot{I} \tag{4-19}$$

式(4-19)表示电压的有效值等于电流的有效值与容抗的乘积,在相位上电压比电流滞后 $90°$。

图 4-22 所示的是电容元件电压、电流的波形。图 4-23 所示的是电容元件的电压、电流相量图。

(2) 容抗的概念 式(4-18)中电容电压有效值(或幅值)与电流有效值(或幅值)的比值为 $\frac{1}{\omega C}$,它的单位也是欧姆。当电压 U 一定时,$\frac{1}{\omega C}$ 越大,则电流 I 越小。可见,电容元件具有对交流电流起阻碍作用的物理性质,所以称为容抗,容抗用 X_C 表示,即

$$X_C=\frac{1}{\omega C}=\frac{1}{2\pi fC} \tag{4-20}$$

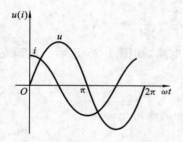

图 4-22　电容元件电压、电流波形图

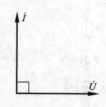

图 4-23　电容元件电路相量图

容抗 X_C 与电容 C、频率 f 成反比。因为电容越大,在同样的电压下,电容元件所容纳的电荷量就越大,因而电流越大。频率越高,电容元件的充电与放电就进行得越快,在同样的电压下,单位时间内电荷的移动量就越多,因而电流越大。所以电容元件对高频电流所呈现的容抗很小,相当于短路;当频率 f 很低或 $f=0$(直流)时,电容则相当于开路。这就是电容元件的"隔直通交"作用,这一特性在电子技术中被广泛应用。

【例 4-12】　把电容量为 $40\ \mu F$ 的电容元件接到交流工频电源上,通过电容元件的电流为 $i_C = 2\sqrt{2}\sin(\omega t + 30°)$ A,试求电容元件两端的电压瞬时值表达式。

解　由通过电容器的电流解析式 $i_C = 2\sqrt{2}\sin(\omega t + 30°)$ A 可得,电流所对应的相量为

$$\dot{I}_C = 2\angle 30°\ \text{A}$$

电容元件的容抗为

$$X_C = \frac{1}{\omega C} = \frac{1}{314 \times 40 \times 10^{-6}}\ \Omega \approx 80\ \Omega$$

因此　　　　　$\dot{U}_C = -jX_C\dot{I}_C = (1\angle -90°) \times 80 \times 2\angle 30° = 160\angle -60°\ \text{V}$

电容元件两端电压瞬时值表达式为

$$u_C = 160\sqrt{2}\sin(314t - 60°)\ \text{V}$$

4.4　复阻抗和复导纳

1. 复阻抗

设有一无源二端网络,如图 4-24 所示,其端口电压和电流是同频率的正弦量。在关联参考方向下,电压和电流相量分别为

$$\dot{U} = U\angle\Psi_u, \quad \dot{I} = I\angle\Psi_i$$

相量 $\dot{U}$ 和 $\dot{I}$ 的比值称为复阻抗,用 Z 表示,即

$$Z = \frac{\dot{U}}{\dot{I}} \tag{4-21}$$

式(4-21)可写为 $\dot{U} = Z\dot{I}$,该式称为欧姆定律的相量形式。注意:Z 是一个复数,不是相量,上面不能加点,复阻抗的单位是欧姆。单一元件的阻抗为

$$Z_R = \frac{\dot{U}}{\dot{I}} = R$$

$$Z_L = \frac{\dot{U}}{\dot{I}} = j\omega L = jX_L$$

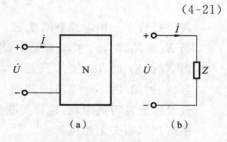

图 4-24　无源二端网络的阻抗

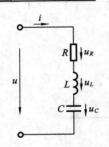

图 4-25 RLC 串联电路

$$Z_C = \frac{\dot{U}}{\dot{I}} = \frac{1}{j\omega C} = -jX_C$$

假设有一 RLC 串联的电路,如图 4-25 所示。电流与各个电压的参考方向如图所示。

根据 KVL 定律可列出

$$u = u_R + u_L + u_C$$

对应的相量式为

$$\dot{U} = \dot{U}_R + \dot{U}_L + \dot{U}_C$$

设电路中的电流为 $i = I_m \sin(\omega t)$,为参考正弦量,用相量表示为

$$\dot{I} = I \angle 0°$$

则

$$\dot{U} = [R + j(X_L - X_C)]\dot{I} = (R + jX)\dot{I} = Z\dot{I} \tag{4-22}$$

$X = X_L - X_C$ 称为电抗。可以看出,复阻抗为电压相量和电流相量之比,复阻抗的实部为电阻,虚部为电抗。

可见,复阻抗 Z 可表示为

$$Z = \frac{\dot{U}}{\dot{I}} = \frac{U}{I} \angle (\Psi_u - \Psi_i) = R + jX = \sqrt{R^2 + X^2} \angle \arctan\frac{X}{R} \tag{4-23}$$

$$\left.\begin{array}{l} |Z| = \dfrac{U}{I} = \sqrt{R^2 + X^2} \\[2mm] \varphi = \Psi_u - \Psi_i = \angle \arctan \dfrac{X}{R} \end{array}\right\} \tag{4-24}$$

$$\left.\begin{array}{l} R = |Z|\cos\varphi \\[1mm] X = |Z|\sin\varphi \end{array}\right\} \tag{4-25}$$

式中,$|Z|$ 称为复阻抗的模,为电路总电压和总电流有效值之比;φ 称为阻抗角,为总电压和总电流的相位差。复阻抗可以反映交流电路中电压、电流的关系,既表示了大小关系(反映在阻抗的模 Z 上),又表示了相位关系(反映在阻抗角 φ 上)。它们的关系可以用阻抗三角形表示,如图 4-26(a)所示,由阻抗三角形可得到电压三角形,如图 4-26(b)所示。

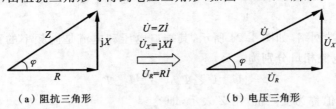

(a)阻抗三角形　　　　　　　　　　　　　(b)电压三角形

图 4-26 阻抗三角形和电压三角形

式(4-24)中 φ 由电路参数决定:

当 $X_L > X_C$ 时,$\varphi > 0$,u 超前 i,电路呈感性,其相量图如图 4-27(a)所示;

当 $X_L < X_C$ 时,$\varphi < 0$,u 滞后 i,电路呈容性,其相量图如图 4-27(b)所示;

当 $X_L = X_C$ 时,$\varphi = 0$,u、i 同相,电路呈电阻性,其相量图如图 4-27(c)所示。

假设两个复阻抗串联,选择关联参考方向,如图 4-28 所示。

根据基尔霍夫定律可得

$$\dot{U} = \dot{U}_1 + \dot{U}_2 = Z_1\dot{I} + Z_2\dot{I} = (Z_1 + Z_2)\dot{I}$$

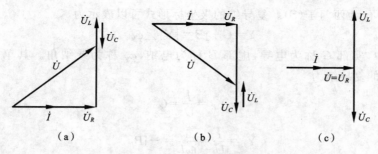

图 4-27　电路性质相量图

设阻抗 $Z_1=R_1+\mathrm{j}X_1$，$Z_2=R_2+\mathrm{j}X_2\,(X_1>0,X_2>0)$，其等效阻抗 Z 为

$$Z=Z_1+Z_2=(R_1+R_2)+\mathrm{j}(X_1+X_2)=R+\mathrm{j}X$$

$$(4\text{-}26)$$

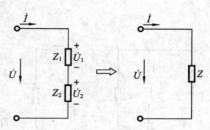

图 4-28　两个阻抗串联

式中，$R=R_1+R_2$，称为串联电路等效电阻；$X=X_1+X_2$，称为串联电路等效电抗。

注意：$|Z|\neq|Z_1|+|Z_2|$，即等效复阻抗等于各个串联复阻抗之和，而阻抗值的相应关系不成立。

复阻抗串联有分压作用，分压公式为

$$\dot{U}_1=\frac{Z_1}{Z_1+Z_2}\dot{U}, \quad \dot{U}_2=\frac{Z_2}{Z_1+Z_2}\dot{U}$$

$$(4\text{-}27)$$

同理可推导多个复阻抗串联的情况。

【例 4-13】　两个复阻抗分别为 $Z_1=(6+\mathrm{j}9)\ \Omega$，$Z_2=(2.66-\mathrm{j}4)\ \Omega$，它们串联接在 $\dot{U}=220\angle30°\ \mathrm{V}$ 的电源上，试计算电路中的电流和各复阻抗上的电压。

解　由于复阻抗串联，则

$$Z=Z_1+Z_2=(6+\mathrm{j}9+2.66-\mathrm{j}4)\ \Omega=(8.66+\mathrm{j}5)\ \Omega=10\angle30°\ \Omega$$

设电压、电流关联参考方向，则

$$\dot{I}=\frac{\dot{U}}{Z}=\frac{220\angle30°}{10\angle30°}\ \mathrm{A}=22\ \mathrm{A}$$

各复阻抗上的电压分别为

$$\dot{U}_1=\dot{I}\,Z_1=22(6+\mathrm{j}9)\ \mathrm{V}=237.97\angle56.3°\ \mathrm{V}$$
$$\dot{U}_2=\dot{I}\,Z_2=22(2.66-\mathrm{j}4)\ \mathrm{V}=105.68\angle-56.4°\ \mathrm{V}$$

2. 复导纳

设有一无源二端网络，如图 4-29 所示，其端口电压和电流是同频率的正弦量。在关联参考方向下，电压和电流相量分别为

$$\dot{U}=U\angle\psi_u, \quad \dot{I}=I\angle\psi_i$$

相量 $\dot{I}$ 和 $\dot{U}$ 的比值称为复导纳，用 Y 表示，即

$$Y=\frac{\dot{I}}{\dot{U}}$$

$$(4\text{-}28)$$

显然，复导纳是复阻抗的倒数，即

$$Y=\frac{1}{Z}$$

$$(4\text{-}29)$$

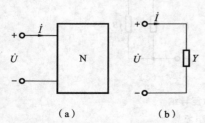

图 4-29　无源二端网络的导纳

复导纳的单位为西门子(S)。复导纳的极坐标形式可以表示为

$$Y=G+jB=|Y|\angle\varphi_Y \tag{4-30}$$

式(4-30)中,实部 G 称为电导,虚部 B 称为电纳,φ_Y 称为导纳角。其单位均是西门子(S)。单一元件的复导纳为

$$Y_R=\frac{\dot{I}}{\dot{U}}=G$$

$$Y_L=\frac{\dot{I}}{\dot{U}}=\frac{1}{j\omega L}=-jB_L$$

$$Y_C=\frac{\dot{I}}{\dot{U}}=j\omega C=jB_C$$

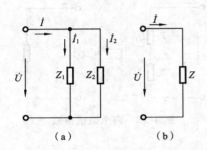

图 4-30 两个阻抗并联

并联相量电路中使用复导纳比较方便。用复导纳表示伏安关系为

$$\dot{I}=Y\dot{U} \tag{4-31}$$

假设两个复阻抗并联,选择关联参考方向,如图 4-30 所示。

根据基尔霍夫定律可得

$$\dot{I}=\dot{I}_1+\dot{I}_2=\frac{\dot{U}}{Z_1}+\frac{\dot{U}}{Z_2}=\dot{U}\left(\frac{1}{Z_1}+\frac{1}{Z_2}\right)$$

则等效复阻抗和并联各支路的复阻抗为

$$\frac{1}{Z}=\frac{1}{Z_1}+\frac{1}{Z_2} \quad 或 \quad Y=Y_1+Y_2 \tag{4-32}$$

注意:$\frac{1}{|Z|}\neq\frac{1}{|Z_1|}+\frac{1}{|Z_2|}$,即等效复阻抗的倒数等于各个并联复阻抗倒数之和,而阻抗值的相关关系不成立。

复阻抗并联有分流作用,其分流公式为

$$\dot{I}_1=\frac{Z_2}{Z_1+Z_2}\dot{I}, \quad \dot{I}_2=\frac{Z_1}{Z_1+Z_2}\dot{I} \tag{4-33}$$

同理可推导多个复阻抗并联的情况。

3. 复阻抗和复导纳的关系

对于由电阻、电感、电容组成的无源二端网络,既可以用复阻抗表示,也可以用复导纳表示。一般情况下,串联电路用复阻抗表示比较方便,并联电路用复导纳表示比较方便,如图 4-31 所示。

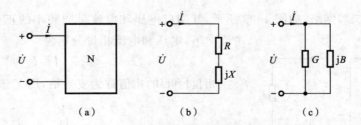

图 4-31 无源二端网络的复阻抗和复导纳

复阻抗和复导纳互为倒数,则

$$Y=\frac{1}{Z}=\frac{1}{R+\mathrm{j}X}=\frac{R-\mathrm{j}X}{R^2+X^2}=\frac{R}{|Z|^2}+\mathrm{j}\frac{-X}{|Z|^2}=G+\mathrm{j}B \tag{4-34}$$

式(4-34)中,实部为 $G=\dfrac{R}{|Z|^2}$,虚部为 $B=\dfrac{-X}{|Z|^2}$。可见,任意给定的一个电路既可以表示为电阻和电抗的串联,又可以表示为电导和电纳的并联,而电路性质不发生变化。

【**例 4-14**】　图 4-32 所示电路中,端口电压为 $\dot{U}=127\angle0°$ V,试求各支路的电流、电压。

解　图 4-32 中标明各段电路的复阻抗为

$$Z_0=(0.5+\mathrm{j}1.5)\ \Omega=1.58\angle71.6°\ \Omega$$

$$Z_1=(8-\mathrm{j}8)\ \Omega=11.31\angle-45°\ \Omega$$

$$Z_2=(8+\mathrm{j}6.2)\ \Omega=10.12\angle37.8°\ \Omega$$

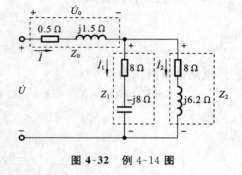

图 4-32　例 4-14 图

并联部分复阻抗及电路的总复阻抗为

$$Z_{12}=\frac{Z_1Z_2}{Z_1+Z_2}=\frac{11.31\angle-45°\times10.12\angle37.8°}{8-\mathrm{j}8+8+\mathrm{j}6.2}\ \Omega$$

$$=\frac{114.5\angle-7.2°}{16.1\angle-6.4°}\ \Omega=7.11\angle-0.8°\ \Omega$$

$$=7.11-\mathrm{j}0.1\ \Omega$$

$$Z=Z_0+Z_{12}=(0.5+\mathrm{j}1.5+7.11-\mathrm{j}0.1)\ \Omega=(7.61+\mathrm{j}1.4)\ \Omega=7.74\angle10.4°\ \Omega$$

电路的总电流为

$$\dot{I}=\frac{\dot{U}}{Z}=\frac{127\angle0°}{7.74\angle10.4°}\ \mathrm{A}=16.4\angle-10.4°\ \mathrm{A}$$

各支路电流为

$$\dot{I}_1=\frac{Z_2\dot{I}}{Z_1+Z_2}=\frac{10.12\angle37.8°\times16.4\angle-10.4°}{16.1\angle-6.4°}\ \mathrm{A}=10.3\angle33.8°\ \mathrm{A}$$

$$\dot{I}_2=\frac{Z_1\dot{I}}{Z_1+Z_2}=\frac{11.31\angle-45°\times16.4\angle-10.4°}{16.1\angle-6.4°}\ \mathrm{A}=11.5\angle-49°\ \mathrm{A}$$

各支路电压为

$$\dot{U}_1=\dot{U}_2=\dot{I}_1Z_1=\dot{I}_2Z_2=11.5\angle-49°\times10.12\angle37.8°\ \mathrm{V}=116.5\angle-11.2°\ \mathrm{V}$$

$$\dot{U}_0=\dot{I}Z_0=16.4\angle-10.4°\times1.58\angle71.6°\ \mathrm{V}=25.9\angle61.2°\ \mathrm{V}$$

4.5　用相量法分析正弦交流电路

1. 相量分析法

电阻元件电路中 KCL 的形式为 $\sum I=0$,相量电路中 KCL 的相量形式为 $\sum\dot{I}=0$;电阻元件电路中 KVL 的形式为 $\sum IR=\sum U_s$,相量电路中 KVL 的相量形式为 $\sum\dot{I}Z=\sum\dot{U}_s$。可见电阻元件电路和相量电路形式有相似之处,不同之处是相量电路形式中,电压、电流采用的是相量形式,电阻采用的是阻抗形式。这种分析方法称为相量法。在直流电路中所介绍的等效变换法、回路法、节点电压法,以及采用叠加定理、戴维南定理求解法等方法都可以运用在相量法中。本节通过实例介绍如何应用相量法解决正弦电路的分析计算问题。

用相量法计算交流电路时,一般分 3 个步骤进行。

(1) 将正弦量用相量表示,即交流电路中的电压和电流用相量表示,电阻仍用 R 表示,电

感和电容分别用 $j\omega L$ 和 $-j\dfrac{1}{\omega C}$ 表示，即用复阻抗表示。

（2）画出原电路的相量模型。

（3）根据相量模型列出电路方程进行求解，并根据求出的相量写出对应的正弦量。

【例 4-15】 由电阻 $R=8\ \Omega$、电感 $L=0.1\ \text{H}$ 和电容 $C=127\ \mu\text{F}$ 组成串联电路，设电源电压 $\dot{U}=220\angle 0°\ \text{V}$。试求电流 i、U_R、U_L、U_C，并作出相量图。

解 感抗及容抗分别为

$$X_L=\omega L=314\times 0.1\ \Omega=31.4\ \Omega$$

$$X_C=\frac{1}{\omega C}=\frac{1}{314\times 127\times 10^{-6}}\ \Omega=25\ \Omega$$

电路的复阻抗为

$$Z=R+jX_L-jX_C=(8+j31.4-j25)\ \Omega=(8+j6.4)\ \Omega=10.3\angle 38.7°\ \Omega$$

电压

$$\dot{U}=220\angle 0°\ \text{V}$$

所以

$$\dot{I}=\frac{\dot{U}}{Z}=\frac{220\angle 0°}{10.3\angle 38.7°}\ \text{A}=21.4\angle -38.7°\ \text{A}$$

电流的解析式为

$$i=21.4\sqrt{2}\sin(314t-38.7°)\ \text{A}$$

各元件上的电压为

$$\dot{U}_R=\dot{I}R=21.4\angle -38.7°\times 8\ \text{V}=171.2\angle -38.7°\ \text{V}$$

$$\dot{U}_L=j\dot{I}X_L=21.4\angle -38.7°\times 31.4\angle 90°\ \text{V}=672\angle 51.3°\ \text{V}$$

$$\dot{U}_C=-j\dot{I}X_C=21.4\angle -38.7°\times 25\angle -90°\ \text{V}=535\angle -128.7°\ \text{V}$$

即电阻、电感、电容元件上的电压有效值分别为 171.2 V、672 V、535 V。其相量图如图 4-33 所示。

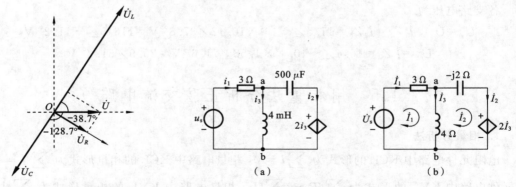

图 4-33 例 4-15 题相量图　　　　图 4-34 例 4-16 电路

【例 4-16】 电路如图 4-34（a）所示，已知 $u_s=10\sqrt{2}\sin(10^3 t)\ \text{V}$，用网孔法求电流 i_1、i_2 和电压 u_{ab}。

解 画出电路相量模型如图 4-34（b）所示，则

$$Z_L=j\omega L=j10^3\times 4\times 10^{-3}\ \Omega=j4\ \Omega$$

$$Z_C=\frac{1}{j\omega C}=-j\frac{1}{10^3\times 500\times 10^{-6}}\ \Omega=-j2\ \Omega$$

设网孔电流$\dot{I}_1$、$\dot{I}_2$ 如图 4-34(b)所示。将电路中受控源看成大小为 $2\dot{I}_3$ 的独立电源,列出网孔方程。

网孔 1
$$(3+j4)\dot{I}_1-j4\dot{I}_2=10\angle 0°$$

网孔 2
$$-j4\dot{I}_1+(j4-j2)\dot{I}_2=-2\dot{I}_3$$

由于受控源控制变量 $\dot{I}_3$ 未知,故需要增加一个辅助方程
$$\dot{I}_3=\dot{I}_1-\dot{I}_2$$

整理后可得如下方程组:
$$\begin{cases}(3+j4)\dot{I}_1-j4\dot{I}_2=10\angle 0°\\(2-j4)\dot{I}_1+(-2+j2)\dot{I}_2=0\end{cases}$$

得到方程组的解为
$$\dot{I}_1=4.47\angle -63.4° \text{ A}, \quad \dot{I}_2=7.07\angle 45° \text{ A}$$

电感支路电流为
$$\dot{I}_3=\dot{I}_1-\dot{I}_2=(4.47\angle -63.4°-7.07\angle 45°) \text{ A}=[(2+j4)-(5+j5)] \text{ A}$$
$$=(-3-j1) \text{ A}=3.16\angle -161.6° \text{ A}$$

电感支路电压为
$$\dot{U}_{ab}=j4\dot{I}_3=j4\times 3.16\angle -161.6° \text{ V}=12.64\angle -71.6° \text{ V}$$

因此
$$i_1=4.47\sqrt{2}\sin(10^3 t-63.4°) \text{ A}$$
$$i_2=7.07\sqrt{2}\sin(10^3 t+45°) \text{ A}$$
$$u_{ab}=12.64\sqrt{2}\sin(10^3 t-71.6°) \text{ V}$$

【例 4-17】　电路的相量模型如图 4-35 所示,用节点电压法求各节点的电压相量。

解　电路中含有一个独立电压源支路,可选择连接该支路的节点 4 为参考点,这时节点 1 的电位 $\dot{U}_1=\dot{U}_s=3\angle 0°$ V 是一个已知量,从而用节点法分析时可少列一个方程。设节点 2、节点 3 的电位为 $\dot{U}_2$、$\dot{U}_3$,列出相应的节点方程如下。

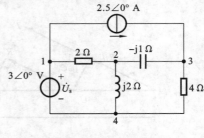

图 4-35　例 4-17 电路

节点 2　$-\dfrac{1}{2}\dot{U}_1+\left(\dfrac{1}{2}+\dfrac{1}{j2}+\dfrac{1}{-j1}\right)\dot{U}_2-\dfrac{1}{-j1}\dot{U}_3=0$

节点 3　$-\dfrac{1}{-j1}\dot{U}_2+\left(\dfrac{1}{4}+\dfrac{1}{-j1}\right)\dot{U}_3=2.5\angle 0°$

将 $\dot{U}_1=\dot{U}_s=3\angle 0°$ V 代入上述节点方程,并整理得
$$(1+j1)\dot{U}_2-j2\dot{U}_3=3$$
$$j4\dot{U}_2-(1+j4)\dot{U}_3=-10$$

故解得
$$\dot{U}_2=4.53\angle 39.6° \text{ V}, \quad \dot{U}_3=3.04\angle 20.6° \text{ V}$$

2. 相量图法

在相量电路分析中,往往需要一种能反映 KL(电路基本定律)和 VCR(电路元件基本关系)的相量图,借助于相量图进行分析计算的方法,即相量图法。相量图法是电路的基本分析方法之一,对于简单的串、并联电路尤为有效。

画相量图的原则是"定性地画,定量计算"。所谓"定性地画",就是元件电压、电流相位关系要准确(即在关联参考方向下,电阻元件电压、电流同相位;电感元件电压相量超前电流相量 $90°$;电容元件电压相量滞后电流相量 $90°$)。同时,只有经过定量计算相量,电路才能正确。电路中有若干个相量,从哪个相量着手画相量图,这是关键之一。

(1)串联时,选电流为参考相量,依据 KVL 和 VCR 画电压相量的封闭多边形。

(2)并联时,选电压为参考相量,依据 KCL 和 VCR 画电流相量的封闭多边形。

(3)同时存在串、并联时,选并联元件上的电压或电流为参考相量,依据 KL 和 VCR 分别画电流相量和电压相量的封闭多边形。

【例 4-18】 如图 4-36 所示,欲使 $\dot{U}_2$ 与 $\dot{U}_s$ 同相位,求 ω 与参数之间的关系。

图 4-36 例 4-18 电路图　　　　　图 4-37 例 4-18 等效电路图

解 该电路是 RC 串、并联移相电路,其等效电路如图 4-37 所示。利用相量图法求解如下。

因为 $\dot{U}_1 + \dot{U}_2 = \dot{U}_s$,且 $\dot{U}_2$ 与 $\dot{U}_s$ 同相位,所以 $\dot{U}_1$、$\dot{U}_2$、$\dot{U}_3$ 三者同相位。

从图 4-38 可知,两电压相量三角形相似,对应的两个阻抗三角形相似,即

$$\frac{R_1}{\dfrac{1}{\omega C_1}} = \frac{R'_2}{\dfrac{1}{\omega C'_2}}$$

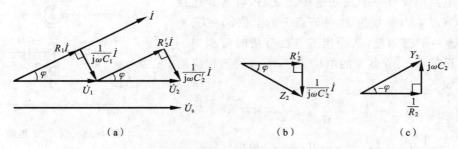

图 4-38 例 4-18 相量图

R'_2、C'_2 阻抗三角形与 R_2、C_2 导纳三角形相似,有

$$\frac{R_1}{\dfrac{1}{\omega C_1}} = \frac{\dfrac{1}{R_2}}{\omega C_2}, \quad \omega = \frac{1}{\sqrt{R_1 R_2 C_1 C_2}}$$

【例 4-19】 如图 4-39 所示,已知 $Z_2 = j60\ \Omega$,$U_s = 100\ V$,$U_1 = 171\ V$,$U_2 = 240\ V$,求 Z_1。

解 根据已知条件,$I = \dfrac{U_2}{|Z_2|} = 4\ A$,$|Z_1| = \dfrac{U_1}{I} = 42.75\ \Omega$,关键在于求出 Z_1 的阻抗角 φ_{Z_1}。

根据三个电压有效值及 Z_2 所对应的是电感元件,综合电工学的相关概念,得出 Z_1 所对应的只能是 RC 串联组合支路。

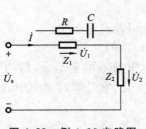

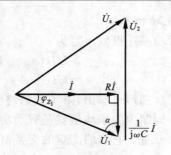

图 4-39 例 4-19 电路图　　　　　　　　图 4-40 例 4-19 相量图

画出相量图（见图 4-40），由余弦定理可知

$$U_s^2 = U_1^2 + U_2^2 - 2U_1 U_2 \cos\alpha, \quad \cos\alpha = 0.936, \quad \alpha = 20.58°$$

$$\varphi_{Z_1} = -(90° - \alpha) = -69.42°$$

$$Z_1 = 42.75 \angle -69.42° \ \Omega = (15.03 - j40.02) \ \Omega$$

4.6　正弦交流电路中的功率

电类设备及其负载都要提供或吸收一定的功率。如某台变压器提供的功率为 250 kVA，某台电动机的额定功率为 2.5 kW，一盏白炽灯的功率为 60 W 等。由于电路中负载性质存在差异，所以其功率性质及大小也各不一样。

1. 功率

1）瞬时功率

如图 4-41 所示，电流、电压关联参考方向。若通过负载的电流为

$$i = \sqrt{2} I \sin(\omega t)$$

则负载两端的电压为

$$u = \sqrt{2} U \sin(\omega t + \varphi)$$

瞬时功率为

$$p = ui = U_m \sin(\omega t + \varphi) I_m \sin(\omega t)$$

$$= UI \cos\varphi - UI \cos(2\omega t + \varphi) \tag{4-35}$$

图 4-41 交流电路中的功率

由式（4-35）可见，瞬时功率由两部分组成：一部分是恒定分量，是一个与时间无关的量；另一部分是正弦分量，其频率为电源频率的两倍。

2）平均功率（有功功率）

负载是要消耗电能的，其所消耗的能量可以用平均功率来表示。一个周期内瞬时功率的平均值称为平均功率，也称有功功率，用公式表示为

$$P = \frac{1}{T}\int_0^T p\,dt = \frac{1}{T}\int_0^T [UI\cos\varphi - UI\cos(2\omega t + \varphi)]\,dt = UI\cos\varphi \tag{4-36}$$

对交流电路而言，其有功功率等于负载上的电压有效值、电流有效值和 $\cos\varphi$ 的乘积。φ 为电路负载的阻抗角，也就是电路中电压超前电流的相位差。当负载一定时，$\cos\varphi$ 是一个常数，称为负载的功率因数，φ 则称为功率因数角。

当电路为纯电阻元件电路时，电压与电流同相，即 $\varphi = 0°$，$\cos\varphi = 1$，$P = UI\cos\varphi = UI$；当电路为纯电感元件或纯电容元件电路时，电流与电压的相位差均为 $90°$，$\cos\varphi = 0$，所以 $P = 0$。

3）无功功率

瞬时功率还可以改写为

$$p = UI\cos\varphi - [UI\cos\varphi\cos(2\omega t) - UI\sin(2\omega t)\sin\varphi]$$

$$= UI\cos\varphi[1 - \cos(2\omega t)] + UI\sin\varphi\sin(2\omega t) \tag{4-37}$$

从式（4-37）可看出，第 1 项始终大于零，它是瞬时功率中的不可逆部分，称为有功分量。它在一个周期内的平均值就是有功功率。第 2 项正负交替变化，它是瞬时功率中的可逆部分，称为无功分量。它表明能量的交换情况，用公式表示为

$$Q = UI\sin\varphi \tag{4-38}$$

无功功率 Q 的单位为乏（var）。

下面分别讨论电阻、电感、电容三种元件的无功功率。

（1）纯电阻元件　纯电阻元件电路中，电压和电流同相，即 $\varphi=0$，因此 $Q=0$。

（2）纯电感元件　纯电感元件电路中，电压的相位超前电流的相位 90°，即 $\varphi=90°$，因此

$$Q = UI = I^2 X_L = \frac{U^2}{X_L} \tag{4-39}$$

（3）纯电容电路　纯电容元件电路中，电压的相位滞后电流的相位 90°，即 $\varphi=-90°$，因此

$$Q = -UI = -I^2 X_L = -\frac{U^2}{X_L} \tag{4-40}$$

可以看出，在感性电路中，由于 $\sin\varphi$ 为正值，所以 Q 为正值，即 $Q_L > Q_C$；在容性电路中，$\sin\varphi$ 为负值，所以 Q 为负值，即 $Q_L < Q_C$。显然，在既有电感元件又有电容元件的电路中，总的无功功率为 Q_L 与 Q_C 的代数和，即

$$Q = Q_L + Q_C \tag{4-41}$$

4）视在功率

在实际电路中，电气设备所消耗的有功功率是由电压、电流和功率因数决定的。电压有效值和电流有效值的乘积称为视在功率，即

$$S = UI = \frac{1}{2}U_m I_m = \sqrt{P^2 + Q^2} \tag{4-42}$$

变压器的容量用视在功率表示，其单位为伏安。视在功率不能表示交流电路实际消耗的功率，而只能表示电源可能提供的最大功率，或某设备的功率容量。

5）复功率三角形

复功率用 $\tilde{S}$ 表示。

$$\tilde{S} = P + jQ = UI\cos\varphi + jUI\sin\varphi = UIe^{j\varphi} = UI e^{j(\Psi_u - \Psi_i)}$$

$$= Ue^{j\Psi_u} \cdot Ie^{-j\Psi_i} = \dot{U}\overset{*}{I} = Se^{j\varphi} \tag{4-43}$$

因此视在功率是复功率的模，复功率的幅角为 φ。复功率三角形如图 4-42 所示。

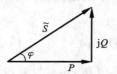
图 4-42　复功率三角形

【例 4-20】　若 $\dot{I}=2\angle 40°$ A，$\dot{U}=450\angle 70°$ V，试求负载的 P、Q 和 S。

解　$\tilde{S} = \dot{U}\overset{*}{I} = 450\angle 70° \times 2\angle -40°$ VA $= 900\angle 30°$ VA

$= (779.4 + j450)$ VA

可见　　$P = 779.4$ W，　$Q = 450$ var，　$S = 900$ VA

2. 功率因数的提高

电力系统中的负载大多是呈感性的，它们的功率因数都较低。这类负载不单只消耗电网能量，还要占用电网能量，这是人们所不希望的。日光灯负载内带有电容元件，这就是为了减

小感性负载占用电网的能量。这种利用电容元件来达到减小占用电网能量目的的方法称为无功补偿法,也就是提高功率因数的方法。

1)功率因素提高的意义

前已述及,交流电路中的有功功率一般不简单地等于电源电压 U 和总电流 I 的乘积,还要考虑电压、电流相位差的影响,即

$$P=UI\cos\varphi$$

式中,$\cos\varphi$ 为电路的功率因数,其大小等于有功功率与视在功率的比值,在电工技术中,一般用 λ 表示。

(1)每个供电设备都有额定容量,即视在功率 $S=UI$。在电路正常工作时是不允许超过额定值的,否则会损坏供电设备。对于非电阻负载电路,供电设备输出的总功率中,一部分为有功功率 $P=S\cos\varphi$,另一部分为无功功率 $Q=S\sin\varphi$,即电源产生的能量得不到充分利用,其中一部分不能成为有用功率,只能在电源与负载中的储能元件之间进行交换。例如,变压器容量为 1 000 kVA,在 $\cos\varphi=1$ 时变压器能提供 1 000 kW 的有功功率,而在 $\cos\varphi=0.7$ 时则只能提供 700 kW 的有功功率。

可见,负载的功率因数越低,供电变压器输出的有功功率越小,设备的利用率越不充分,经济损失越严重。

(2)当发电机的输出电压 U 和输出的有功功率 P 一定时,发电机输出的电流(即线路上的电流)为

$$I=\frac{P}{U\cos\varphi}$$

可见电流 I 和功率因数 $\cos\varphi$ 成反比。若输电线的电阻为 r,则输电线上的功率损失为

$$\Delta P=I^2r=\left(\frac{P}{U\cos\varphi}\right)^2r$$

功率损失 ΔP 和功率因数 $\cos\varphi$ 的平方成反比,功率因数越低,功率损失越大。

(3)提高功率因数能改善供电质量。功率因数越低,线路上的电流 I 越大,由于线路上存在阻抗,所以必然造成电压损失,使供电线路压降大,导致负载电压降低,对负载运行不利。

2)提高功率因数的方法

提高功率因数的常用方法是在感性负载的两端并联电容元件。其电路图和相量图如图 4-43 所示。

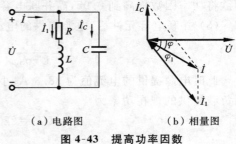

（a）电路图　　　　（b）相量图

图 4-43　提高功率因数

在感性负载 RL 支路上并联电容元件 C 后,因为所加电压 U 和负载参数不变,所以流过负载支路的电流 $I_1=\dfrac{U}{\sqrt{R^2+X_L^2}}$ 不变,负载本身的功率因数 $\cos\varphi_1=\dfrac{R}{\sqrt{R^2+X_L^2}}$ 不变。电路中消耗的有功功率 $P=RI_1^2=UI\cos\varphi_1$ 也不变。但总电压 u 与总电流 i 的相位差 φ 减小了,总功率因数 $\cos\varphi$ 增大了。这里所讲的功率因数提高是指用户负载的功率因数提高,而不是某个感性负载的功率因数提高。

在感性负载上并联电容元件以后,减少了电源与负载之间的能量互换。这时感性负载所需无功功率的大部分或全部由电容元件供给,也就是说,能量的交换主要发生在感性负载与电容元件之间,因而电源容量能得到充分利用。

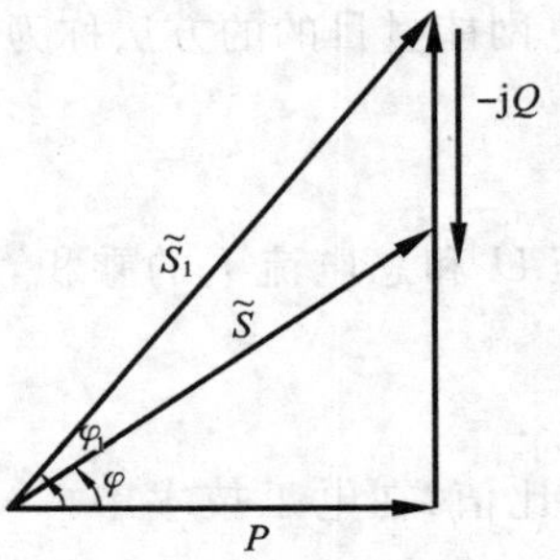

图 4-44 复功率三角形

由图 4-43(b)可见,并联电容元件以后,线路电流减小了,因而功率损耗也减小了。

由如图 4-44 所示复功率三角形可知

$$|Q_C| = P(\tan\varphi_1 - \tan\varphi)$$

$$|Q_C| = \omega C U^2$$

则

$$C = \frac{P}{\omega U^2}(\tan\varphi_1 - \tan\varphi) \tag{4-44}$$

式中:P 为电源向负载提供的有功功率;U 为电源电压;φ_1 为并联电容元件前电路的功率因数角;φ 为并联电容元件后整个电路的功率因数角。

【例 4-21】 现有正弦交流电源,其电压 $u = 220\sqrt{2}\sin(314t)$ V,额定视在功率 $S = 10$ kVA,供电给有功功率 $P = 8$ kW,功率因数 $\cos\varphi = 0.6$ 的感性负载。

(1) 该电源供出电流是否超过额定值?

(2) 欲将电路的功率因数提高到 0.95,应并联多大的电容元件?

(3) 并联电容元件后,电源供出的电流是多少?

解 (1) 由 $P = UI\cos\varphi$ 可求出电源供出电流为

$$I = \frac{P}{U\cos\varphi} = \frac{8 \times 10^3}{220 \times 0.6} \text{ A} = 60.6 \text{ A}$$

电源的额定电流为

$$I_N = \frac{S}{U} = \frac{10 \times 10^3}{220} \text{ A} = 45.5 \text{ A}$$

可见该电源提供的电流值为 60.6 A,已超过额定电流值 45.5 A,电源过载工作,即

$$S = UI = 220 \times 60.6 \text{ VA} = 13.3 \text{ kVA}$$

(2) 由 $\cos\varphi = 0.6$ 得 $\varphi = 53.13°$,由 $\cos\varphi_1 = 0.95$ 得 $\varphi_1 = 18.19°$,则

$$C = \frac{P}{U^2\omega}(\tan\varphi - \tan\varphi_1) = \frac{8 \times 10^3}{220^2 \times 314}(\tan53.13° - \tan18.19°) \text{ μF} = 526 \text{ μF}$$

即欲将功率因数提高到 0.95,需并联电容为 526 μF 的电容元件。

(3) 并联电容元件后,电源提供的电流为

$$I' = \frac{P}{U\cos\varphi} = \frac{8 \times 10^3}{220 \times 0.95} \text{ A} = 38.3 \text{ A}$$

此时电源提供的电流值为 38.3 A,小于其额定电流值 45.5 A,电源不再过载工作。电源向负载提供的视在功率为

$$S = UI' = 220 \times 38.3 \text{ VA} = 8.4 \text{ kVA}$$

实验项目 5　用三表法测量电路等效参数

1. 实验目的

(1) 学会用交流电压表、交流电流表和功率表测量元件等效参数。

(2) 学会接功率表和进行相关计算。

2. 实验设备与器材

所需实验设备与器材包括:交流电压表(0~500 V)1 个;交流电流表(0~5 A)1 个;功

率表 1 个；自耦调压器 1 个；镇流器（电感线圈）1 个，与 30 W 日光灯配合使用；电容器（4.7 μF/500 V）1 个；白炽灯 15 W /220 V 3 个。

3. 实验内容和步骤

测试线路如图 4-45 所示。

（1）按图 4-45 所示接线方式连接电路，经指导教师检查后，方可接通市电电源。

（2）分别测量 15 W 白炽灯（R）、30 W 日光灯镇流器（L）和 4.7 μF 电容器（C）的等效参数。

（3）测量 L、C 串联与并联后的等效参数，填入表4-1中。

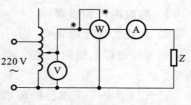

图 4-45 实验项目 5 等效电路

表 4-1 三表法测量电路等效参数

被测阻抗	测量值				计算值		电路等效参数		
	U/V	I/A	P/W	$\cos\varphi$	Z/Ω	$\cos\varphi$	R/Ω	L/mH	$C/\mu F$
15 W 白炽灯 R									
电感线圈 L									
电容器 C									
L 与 C 串联									
L 与 C 并联									

（4）验证用串、并联电容法判别负载性质的正确性。

实验线路同图 4-45 所示，但不必接功率表，按如表 4-2 所示内容进行测量和记录。

表 4-2 串、并联电容判断负载性质

被测元件	串联 4.7 μF 电容		并联 4.7 μF 电容	
	串联前端电压/V	串联后端电压/V	并联前电流/A	并联后电流/A
R(3 个 15 W 白炽灯)				
C(4.7 μF)				
L(1 H)				

4. 实验总结与分析

（1）在 50 Hz 的交流电路中，测得一个铁芯线圈的 P、I 和 U，如何算得其阻值及电感量？

（2）如何用串联电容法来判别阻抗的性质？试用 I 随 X'_C（串联容抗）的变化关系作定性分析，证明串联时，满足 $\dfrac{1}{\omega C} < |2X|$。

实验项目 6 日光灯电路的安装与功率因数的提高

1. 实验目的

（1）了解日光灯的工作原理，学习日光灯的安装方法。

（2）掌握提高功率因数的方法，理解提高功率因数的意义。

（3）熟悉交流仪表的使用方法。

2. 实验设备与器材

所需实验设备与器材包括自耦调压器 1 个、镇流器 1 个、日光灯管（40 W）1 个、交流电压表（0～500 V）1 个、交流电流表（0～5 A）1 个、功率表 1 个。

3. 实验内容和步骤

1）实验实训原理说明

（1）日光灯电路的组成　电路由日光灯管、镇流器、启辉器组成，原理电路图如图 4-46 所示。

日光灯管是一支细长的玻璃管，其内壁涂有一层荧光粉薄膜，在日光灯管的两端装有钨丝，钨丝上涂有受热后易发射电子的氧化物。日光灯管内抽成真空后，充有一定量的惰性气体和少量的汞气。惰性气体有利于日光灯的启动，可延长灯管的使用寿命；汞气作为主要的导电材料，在放电时产生紫外线，激发日光灯管内壁的荧光粉转换为可见光。

启辉器主要由辉光放电管和电容器组成，其内部结构如图 4-47 所示。其中辉光放电管内部的倒 U 形双金属片（动触片）由两种热膨胀系数不同的金属片组成；通常情况下，动触片和静触片是分开的；小容量的电容器可以防止启辉器动触片和静触片断开时产生的火花烧坏触片。

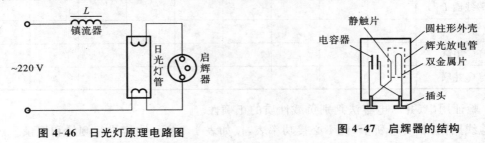

图 4-46　日光灯原理电路图　　　　　　图 4-47　启辉器的结构

镇流器是一个带有铁心的电感线圈。它与启辉器配合产生瞬间高电压使日光灯管导通，激发荧光粉发光，还可以限制和稳定电路的工作电流。

（2）日光灯的工作原理　如图 4-48 所示，在日光灯电路接通电源后，电源电压全部加在启辉器两端，从而使辉光放电管内部的动触片与静触片之间产生辉光放电，辉光放电产生的热量使动触片受热膨胀趋向伸直，与静触片接通。于是，日光灯管两端的灯丝、辉光放电管内部的触片、镇流器构成一个回路。灯丝因通过电流而发热，从而使灯丝上的氧化物发射电子。与此同时，辉光放电管内部的动触片与静触片接通时，触片间电压为零，辉光放电立即停止，动触片冷却收缩而脱离静触片，导致镇流器中的电流突然减小为零。于是，镇流器产生的自感电动势与电源电压串联叠加于日光灯管两端，迫使日光灯管内惰性气体分子电离而产生弧光放电，日光灯管内温度逐渐升高，汞气游离，并猛烈地撞击惰性气体分子而放电，同时辐射出不可见的紫外线，激发日光灯管内壁的荧光粉而发出近似荧光的可见光。日光灯管发光后，其两端的电压不足以使启辉器辉光放电，这时，交流电源、镇流器与日光灯管串联构成一个电流通路，从而保证日光灯的正常工作。

（3）并联电容提高功率因数　显然，日光灯电路属于感性负载电路，其功率因数很低，为了提高日光灯电路的功率因数，一般可在它的两端并联一定容量的电容器。

2）实验实训内容与步骤

（1）日光灯电路的安装　根据日光灯电路各部分的尺寸进行合理布局定位，制作日光灯安装电路板，如图 4-48 所示。

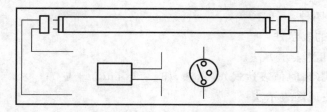

图 4-48　日光灯安装电路板

用万用表检测日光灯。日光灯管两端灯丝应有几欧姆电阻,镇流器电阻为 20～30 Ω,启辉器不导通,电容器应有充电效应。按图 4-46 所示接线方式进行日光灯电路的安装。接好线路并经指导教师检查合格后,通电观察日光灯电路的工作情况。

(2) 日光灯电路参数的测量　根据原理电路图,画出接线图,如图 4-49 所示,并接线。

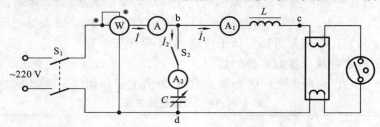

图 4-49　日光灯电路接线图

断开开关 S_2,闭合电源开关 S_1,用交流电流表测量日光灯电路的电流 I_1,用功率表测量日光灯电路的功率 P;用交流电压表分别测量日光灯电路的电压 U_{bd}、灯管两端电压 U_{cd}、镇流器两端的电压 U_{bc}。计算灯管电阻 R、镇流器电阻 R_L、镇流器电感 L。

(3) 日光灯电路功率因数的提高　按图 4-49 所示电路连接实验电路。闭合开关 S_2,闭合电源开关 S_1,改变并联电容的数值,分别测量日光灯电路总电流 I、日光灯电路电流 I_1、电容电流 I_2,并计算电路对应的功率因数。

4. 实验总结与分析

(1) 分析日光灯电路的基本原理。

(2) 实验中启辉器损坏时,如何点亮日光灯?

(3) 若日光灯电路在正常电压作用下不能启辉,如何用万用表找出故障部位?试写出简要步骤。

(4) 本实验中并联电容器后是不是提高了日光灯的功率因数?并联的电容器容量越大,是否功率因数越高?为什么?

本 章 小 结

1. 正弦交流电的基本概念

正弦电压和正弦电流随时间变化按正弦规律变化,它们的三角函数表示式为

$$u = U_m \sin(\omega t + \Psi_u), \quad i = I_m \sin(\omega t + \Psi_i)$$

(1) 最大值(有效值)、角频率(频率、周期)、初相是确定正弦量的三要素,并且有

$$U_m = \sqrt{2}U, \quad I_m = \sqrt{2}I, \quad \omega = 2\pi f = \frac{2\pi}{T}$$

(2) 两个同频率正弦量的初相之差称为相位差。两个同频率正弦量的关系可能为同相、

反相、超前和滞后等四种。

2. 正弦交流电的表示法

正弦交流电有四种表示方法。

(1) 三角函数式(瞬时值表达式)表示法,如 $i=I_m\sin(\omega t+\Psi_i)$;

(2) 三角函数波形图表示法;

(3) 相量表示法,如正弦量和相量的相互关系可表示为 $i=I_m\sin(\omega t+\Psi_i)\rightarrow\dot{I}=I\angle\Psi_i$。

(4) 相量图表示法。

后两种方法是分析和计算交流电路常用的方法。它的优点是,把几个同频率的正弦量画在同一相量图上,可直观、快捷地解决一些特殊的交流电路问题;复数运算法可准确无误地计算复杂交流电路问题。

初学者应注意几种量的字母表示形式,瞬时值用小写字母表示,如 i、u、e,幅值用大写字母带下标表示,如 I_m、U_m、E_m,有效值用大写字母表示,如 I、U、E,相量用大写字母打"·"表示,如 $\dot{I}$、$\dot{U}$、$\dot{E}$,并且要特别注意相量可以表示正弦量,但不等于正弦量。

3. 正弦交流电路中单个参数元件的规律

R、L、C 元件上电压与电流之间的相量关系、有效值关系和相位关系如表 4-3 所示。

表 4-3　电压与电流的关系

元　件	R	L	C
基本关系	$u_R=Ri$	$u_L=L\dfrac{di}{dt}$	$u_C=\dfrac{1}{C}\displaystyle\int_0^t i dt$
相量式	$\dot{U}_R=R\dot{I}$	$\dot{U}_L=jX_L\dot{I}$	$\dot{U}_C=-jX_C\dot{I}$
复阻抗	R	$jX_L=j\omega L$	$jX_C=j\dfrac{1}{\omega C}=-\dfrac{1}{j\omega C}$
相量图			
有功功率	$P_R=U_R I=I^2 R=\dfrac{U_R^2}{R}$	$P_L=0$	$P_C=0$
无功功率	$Q_R=0$	$Q_L=U_L I=I^2 X_L$	$Q_C=-U_C I=-I^2 X_C$

4. RLC 串联的交流电路

电压、电流相量关系为

$$\dot{U}=\dot{I}[R+j(X_L-X_C)]$$

复阻抗为

$$Z=\frac{\dot{U}}{\dot{I}}=R+j(X_L-X_C)=|Z|\angle\varphi$$

阻抗模为

$$|Z|=\sqrt{R^2+(X_L-X_C)^2}$$

阻抗角为

$$\varphi=\arctan\frac{X_L-X_C}{R}$$

5. 基尔霍夫定律的相量形式

KCL
$$\sum_{k=1}^{n} \dot{I}_k = 0$$

KVL
$$\sum_{k=1}^{m} \dot{U}_k = 0$$

6. 复阻抗

$Z = \dfrac{\dot{U}}{\dot{I}} = |Z| \angle \varphi$，对于 R、L、C 串联电路，复阻抗为

$$Z = R + \mathrm{j}\left(\omega L - \frac{1}{\omega C}\right) = R + \mathrm{j}(X_L - X_C) = R + \mathrm{j}X$$

复阻抗不仅表示了对应端钮上电压与电流有效值之间关系，也指出了两者之间的相位关系。复阻抗在正弦交流电路的计算中是一个十分重要的概念。

7. 正弦交流电路的功率

有功功率为
$$P = UI\cos\varphi$$

无功功率为
$$Q = UI\sin\varphi$$

视在功率为
$$S = UI = \sqrt{P^2 + Q^2}$$

8. 功率因数的提高

提高电路的功率因数对提高设备利用率和节约电能有着重要意义。一般采用在感性负载两端并联电容器的方法来提高电路的功率因数。

习　题　4

4.1　已知工频正弦电压 u 的最大值为 311 V，初相为 $-60°$，其有效值为多少？写出其瞬时值表达式。当 $t = 0.002\,5$ s 时，u 的值为多少？

4.2　试求下列正弦信号的幅值、频率和初相，并画出其波形图。

（1）$u = 10\sin(314t)$ V　　　　（2）$u = 5\sin(100t + 30°)$ V

（3）$u = 4\cos(2t - 120°)$ V　　　（4）$u = 8\sqrt{2}\sin(2t - 225°)$ V

4.3　写出下列复数的极坐标形式

（1）$3 + \mathrm{j}4$　　　（2）$\mathrm{j}5$　　　（3）$-4 + \mathrm{j}3$　　　（4）10

4.4　设 $A = 3 + \mathrm{j}4, B = 10\angle 60°$，计算 $A + B$、$A \cdot B$、A/B。

4.5　用下列各式表示 RC 串联电路中的电压、电流，哪些是对的，哪些是错的？

（1）$i = \dfrac{u}{|Z|}$　　（2）$I = \dfrac{U}{R + X_C}$　　（3）$\dot{I} = \dfrac{\dot{U}}{R - \mathrm{j}\omega C}$　　（4）$I = \dfrac{U}{|Z|}$

（5）$U = U_R + U_C$　　（6）$\dot{U} = \dot{U}_R + \dot{U}_C$　　（7）$\dot{I} = -\mathrm{j}\dfrac{\dot{U}}{\omega C}$　　（8）$\dot{I} = \mathrm{j}\dfrac{\dot{U}}{\omega C}$

4.6　用相量表示下列正弦量。

（1）$u = 10\sqrt{2}\sin(314t)$ V　　　　（2）$i = -5\sqrt{2}\sin(314t - 60°)$ A

4.7　写出下列相量所表示的正弦信号的瞬时值表达式（设角频率均为 ω）。

(1) $\dot{I}_1 = (2+j6)$ A   (2) $\dot{I}_2 = 11.18\angle-26.6°$ A

(3) $\dot{U}_1 = (-6+j8)$ V   (4) $\dot{U}_2 = 15\angle-38°$ V

4.8 已知 $i_1 = \sqrt{2}I\sin(314t)$ A，$i_2 = -\sqrt{2}I\sin(314t+120°)$ A，求 $i_3 = i_1 + i_2$。

4.9 设 u 和 i_L 关联参考方向，电感电压为 $u = 80\sin(1\,000t+105°)$ V，若 $L = 0.02$ H，求电感电流 i_L。

4.10 已知元件 N 为电阻或电容，若其两端电压、电流各为如下情况所示，试确定元件的参数 R、L、C。

(1) $u = 300\sin\left(1\,000t+\dfrac{\pi}{4}\right)$ V，$i = 60\sin(1\,000t+45°)$ A

(2) $u = 250(\sin200t+50°)$ V，$i = 0.5\sin(200t+140)$ A

4.11 电压 $u = 100\sin(10t)$ V 施加于 10 H 的电感。

(1) 求电感吸收的瞬时功率 p_L；

(2) 求储存的瞬时能量 W_L。

4.12 图 4-50 中，$U_1 = 40$ V，$U_2 = 30$ V，$i = 10\sin(314t)$ A，则 U 为多少？并写出其瞬时值表达式。

4.13 图 4-51 所示电路中，已知 $u = 100\sin(314t+30°)$ V，$i = 22.36\sin(314t+19.7°)$ A，$i_2 = 10\sin(314t+83.13°)$ A，试求 i_1、Z_1、Z_2，并说明 Z_1、Z_2 的性质，绘出相量图。

4.14 图 4-52 所示电路中，$X_L = X_C = R$，并已知电流表 A_1 的读数为 3 A，则电流表 A_2 和 A_3 的读数为多少？

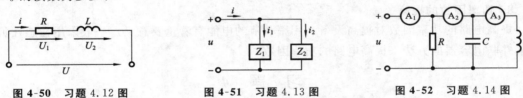

图 4-50 习题 4.12 图   图 4-51 习题 4.13 图   图 4-52 习题 4.14 图

4.15 有一 R、L、C 串联的交流电路，已知 $X_L = X_C = R = 10$ Ω，$I = 1$ A，试求电压 U、U_R、U_L、U_C 和电路总阻抗 Z。

4.16 电路如图 4-53 所示，已知 $\omega = 2$ rad/s，求电路的总阻抗 Z_{ab}。

4.17 电路如图 4-54 所示，已知 $R = 20$ Ω，$\dot{I}_R = 10\angle0°$ A，$X_L = 10$ Ω，$\dot{U}_1$ 的有效值为 200 V，求 X_C。

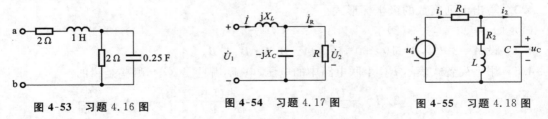

图 4-53 习题 4.16 图   图 4-54 习题 4.17 图   图 4-55 习题 4.18 图

4.18 图 4-55 所示电路中，$u_s = 10\sin(314t)$ V，$R_1 = 2$ Ω，$R_2 = 1$ Ω，$L = 637$ mH，$C = 637$ μF，求电流 i_1、i_2 和电压 u_C。

4.19 图 4-56 所示电路中，已知电源电压 $U = 12$ V，$\omega = 2\,000$ rad/s，求电流 I、I_1。

4.20 图 4-57 所示电路中，已知 $R_1 = 40$ Ω，$X_L = 30$ Ω，$R_2 = 60$ Ω，$X_C = 60$ Ω，电源电压为 220 V。试求各支路电流及总的有功功率、无功功率和功率因数。

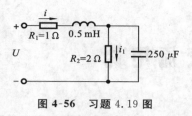

图 4-56 习题 4.19 图

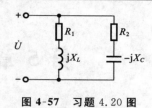

图 4-57 习题 4.20 图

4.21 一个负载的工频电压为 220 V,功率为 10 kW,功率因数为 0.6,欲将功率因数提高到 0.9,试求所需并联的电容。

4.22 有一感性负载,其功率 $P=10$ kW,功率因数 $\cos\varphi_1=0.6$,接在电压 $U=220$ V 的电源上,电源频率 $f=50$ Hz。

(1) 如要将功率因数提高到 $\cos\varphi=0.95$,试求与负载并联的电容器的电容值和电容器并联前后的线路电流。

(2) 如要将功率因数从 0.95 提高到 1,试问并联电容器的电容值还需增加多少?

4.23 用节点电压法求图 4-58 所示电路中通过 3 Ω 电阻的电流。

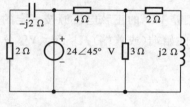

图 4-58 习题 4.23 图

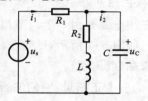

图 4-59 习题 4.24 图

4.24 正弦交流电路如图 4-59 所示,$u_s=10\sin(314t)$ V,$R_1=2$ Ω,$R_2=1$ Ω,$L=6.37$ mH,$C=637$ μF。求电流 i_1、i_2 和 u_C。

4.25 应用戴维南定理和叠加定理分析、计算正弦交流电流,正弦交流电路的相量模型如图 4-60 所示,求 10 Ω 电阻支路中的电流 $\dot{I}$。

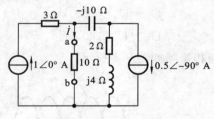

图 4-60 习题 4.25 图

第5章　三相交流电路

教学目标 ━━━━━━━━━━━━━━━━━━━━━━━━━━━━━━━━━━━━━━

　　三相交流电是目前世界上使用最广泛的交流电。通过本章的学习主要要求掌握三相电源和三相负载连接的方式及其特点，对称和不对称三相负载分析计算的方法，三相电路功率的计算和测量方法。

5.1　三相电源与三相负载

1. 三相电源

1）对称三相电源

　　对称三相电源是由 3 个频率相同、幅值相等、初相相差120°的正弦电压源按一定的方式连接而成的。如图 5-1 所示，U_1、V_1、W_1 分别是三相电源的始端（或首端）；U_2、V_2、W_2 分别是三相电源的末端（或尾端）。

　　以 u_U 为参考正弦量，它们的瞬时值表达式为

$$\left. \begin{aligned} u_U &= \sqrt{2}U\sin(\omega t) \\ u_V &= \sqrt{2}U\sin(\omega t - 120°) \\ u_W &= \sqrt{2}U\sin(\omega t + 120°) \end{aligned} \right\} \tag{5-1}$$

用相量表示为

$$\left. \begin{aligned} \dot{U}_U &= U\angle 0° \\ \dot{U}_V &= U\angle -120° \\ \dot{U}_W &= U\angle 120° \end{aligned} \right\} \tag{5-2}$$

　　对称三相电源的波形图与相量图如图 5-2 所示。

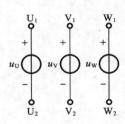

图 5-1　三相电源

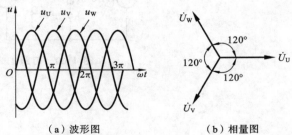

（a）波形图　　　　　　（b）相量图

图 5-2　三相电源电压的波形图和相量图

　　从图 5-2(a)中可以看出，三相交流电源在任一瞬间其三相电压的代数和为零，即

$$u_U + u_V + u_W = 0 \tag{5-3}$$

　　从图 5-2(b)中可以看出，三相交流电动势在任一瞬间其代数和为零，即

$$\dot{U}_U + \dot{U}_V + \dot{U}_W = 0 \tag{5-4}$$

2）相序

这三相电压除了在相位上依次相差 120°之外,在时间上还存在先后次序关系,即所谓的相序。三相电压达到正的最大值(或相应零值)的先后次序称为三相电压的相序。如图 5-2 (a)所示,u_U 超前 u_V 120°,u_V 超前 u_W 120°,而 u_W 又超前 u_U 120°,则相序为 U—V—W—U,这种相序称为正序或顺序;相反,如果 u_U 超前 u_W 120°,u_W 超前 u_V 120°,而 u_V 又超前 u_U 120°,则相序为 U—W—V—U,这种相序称为负序或逆序。如无特别说明,三相电压均采用正序。在电力系统中,相序是一个十分重要的概念,相序一旦确定,便不可随意更改,这样才能保证电力系统安全、可靠地运行。

3）三相电路的优点

三相正弦交流电源在生产中应用极为广泛,不仅可以应用在三相电路中,而且可以应用在单相电路中,即仅利用三相交流电源中的一相。三相电源之所以得到广泛应用,就在于它有许多优点:在输送相同功率的情况下,三相交流发电机、变压器、电动机较单相设备具有结构简单、体积小、价格低廉、性能好、工作可靠等优点;在输送相同电能,距离和线路损失相同的情况下,采用三相制输电比单相制输电节省材料,从而降低了成本。目前世界各国的电力系统中电能的发、送、配一般都采用三相制,三相系统由三相电源、三相负载和三相输电线路三部分组成。

2. 三相电源的连接

三相交流发电机实际有 3 个绕组,6 个接线端,目前采用的是将这三相交流电按照一定的方式,连接成一个整体向外送电的方法。连接的方式通常为星形(Y)连接和三角形(△)连接。

1）三相电源的星形连接

将三相电源的三个末端 U_2、V_2、W_2 连接在一起,从始端引出 3 根导线,这种连接方式称为星形连接或 Y 连接。三相电源末端相连的一点称为中点或零点,一般用 N 表示。从中点引出的线称为中性线(简称中线),由于中线一般与大地相连,通常又称地线(或零线)。从始端 U_1、V_1、W_1 引出的三根导线称为相线(或端线),一般通称火线。由 3 根相线和 1 根地线所组成的输电方式称为三相四线制,如图 5-3 所示。没有中线,只有三根相线的输电方式称为三相三线制。

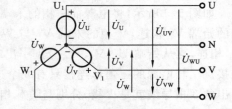

图 5-3　三相电源的星形连接(有中性线)

2 根端线之间的电压(即火线与火线之间的电压)称为线电压,如 $\dot{U}_{UV}$、$\dot{U}_{VW}$、$\dot{U}_{WU}$。端线中的电流称为线电流,如 $\dot{I}_U$、$\dot{I}_V$、$\dot{I}_W$。线电压和线电流的有效值分别用 U_L 和 I_L 表示。相线与中线之间的电压称为相电压,如 $\dot{U}_{UN}$、$\dot{U}_{VN}$、$\dot{U}_{WN}$,也可简写为 $\dot{U}_U$、$\dot{U}_V$、$\dot{U}_W$。各相电源中的电流称为相电流,相电压和相电流的有效值分别用 U_P 和 I_P 表示。

特别需要注意的是,在工业用电系统中,如果只引出 3 根导线(三相三线制),没有中线,则这时所说的三相电压大小均指线电压的有效值 U_L;而民用电源则需要引出中线,所说的电压大小均指相电压的有效值 U_P。

当三相电源对称时,设 U 相电压初相为零,则有

$$\left.\begin{array}{l} \dot{U}_U = U_P \angle 0° \\ \dot{U}_V = U_P \angle -120° \\ \dot{U}_W = U_P \angle 120° \end{array}\right\} \qquad (5\text{-}5)$$

对于图 5-3 所示的三相星形连接电源,有

$$
\left.\begin{array}{l}
\dot{U}_{UV}=\dot{U}_U-\dot{U}_V \\
\dot{U}_{VW}=\dot{U}_V-\dot{U}_W \\
\dot{U}_{WU}=\dot{U}_W-\dot{U}_U
\end{array}\right\} \tag{5-6}
$$

式(5-6)通过计算可得

$$
\left.\begin{array}{l}
\dot{U}_{UV}=\sqrt{3}\dot{U}_U\angle 30° \\
\dot{U}_{VW}=\sqrt{3}\dot{U}_V\angle 30° \\
\dot{U}_{WU}=\sqrt{3}\dot{U}_W\angle 30°
\end{array}\right\} \tag{5-7}
$$

可见,对称三相星形连接电源的 3 个线电压和 3 个相电压一样,也是对称的。线电压等于相电压的$\sqrt{3}$倍,线电压比相应的相电压超前 30°。例如,在低压配电系统中,相电压为 220 V,线电压为 380 V,此类系统能给负载提供两种电压。其相量图如图 5-4 所示。

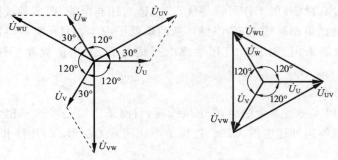

图 5-4　线电压、相电压的相位关系

2) 三相电源的三角形连接

如图 5-5 所示,将电源前一相的末端与后一相的始端依次相连,即将 U 相的末端 U_2 与 V 相的始端 V_1 相连,V 相的末端 V_2 与 W 相的始端 W_1 相连,W 相的末端 W_2 与 U 相的始端 U_1 相连,再从始端 U_1、V_1、W_1 分别引出端线,这种连接方法称为三相电源的三角形连接或△连接。三相电源的三角形连接只有 3 个连接点,没有中点,不能引出中线,从这 3 个连接点处引出的 3 根导线就是火线,分别与负载相连。显然,这种供电方式只能是三相三线制。

对于图 5-5 所示的三相三角形连接电源,线电压就是相电压,有

$$
\left.\begin{array}{l}
\dot{U}_{UV}=\dot{U}_U \\
\dot{U}_{VW}=\dot{U}_V \\
\dot{U}_{WU}=\dot{U}_W
\end{array}\right\} \tag{5-8}
$$

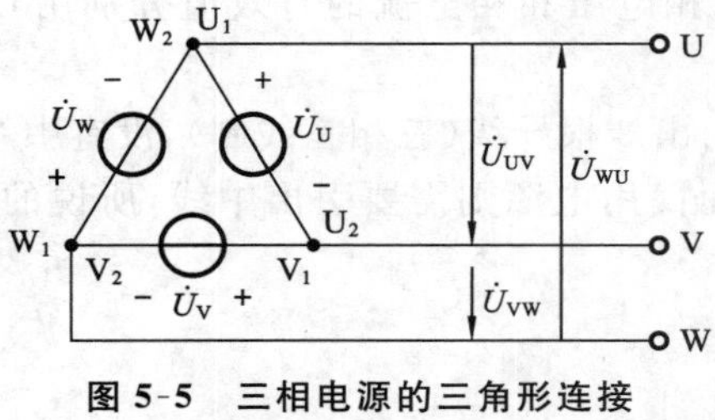

图 5-5　三相电源的三角形连接 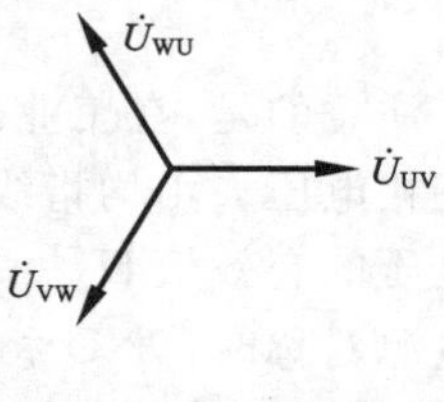　　　　图 5-6　对称三角形连接电源的相量图

其相量图如图 5-6 所示,显然回路中的电压代数和为零,即

$$
\dot{U}_{UV}+\dot{U}_{VW}+\dot{U}_{WU}=0
$$

当电源的三相绕组采用三角形连接时,绕组内部是不会产生环路电流(环流)的。需要注意的是,必须严格按照始、末顺序正确连接三相绕组。若将某相接反,则三相电源回路内的电压达到相电压的 2 倍,导致电流过大,烧坏电源绕组,因此进行三角形连接时,要先预留一个开口,用电压表测量开口电压,如果电压近于零或很小,再闭合开口,否则,要查找哪一相接反了。

3. 三相负载

根据使用方法的不同,电力系统的负载可以分成两类。一类是像电灯这样有 2 根出线的负载,称为单相负载,如电风扇、电视机、电烙铁等都是单相负载。另一类是像三相电动机的这样的有 3 个接线端的负载,称为三相负载。

在三相负载中,如果每相负载的性质、阻抗完全相同,则称其为对称三相负载,如三相电动机就属于对称三相负载。如果各相负载性质或阻抗不同,就是不对称三相负载,如三相照明电路中的负载。负载也和电源一样,可以采用两种不同的连接方法,即星形连接和三角形连接。

1) 三相负载的星形连接

图 5-7 所示的是负载为星形连接时三相四线制的电路图。每相负载的电流称为相电流,相电流等于线电流,即

$$\left.\begin{array}{c} \dot{I}_U = \dot{I}_{U'N'} \\ \dot{I}_V = \dot{I}_{V'N'} \\ \dot{I}_W = \dot{I}_{W'N'} \end{array}\right\} \qquad (5\text{-}9)$$

可以看出,不管负载是否对称(相等),每相负载的电压均为电源的相电压,即 $\dot{U}_U = \dot{U}_{U'}$,$\dot{U}_V = \dot{U}_{V'}$,$\dot{U}_W = \dot{U}_{W'}$,则各相电流为

$$\dot{I}_U = \frac{\dot{U}'_U}{Z_U}, \quad \dot{I}_V = \frac{\dot{U}'_V}{Z_V}, \quad \dot{I}_W = \frac{\dot{U}'_W}{Z_W} \qquad (5\text{-}10)$$

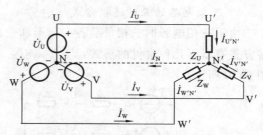

图 5-7　负载星形连接三相四线制

根据 KCL,$\dot{I}_{NN} = \dot{I}_U + \dot{I}_V + \dot{I}_W$。若三相负载为对称三相负载,也就是说,$Z_U = Z_V = Z_W = Z$,则负载的相电流(或线电流)也一定对称,即各相电流(或各线电流)幅值相等、频率相同、相位依次相差 120°。因此,中线电流等于零,即

$$\dot{I}_N = \dot{I}_U + \dot{I}_V + \dot{I}_W = 0 \qquad (5\text{-}11)$$

这样一来,中线就可以去掉,即形成了三相三线制电路。一般以 Y_0 表示星形连接的三相四线制电路,Y 表示星形连接的三相三线制电路。低压配电系统均采用三相四线制,中线不能随意去掉,而且不能装设熔断器。大量单相负载的存在使得三相负载总是不对称的,如果没有中线,则三相负载的相电压也不相同,有的高,有的低,这样就使得各相负载无法正常工作,严重时还会烧毁负载。可见,在三相四线制中,中线是非常重要的。

2) 三相负载的三角形连接

如图 5-8 所示,当三相负载采用三角形连接时,不管负载是否对称,相电压与相应线电压相等,即 $U_{UV} = U_{VW} = U_{WU} = U_L = U_P$。每相负载的电流称为相电流,如图 5-8 中所示 $\dot{I}_{UV}$、$\dot{I}_{VW}$、$\dot{I}_{WU}$。当三相负载为对称三相负载时,同前面星形连接的对称三相负载一样,由于电源电压具有对称性,所以负载的相电流(或线电流)也一定对称,即

$$\dot{I}_{UV} = \frac{\dot{U}_{UV}}{Z_{UV}}, \quad \dot{I}_{VW} = \frac{\dot{U}_{VW}}{Z_{VW}}, \quad \dot{I}_{WU} = \frac{\dot{U}_{WU}}{Z_{WU}} \qquad (5\text{-}12)$$

应用 KCL,负载的线电流为

$$\left.\begin{array}{l}\dot{I}_U=\dot{I}_{UV}-\dot{I}_{WU}=\sqrt{3}\dot{I}_{UV}\angle-30° \\ \dot{I}_V=\dot{I}_{VW}-\dot{I}_{UV}=\sqrt{3}\dot{I}_{VW}\angle-30° \\ \dot{I}_W=\dot{I}_{WU}-\dot{I}_{VW}=\sqrt{3}\dot{I}_{WU}\angle-30° \end{array}\right\} \qquad (5\text{-}13)$$

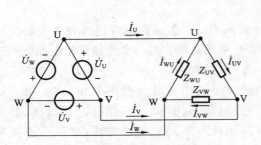

图 5-8　负载三角形连接

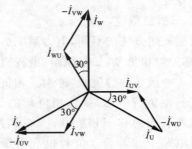

图 5-9　线电流、相电流的相量图

可见,当三个相电流对称时,三个线电流有效值相等且为相电流的$\sqrt{3}$倍,在相位上,线电流比相应的相电流滞后 30°。其相量图如图 5-9 所示。

3) 三相电路的五种连接方式

由于三相电源的三相负载各有星形和三角形两种连接方式,故由此构成的三相电路的连接方式有以下几种常见的形式:Y_0-Y_0 连接、Y-Y 连接、Y-△连接、△-Y 连接和△-△连接,如图 5-10 所示。

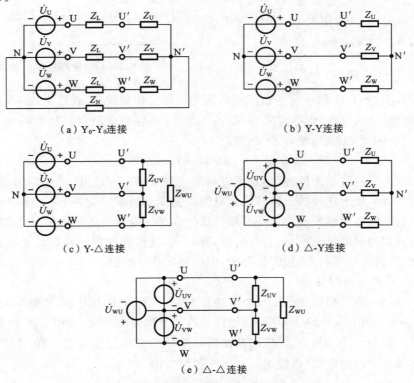

（a）Y_0-Y_0连接

（b）Y-Y连接

（c）Y-△连接

（d）△-Y连接

（e）△-△连接

图 5-10　三相电路的常见连接方式

三相电路采用不同连接方式时,电源相电压和负载承受的相电压之间的关系如表 5-1 所示,设电源相电压为 220 V。

表 5-1　三相电路采用不同连接方式时电源负载相电压之间的关系

连接方式	电源相电压	负载承受的相电压
$Y_0 - Y_0$	220 V	220 V
Y - Y	220 V	220 V
Y - △	220 V	380 V
△ - Y	220 V	127 V
△ - △	220 V	220 V

三相电动机的绕组可以连接成星形,也可以连接成三角形,在电动机铭牌上都有标示,如"Y/△,380/220"表示该电动机在电源线电压为 380 V 时,采用星形连接;在电源线电压为 220 V 时,采用三角形连接。可见,该电动机额定相电压是 220 V。三相设备铭牌标明的电压、电流均指线值。

5.2　对称三相电路的计算

三相电路实际上就是一种复杂的正弦交流电路,用于分析正弦电路的相量法完全适用于三相电路。分析对称三相电路时要注意由于电路的对称性而引起的一些特殊规律,这样可以简化分析计算。

1. 对称三相四线制星形连接

下面先以对称三相四线制电路为例,分析对称三相电路。

如图 5-11 所示,其中 Z_L 为输电线阻抗,Z_N 为中性线阻抗,N 和 N′ 为中性点,负载阻抗 $Z_A = Z_B = Z_C = Z$。对于这类电路,一般以 N 为参考节点,用节点电压法进行分析,有

$$\left(\frac{1}{Z_N} + \frac{3}{Z + Z_L}\right)\dot{U}_{N'N} = \frac{1}{Z_L + Z}(\dot{U}_U + \dot{U}_V + \dot{U}_W) \tag{5-14}$$

因为 $\dot{U}_U + \dot{U}_V + \dot{U}_W = 0$,所以 $\dot{U}_{N'N} = 0$,因此各相电流分别为

$$\left.\begin{aligned}
\dot{I}_U &= \frac{\dot{U}_U - \dot{U}_{N'N}}{Z + Z_L} = \frac{\dot{U}_U}{Z + Z_L} = \dot{I}_U \angle 0° \\
\dot{I}_V &= \frac{\dot{U}_V}{Z + Z_L} = \dot{I}_U \angle -120° \\
\dot{I}_W &= \frac{\dot{U}_W}{Z + Z_L} = \dot{I}_U \angle 120°
\end{aligned}\right\} \tag{5-15}$$

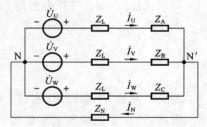

图 5-11　对称三相四线制电路

此时,中线电流为

$$\dot{I}_N = \dot{I}_U + \dot{I}_V + \dot{I}_W = 0 \tag{5-16}$$

负载相电压分别为

$$\left.\begin{aligned}
\dot{U}_{U'N'} &= Z\dot{I}_U \\
\dot{U}_{V'N'} &= Z\dot{I}_V = \dot{U}_{U'N'} \angle -120° \\
\dot{U}_{W'N'} &= Z\dot{I}_W = \dot{U}_{U'N'} \angle 120°
\end{aligned}\right\} \tag{5-17}$$

线电压分别为

$$\left.\begin{array}{l} \dot{U}_{U'V'}=\dot{U}_{U'N'}-\dot{U}_{V'N'}=\sqrt{3}\dot{U}_{U'N'}\angle30° \\ \dot{U}_{V'W'}=\dot{U}_{V'N'}-\dot{U}_{W'N'}=\sqrt{3}\dot{U}_{V'N'}\angle30°=\dot{U}_{U'V'}\angle-120° \\ \dot{U}_{W'U'}=\dot{U}_{W'N'}-\dot{U}_{U'N'}=\sqrt{3}\dot{U}_{W'N'}\angle30°=\dot{U}_{U'V'}\angle120° \end{array}\right\} \qquad (5\text{-}18)$$

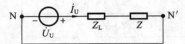

图 5-12 一相计算电路

由此可见,对称的三相四线制电路可以拆分为三个独立的单相电路。对它进行分析计算时,不管电路中是否有中线,也不管中线阻抗 Z_N 为何值,总可以先用 1 条阻抗为零的中线来替代,然后单独取出一相电路(通常取 U 相)进行计算,如图 5-12 所示。其他两相可根据电路的对称性进行推算。必须注意,在对一相电路进行计算时,电源电压是星形连接电源的相电压,而且中线阻抗必须视为零。

【例 5-1】 已知在对称 Y-Y 连接电路中,$u_{UV}=380\sqrt{2}\cos(\omega t+30°)$ V,$Z_L=(1+j2)$ Ω,$Z=(5+j6)$ Ω,求负载中各电流相量。

解 根据题意可得

$$\dot{U}_U=\frac{\dot{U}_{UV}}{\sqrt{3}}\angle-30°=220\angle0° \text{ V}$$

取 U 相计算,如图 5-12 所示,得

$$\dot{I}_U=\frac{\dot{U}_U}{Z+Z_L}=\frac{220\angle0°}{6+j8} \text{ A}=22\angle-53.1° \text{ A}$$

根据对称性可得

$$\dot{I}_V=22\angle-173.1° \text{ A}$$

$$\dot{I}_W=22\angle66.9° \text{ A}$$

2. 对称三角形连接

如果三相电源是三角形连接,且知道了线电压,则三个相电流为

$$\dot{I}_{UV}=\frac{\dot{U}_{UV}}{Z}, \quad \dot{I}_{VW}=\frac{\dot{U}_{VW}}{Z}, \quad \dot{I}_{WU}=\frac{\dot{U}_{WU}}{Z}$$

线电流 $\dot{I}_U$、$\dot{I}_V$、$\dot{I}_W$ 与相电流 $\dot{I}_{UV}$、$\dot{I}_{VW}$、$\dot{I}_{WU}$ 的关系为

$$\dot{I}_U=\sqrt{3}\dot{I}_{UV}\angle-30°$$

$$\dot{I}_V=\sqrt{3}\dot{I}_{VW}\angle-30°$$

$$\dot{I}_W=\sqrt{3}\dot{I}_{WU}\angle-30°$$

若负载对称,电源对称,则三个相电流 $\dot{I}_{UV}$、$\dot{I}_{VW}$、$\dot{I}_{WU}$ 对称,此时,三个线电流 $\dot{I}_U$、$\dot{I}_V$、$\dot{I}_W$ 也对称。因此,三角形连接和星形连接一样,也可以抽出其中的一相进行计算。

【例 5-2】 如图 5-13 所示,某对称三相负载,每相负载为 $Z=5\angle45°$ Ω,接成三角形,接在线电压为 380 V 的电源上,求 $\dot{I}_U$、$\dot{I}_V$、$\dot{I}_W$。

解 设 $\dot{U}_{UV}=380\angle0°$ V,则相电流为

$$\dot{I}_{UV}=\frac{\dot{U}_{UV}}{Z}=\frac{380\angle0°}{5\angle45°} \text{ A}=76\angle-45° \text{ A}$$

故线电流为

$$\dot{I}_U=\sqrt{3}\dot{I}_{UV}\angle-30°=131.63\angle-75° \text{ A}$$

根据对称性可知

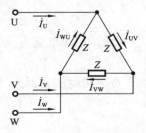

图 5-13 例 5-2 图

$$\dot{I}_V = 131.63\angle 165°\ \text{A}, \quad \dot{I}_W = 131.63\angle 45°\ \text{A}$$

由于阻抗的△-Y 连接可以等效变换,所以所有的对称三相电路都可以归为 Y-Y 连接电路,都可以归结为对一相的计算,如例 5-3 所示。

【**例 5-3**】　如图 5-14(a)所示对称 Y-△电路中,$Z = (19.2 + \text{j}14.4)\ \Omega$,$Z_1 = (3 + \text{j}4)\ \Omega$,对称线电压 $U_L = 380\ \text{V}$,求负载端线电压和线电流。

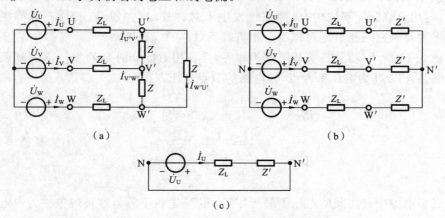

图 5-14　例 5-3 图

解　将三角形连接的负载等效变换成星形连接,如图 5-14(b)所示,则

$$Z' = \frac{Z}{3} = \frac{19.2 + \text{j}14.4}{3}\ \Omega = (6.4 + \text{j}4.8)\ \Omega = 8\angle 36.9°\ \Omega$$

因为 $U_L = 380\ \text{V}$,单独画出 U 相的电路进行分析,如图 5-14(c)所示。

设 $\dot{U}_U = 220\angle 0°\ \text{V}$,则

$$\dot{I}_U = \frac{\dot{U}_U}{Z_L + Z'} = \frac{220\angle 0°}{3 + \text{j}4 + 6.4 + \text{j}4.8}\ \text{A} = 17.1\angle -43.1°\ \text{A}$$

根据对称性,则

$$\dot{I}_V = 17.1\angle -163.1°\ \text{A}, \quad \dot{I}_W = 17.1\angle 76.9°\ \text{A}$$

此电流即为负载端的线电流。负载端的相电压为

$$\dot{U}_{U'N'} = Z'\dot{I}_U = 8\angle 36.9°\times 17.1\angle -43.1°\ \text{V} = 136.8\angle -6.2°\ \text{V}$$

$$\dot{U}_{U'V'} = \sqrt{3}\dot{U}_{U'N'}\angle 30° = 236.9\angle 23.8°\ \text{V}$$

所以负载端的相电流为

$$\dot{I}_{U'V'} = \frac{\dot{U}_{U'V'}}{Z} = 9.9\angle -13.2°\ \text{A}$$

根据对称性有

$$\dot{U}_{V'W'} = 236.9\angle -96.2°\ \text{V}, \quad \dot{U}_{W'U'} = 236.9\angle 143.8°\ \text{V}$$

$$\dot{I}_{V'W'} = 9.9\angle -133.2°\ \text{A}, \quad \dot{I}_{W'U'} = 9.9\angle 106.8°\ \text{A}$$

通过上面几个例题可以总结对称三相电路的计算步骤如下。

(1) 根据电源和负载的接法,将电源和负载的三角形连接转换为星形连接。

(2) 画出假想的中线,连接电源和负载。

(3) 取出一相(U 相)的电路图,求出 U 相电流。

(4) 推算其他相电流、线电流、相电压、线电压。

(5) 求出原电路的待求量。

5.3 不对称三相电路的计算

不对称三相电路主要有两种情况:第一,三相电源的大小或相位有差异;第二,负载阻抗不相等或性质不相同。在实际电力系统中,三相电源一般都是对称的,而三相负载则一般不对称。例如,各相负载分配不均匀、电路系统发生不对称故障(如短路或断路)等都将引起不对称。下面将主要研究三相电源对称而三相负载不对称的三相电路。

如果图 5-11 所示电路中,负载阻抗不相等,且各相阻抗分别为 Z_U、Z_V、Z_W,这就构成了不对称三相电路。以 N 为电位参考点,该电路的节点电压方程为

$$\dot{U}_{N'N}\left(\frac{1}{Z_U}+\frac{1}{Z_V}+\frac{1}{Z_W}+\frac{1}{Z_N}\right)=\frac{\dot{U}_U}{Z_U}+\frac{\dot{U}_V}{Z_V}+\frac{\dot{U}_W}{Z_W}$$

即有

$$\dot{U}_{N'N}=\frac{\dfrac{\dot{U}_U}{Z_U}+\dfrac{\dot{U}_V}{Z_V}+\dfrac{\dot{U}_W}{Z_W}}{\dfrac{1}{Z_U}+\dfrac{1}{Z_V}+\dfrac{1}{Z_W}+\dfrac{1}{Z_N}}\neq 0$$

即负载中点与电源中点之间的电压不等于零(N 和 N′电位不等),这种现象称为中点偏移。

在三相电路中,电源不对称或三相负载不对称,就形成不对称三相电路。由于不存在对称的特点,因此不能采用划归为一相的计算方法,只能用一般电路的计算方法,各相电流和中线电流分别为

$$\left.\begin{aligned}
\dot{I}_U &= \frac{\dot{U}_U-\dot{U}_{N'N}}{Z_U}=Y_U(\dot{U}_U-\dot{U}_{N'N})\\[4pt]
\dot{I}_V &= \frac{\dot{U}_V-\dot{U}_{N'N}}{Z_V}=Y_V(\dot{U}_V-\dot{U}_{N'N})\\[4pt]
\dot{I}_W &= \frac{\dot{U}_W-\dot{U}_{N'N}}{Z_W}=Y_W(\dot{U}_W-\dot{U}_{N'N})\\[4pt]
\dot{I}_N &= \frac{\dot{U}_{N'N}}{Z_N}=Y_N\dot{U}_{N'N}=\dot{I}_U+\dot{I}_V+\dot{I}_W\neq 0
\end{aligned}\right\}\tag{5-19}$$

由于三相电流是不对称的,所以中线电流不等于零。各相负载的相电压也不相等,从而可能使负载的工作不正常。如果负载变换,由于各相的工作相互关联,因此,在输送居民生活用电时,为了确保用电安全,均采用 Y_0-Y_0 连接方式,为了减小或消除负载中点偏移,中线选用电阻低、机械强度高的导线,并且中线上不允许安装保险丝和开关。

【例 5-4】 图 5-15 所示的为相序指示器(决定相序的仪器)的电路图,当 $\frac{1}{\omega C}=R\left(=\frac{1}{G}\right)$ 时,试说明在线电压对称的情况下,如何根据两个灯泡的亮度确定电源的相序。

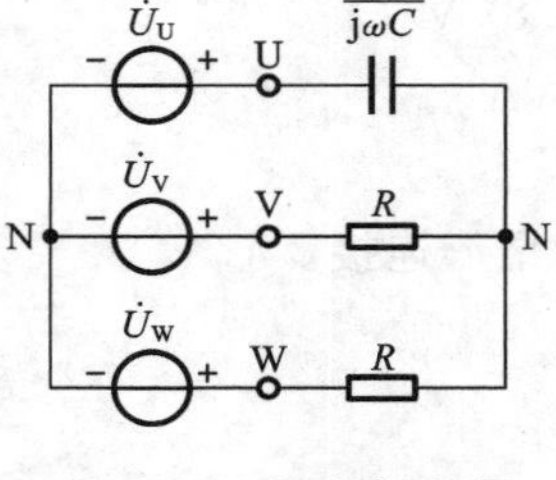

图 5-15 相序指示器

解 因为相电压 $\dot{U}_U$、$\dot{U}_V$、$\dot{U}_W$ 是对称的,所以

$$\dot{U}_{N'N}=\frac{j\omega C\dot{U}_U+G(\dot{U}_V+\dot{U}_W)}{j\omega C+2G}$$

又因为 $\dot{U}_U=U\angle 0°$,故

$$\dot{U}_{N'N}=(-0.2+j0.6)U=0.63U\angle 108.4°$$

$$\dot{U}_{VN'}=\dot{U}_{VN}-\dot{U}_{N'N}=U\angle -120°-(-0.2+j0.6)U$$

$$=1.5U\angle -101.5°$$

$$\dot{U}_{WN'}=\dot{U}_{WN}-\dot{U}_{N'N}=U\angle120°-(-0.2+j0.6)U=0.4U\angle138.4°$$

若电容所在的那一相设为 U 相,则灯泡较亮的一相为 V 相,灯泡较暗一相为 W 相;根据 $\dot{U}_{N'N}$ 可直接判断 $U_{VN'}>U_{WN'}$。相量图如图 5-16 所示,中点发生偏移。

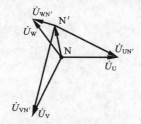

图 5-16　例 5-4 相量图

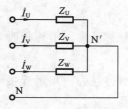

图 5-17　例 5-5 电路

【例 5-5】　对称三相电源如图 5-17 所示,电压为 380 V,向一组负载供电,三相负载 $Z_U=(8+j6)$ Ω,$Z_V=(8+j6)$ Ω,$Z_W=10$ Ω,采用 Y_0 连接。求:

(1) 各相电流及中线电流;

(2) 若 U 相短路,中线断开,求负载各相电流。

解　(1) 设　　$\dot{U}_U=220\angle0°$ V,　　$\dot{U}_V=220\angle-120°$ V,　　$\dot{U}_W=220\angle120°$ V

由于 $\dot{U}_{N'N}=0$,因此负载各相电压等于电源相电压并且对称。

$$\dot{I}_U=\frac{\dot{U}_U}{Z_U}=\frac{220\angle0°}{10\angle36.9°}\text{ A}=22\angle-36.9°\text{ A}$$

$$\dot{I}_V=\frac{\dot{U}_V}{Z_V}=\frac{220\angle-120°}{10\angle36.9°}\text{ A}=22\angle-156.9°\text{ A}$$

$$\dot{I}_W=\frac{\dot{U}_W}{Z_W}=\frac{220\angle120°}{10\angle0°}\text{ A}=22\angle120°\text{ A}$$

$$\dot{I}_N=\dot{I}_U+\dot{I}_V+\dot{I}_W=13.93\angle-168.4°\text{ A}$$

(2) 若 U 相短路,且中线断开,则

$$\dot{U}_{N'N}=\dot{U}_U=220\angle0°\text{ V}$$

$$\dot{I}_V=\frac{\dot{U}_V-\dot{U}_U}{Z_V}=\frac{-\dot{U}_{UV}}{Z_V}=\frac{-380\angle30°}{10\angle36.9°}\text{ A}=38\angle173.1°\text{ A}$$

$$\dot{I}_W=\frac{\dot{U}_W-\dot{U}_U}{Z_W}=\frac{\dot{U}_{WU}}{Z_W}=\frac{380\angle150°}{10\angle0°}\text{ A}=38\angle150°\text{ A}$$

$$\dot{I}_U=-(\dot{I}_V+\dot{I}_W)=-(38\angle173.1°+38\angle150°)\text{ A}=74.35\angle-18.5°\text{ A}$$

5.4　三相电路的功率及其测量

1. 三相功率的计算

三相电路各相功率为

$$P=U_P I_P \cos\varphi$$

因此,不论负载是星形连接或是三角形连接,总的有功功率必定等于各相有功功率之和,即

$$P=P_U+P_V+P_W=U_U I_U \cos\varphi_U+U_V I_V \cos\varphi_V+U_W I_W \cos\varphi_W \tag{5-20}$$

其中,φ_U、φ_V、φ_W 分别为对应相的相电压与相电流的相位差,也可以是对应相的阻抗角。

当负载对称时,有

$$U_U = V_V = U_W = U_P$$
$$I_U = I_V = I_W = I_P$$
$$\varphi_U = \varphi_V = \varphi_W = \varphi$$

因此

$$P = 3P_P = 3U_P I_P \cos\varphi$$

当负载对称且为星形连接时,有

$$U_L = \sqrt{3} U_P, \quad I_L = I_P$$

当负载对称且为三角形连接时,有

$$U_L = U_P, \quad I_L = \sqrt{3} I_P$$

因此,无论负载以何种形式连接,只要其对称,就有

$$3U_P I_P = \sqrt{3} U_L I_L$$

工程上,常不便测量三相负载的相电压 U_P 和相电流 I_P,而测量其线电压 U_L 和线电流 I_L 却比较容易,因而,通常采用公式

$$P = \sqrt{3} U_L I_L \cos\varphi = 3I_P^2 R \tag{5-21}$$

同理,当三相负载对称时,三相无功功率和视在功率分别为

$$Q = 3U_P I_P \sin\varphi = \sqrt{3} U_L I_L \sin\varphi = 3I_P^2 X$$

$$S = \sqrt{P^2 + Q^2} = 3U_P I_P = \sqrt{3} U_L I_L \tag{5-22}$$

三相电路的瞬时功率为各负载瞬时功率之和,即

$$p = p_U + p_V + p_W$$

在对称三相电路中,U 相负载的瞬时功率为

$$p_U = u_U i_U = U_P \sqrt{2} \sin(\omega t) \cdot I_P \sqrt{2} \sin(\omega t - \varphi)$$
$$= U_P I_P \cos\varphi - U_P I_P \cos(2\omega t - \varphi)$$

同理可得

$$p_V = U_P I_P \cos\varphi - U_P I_P \cos(2\omega t + 120° - \varphi)$$
$$p_W = U_P I_P \cos\varphi - U_P I_P \cos(2\omega t - 120° - \varphi)$$

由于

$$\cos(2\omega t - \varphi) + \cos(2\omega t + 120° - \varphi) + \cos(2\omega t - 120° - \varphi) = 0$$

所以

$$p = 3U_P I_P \cos\varphi = P = 常数 \tag{5-23}$$

式(5-23)表明:对称三相电路瞬时功率就等于有功功率,且为常数。例如,作为对称三相负载的三相电动机通入对称的三相交流电后,由于瞬时功率是个常数,所以每个瞬时转矩也是常数,电动机的运行是稳定的,这是三相电动机的一大优点。习惯上把这一性能称为瞬时功率平衡。

【例 5-6】 对称三相三线制的线电压 $U_L = 100\sqrt{3}$ V,每相负载阻抗为 $Z = 10\angle 60°$ Ω,求负载为星形、三角形连接两种情况下的电流和三相功率。

解 (1)当负载为星形连接时,相电压的有效值为

$$U_P = \frac{U_L}{\sqrt{3}} = 100 \text{ V}$$

设 $\dot{U}_U = 100\angle 0°$ V。由于负载线电流等于相电流,故

$$\dot{I}_{U}=\frac{\dot{U}_{U}}{Z}=\frac{100\angle 0°}{10\angle 60°}\,A=10\angle -60°\,A$$

$$\dot{I}_{V}=\frac{\dot{U}_{V}}{Z}=\frac{100\angle -120°}{10\angle 60°}\,A=10\angle -180°\,A$$

$$\dot{I}_{W}=\frac{\dot{U}_{W}}{Z}=\frac{100\angle 120°}{10\angle 60°}\,A=10\angle 60°\,A$$

三相总功率为

$$P=\sqrt{3}U_{L}I_{L}\cos\varphi=\sqrt{3}\times 100\sqrt{3}\times 10\times\cos 60°\,W=1\,500\,W$$

（2）当负载为三角形连接时，相电压等于线电压。

设$\dot{U}_{UV}=100\sqrt{3}\angle 0°\,V$。相电流为

$$\dot{I}_{UV}=\frac{\dot{U}_{UV}}{Z}=\frac{100\sqrt{3}\angle 0°}{10\angle 60°}\,A=10\sqrt{3}\angle -60°\,A$$

$$\dot{I}_{VW}=\frac{\dot{U}_{VW}}{Z}=\frac{100\sqrt{3}\angle -120°}{10\angle 60°}\,A=10\sqrt{3}\angle -180°\,A$$

$$\dot{I}_{WU}=\frac{\dot{U}_{WU}}{Z}=\frac{100\sqrt{3}\angle 120°}{10\angle 60°}\,A=10\sqrt{3}\angle 60°\,A$$

线电流为

$$\dot{I}_{U}=\sqrt{3}\dot{I}_{UV}\angle -30°=30\angle -90°\,A$$

$$\dot{I}_{V}=\sqrt{3}\dot{I}_{VW}\angle -30°=30\angle -210°\,A=30\angle 150°\,A$$

$$\dot{I}_{W}=\sqrt{3}\dot{I}_{WU}\angle -30°=30\angle 30°\,A$$

三相总功率为

$$P=\sqrt{3}U_{L}I_{L}\cos\varphi=\sqrt{3}\times 100\sqrt{3}\times 30\times\cos 60°\,W=4\,500\,W$$

由此可知，负载由星形连接改为三角形连接，三角形连接时的相电流为星形连接时的$\sqrt{3}$倍，三角形连接时的线电流为星形连接时的 3 倍，三角形连接时的功率为星形连接时的 3 倍。

2. 三相功率的测量

1）有功功率的测量

（1）三相四线制　若三相电路对称，则只需用 1 个功率表测出其中一相的功率即可。三相功率为所测值的 3 倍。这种测量方法，称为一功率表法，如图 5-18 所示。

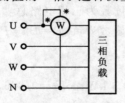

图 5-18　一功率表法

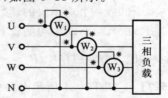

图 5-19　三功率表法

若三相电路不对称，则用 3 个功率表分别测量各相功率后再相加即得三相总功率，即 $P=P_{U}+P_{V}+P_{W}$，如图 5-19 所示。这种测量方法称为三功率表法。

（2）三相三线制　在三相三线制电路中，不论对称与否，可以使用 2 个功率表测量三相功率。2 个功率表的接法如图 5-20 所示。2 个功率表的电流线圈分别串入任意两端线中，而它们的电压线圈同名端与本端线的电流线圈同名端接在一起，电压线圈另一端接第 3 根端线。

可以看出,这种测量方法中功率表的接线只触及端线,而与负载和电源的连接方式无关。这种方法习惯上称为二功率表法。

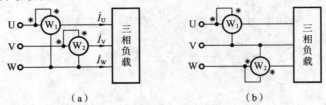

图 5-20 二功率表法

可以证明图 5-20(a)和图 5-20(b)中 2 个功率表读数的代数和为三相三线制中右侧电路吸收的平均功率。以图 5-20(a)为例,假设负载为星形连接,则有 $i_U+i_V+i_W=0$,2 个功率表的读数分别用 P_1 和 P_2 表示,根据功率表的工作原理,有

$$p(t)=u_U i_U+u_V i_V+u_W i_W=u_U i_U+u_V i_V+u_W(-i_U-i_V)$$
$$=(u_U-u_W)i_U+(u_V-u_W)i_V$$
$$P=\frac{1}{T}\int_0^T p(t)\mathrm{d}t=\frac{1}{T}\int_0^T (u_U-u_W)i_U+(u_V-u_W)i_V\mathrm{d}t$$
$$=U_{UW}I_U\cos(\Psi_{u_{UW}}-\Psi_{i_U})+U_{VW}I_V\cos(\Psi_{u_{VW}}-\Psi_{i_V})$$
$$=U_{UW}I_U\cos\varphi_1+U_{VW}I_V\cos\varphi_2=P_1+P_2 \tag{5-24}$$

在使用二功率表测量三相电路功率时应注意以下几点。

(1) 二功率表法只用在三相三线制条件下,且不论负载对称与否。

(2) 2 个功率表读数的代数和为三相总功率,而每个表单独的读数无意义。

(3) 按正确极性接线时,2 个功率表中可能有 1 个功率表的读数为负,此时该功率表指针反转,将其电流线圈极性反接后,指针指向正数,但此时读数应记为负值。

(4) 在负载对称的情况下,有

$$P_1=U_{UW}I_U\cos(\varphi-30°)$$
$$P_2=U_{VW}I_V\cos(\varphi+30°)$$

取不同的 φ 值,2 个功率表读数不同。

(1) $\varphi=0$,$P_1=P_2=\frac{\sqrt{3}}{2}U_L I_L$,因此,$P=P_1+P_2=\sqrt{3}U_L I_L$。

(2) $\varphi=\pm60°$,一个功率表的读数为零,另一个功率表的读数为三相电路总功率。

(3) $|\varphi|>60°$,一个功率表的读数为正,另一个功率表的读数为负,$P=P_1-P_2$。

(4) $\varphi=90°$,$P_1=\frac{1}{2}U_L I_L$,$P_2=-\frac{1}{2}U_L I_L$,因此,$P=P_1+P_2=0$。

【例 5-7】 如图 5-21 所示电路中,三相电动机的功率为 3 kW,$\cos\varphi=0.866$,电源线电压为 380 V,求图中 2 个功率表的读数。

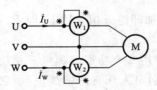

图 5-21 例 5-7 图

解 由 $P=\sqrt{3}U_L I_L\cos\varphi$,得线电流为

$$I_L=\frac{P}{\sqrt{3}U_L\cos\varphi}=\frac{3\times10^3}{\sqrt{3}\times380\times0.866}\ \text{A}=5.26\ \text{A}$$

设 $\dot{U}_U=\frac{380}{\sqrt{3}}\angle0°\ \text{V}=220\angle0°\ \text{V}$,而 $\varphi=\arccos0.866=30°$,

所以

$$\dot{I}_U = 5.26\angle -30° \text{ A}$$

$$\dot{U}_{UV} = 380\angle 30° \text{ V}$$

$$\dot{I}_W = 5.26\angle 90° \text{ A}$$

$$\dot{U}_{WV} = -\dot{U}_{VW} = -380\angle -90° \text{ V} = 380\angle 90° \text{ V}$$

功率表 W_1 的读数为

$$P_1 = U_{UV}I_U\cos\varphi_1 = 380\times 5.26\times\cos[30°-(-30°)] \text{ W} = 1 \text{ kW}$$

功率表 W_2 的读数为

$$P_2 = U_{WV}I_W\cos\varphi_2 = 380\times 5.26\times\cos(90°-90°) \text{ W} = 2 \text{ kW}$$

即

$$P_1 + P_2 = 3 \text{ kW}$$

2）无功功率的测量

发电机及变压器等电气设备在功率因数较低时，即使设备已经满载，输出的有功功率也很小（因为 $P = UI\cos\varphi$），不仅设备不能得到很好利用，而且增加了线路损失。电力工业中，测量发电机、配电设备上的无功功率，可以进一步了解设备的运行情况，以便改进调度工作，降低线路损失，提高设备利用率。测量三相无功功率主要有如下方法。

（1）一功率表法　在三相电源电压和负载都对称时，可用 1 个功率表按图 5-22 所示接线方式来测无功功率。将电流线圈串入任意一相，电流线圈的同名端接在电源侧，电压线圈支路跨接到其余两相，其同名端应按正相序接在电流线圈所在相的下一相上。根据功率表的原理，并对照图5-22，可知它的读数是与电压线圈两端的电压 、通过电流线圈的电流，以及两者间的相位差角的余弦 $\cos\varphi$ 的乘积成正比的，即

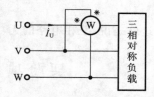

图 5-22　一功率表法测无功功率

$$P_Q = U_{VW}I_U\cos(90°-\varphi) = U_{VW}I_U\sin\varphi = U_LI_L\sin\varphi$$

其中，φ 为一相阻抗角。

在对称三相电路中，三相负载总的无功功率为

$$Q = \sqrt{3}U_LI_L\sin\varphi = \sqrt{3}P_Q \tag{5-25}$$

可知用上述方法测量三相无功功率时，将有功功率表的读数乘上 $\sqrt{3}$ 倍即可。

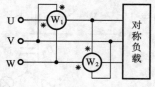

图 5-23　二功率表法测无功功率

（2）二功率表法　用 2 个功率表测量无功功率，按图 5-23 所示接线方式连接，该电路适用于测量负载对称而电源电压不完全对称的三相电路的无功功率。由功率表的作用原理可知，这时 2 个功率表的读数之和为

$$P_Q = P_{Q_1} + P_{Q_2} = 2U_LI_L\sin\varphi$$

所以，三相无功功率为

$$Q = \frac{\sqrt{3}}{2}P_Q = \frac{\sqrt{3}}{2}(P_{Q_1} + P_{Q_2}) \tag{5-26}$$

从式（5-25）可见，在不完全对称的三相电路中，2 个功率表的读数不完全相等。将 2 个功率表读数取平均值再乘以 $\sqrt{3}$，可得到三相负载的无功功率，这种方法比一表法测得的功率更接近实际值，所以在实际中使用得较多。

（3）三功率表法　三功率表法可用于电源电压对称而负载不对称时三相电路无功功率的测量，其接线方式如图 5-24 所示。当三相负载不对称时，三相线电流 I_U、I_V、I_W 不相等，三个

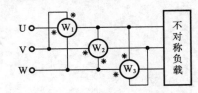

图 5-24　三功率表法测无功功率

相的功率因数角 φ_U、φ_V、φ_W 也不相同。因此,3 个功率表的读数 P_{Q_1}、P_{Q_2}、P_{Q_3} 也各不相同,它们分别为

$$P_{Q_1} = U_{VW} I_U \cos(90° - \varphi_U) = \sqrt{3} U_U I_U \sin\varphi_U$$

$$P_{Q_2} = U_{WU} I_V \cos(90° - \varphi_V) = \sqrt{3} U_V I_V \sin\varphi_V$$

$$P_{Q_3} = U_{UV} I_W \cos(90° - \varphi_W) = \sqrt{3} U_W I_W \sin\varphi_W$$

式中,由于电源电压对称,所以有

$$U_{VW} = \sqrt{3} U_U, \quad U_{WU} = \sqrt{3} U_V, \quad U_{UV} = \sqrt{3} U_W$$

3 个功率表读数之和为

$$P_{Q_1} + P_{Q_2} + P_{Q_3} = \sqrt{3}(U_U I_U \sin\varphi_U + U_V I_V \sin\varphi_V + U_W I_W \sin\varphi_W)$$

三相无功功率为

$$Q = U_U I_U \sin\varphi_U + U_V I_V \sin\varphi_V + U_W I_W \sin\varphi_W$$

所以,三相无功功率与 3 个功率表读数之间的关系为

$$Q = \frac{\sqrt{3}}{3}(P_{Q_1} + P_{Q_2} + P_{Q_3}) \tag{5-27}$$

这就是说,三相电路的无功功率等于 3 个功率表读数取平均值再乘以 $\sqrt{3}$。

实验项目 7　功率因数及相序的测量

1. 实验目的

(1) 掌握三相交流电路相序的测量方法。

(2) 熟悉功率因数表的使用方法,了解负载性质对功率因数的影响。

2. 实验设备与器材

所需实验设备与器材包括单相功率表 1 个、交流电压表(0~500 V)1 个、交流电流表(0~5 A)1 个、白炽灯负载(15 W/220 V)3 个、电感线圈(30 W 镇流器)1 个、电容器(4.7 μF)1 个。

3. 实验内容与步骤

1) 原理说明

图 5-25 所示的为相序指示器电路,用于测定三相电源的相序 U、V、W。它是由 1 个电容器和 2 个白炽灯连接成的星形不对称三相负载电路。如果电容器所接的是 U 相,则灯光较亮的是 V 相,较暗的是 W 相。相序是相对的,任何一相均可作为 U 相。但 U 相确定后,V 相和 W 相也就确定了。

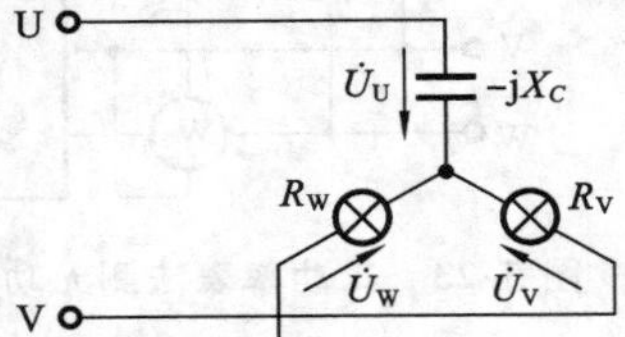

图 5-25　相序指示器电路

为了分析问题简单起见,设

$$X_C = R_V = R_W = R, \quad \dot{U}_U = U_P \angle 0°$$

则

$$\dot{U}_{N'N} = \frac{U_P\left(\dfrac{1}{-jR}\right) + U_P\left(-\dfrac{1}{2} - j\dfrac{\sqrt{3}}{2}\right)\dfrac{1}{R} + U_P\left(-\dfrac{1}{2} + j\dfrac{\sqrt{3}}{2}\right)\dfrac{1}{R}}{-\dfrac{1}{jR} + \dfrac{1}{R} + \dfrac{1}{R}}$$

$$\dot{U}_V' = \dot{U}_V - \dot{U}_{N'N} = U_P\left(-\dfrac{1}{2} - j\dfrac{\sqrt{3}}{2}\right) - U_P(-0.2 + j0.6)$$

$$= U_P(-0.3 - j1.466) = 1.49\angle{-101.6°}U_P$$

$$\dot{U}'_{W} = \dot{U}_{W} - \dot{U}_{N'N} = U_{P}\left(-\frac{1}{2} + j\frac{\sqrt{3}}{2}\right) - U_{P}(-0.2 + j0.6)$$

$$= U_{P}(-0.3 + j0.266) = 0.4\angle -138.4°U_{P}$$

由于 $\dot{U}'_{V} > \dot{U}'_{W}$,故 U 相灯光较亮。

2）相序的测定

（1）将 220 V、15 W 白炽灯和 1 μF/500 V 电容器按图 5-25 所示接线方式接入电路,经三相调压器接入线电压为 220 V 的三相交流电源,观察 2 个白炽灯的亮暗,判断三相交流电源的相序。

（2）将电源线任意调换两相后再接入电路,观察 2 个白炽灯的明亮状态,判断三相交流电源的相序。

3）电路功率（P）和功率因数（$\cos\varphi$）的测定

按图 5-26 所示接线方式在 U、V 间接入不同器件,记录各表的读数,分析负载性质,并将结果填入表 5-2 中。

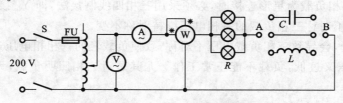

图 5-26 功率和功率因数测定电路

表 5-2 测定功率和功率因数

U、V 间	U/V	U_R/V	U_L/V	U_C/V	I/A	P/W	$\cos\varphi$	负载性质
短接								
接入 C								
接入 L								
接入 L 和 C								

注：C 为 4.7 μF/500 V 电容器,L 为 30 W 镇流器。

4. 实验总结与分析

（1）简述实验线路的相序检测原理。

（2）根据单相功率表、交流电压表、交流电流表测定的数据,计算出 $\cos\varphi$,并与单相功率表的读数比较,分析误差原因。

（3）分析负载性质与 $\cos\varphi$ 的关系。

（4）写出心得体会。

实验项目 8 三相交流电路电压、电流的测量

1. 实验目的

（1）掌握三相负载作星形连接、三角形连接的方法,验证这两种接法下线电压、相电压及线电流、相电流之间的关系。

（2）充分理解三相四线制供电系统中中线的作用。

2. 实验设备与器材

所需实验设备与器材包括交流电压表（0～500 V）1 个、交流电流表（0～5 A）1 个、万用表 1 个、三相自耦调压器 1 个、白炽灯负载（15 W/220 V）9 个、电门插座 3 个。

3. 实验内容与步骤

1）原理说明

（1）三相负载可接成星形，也可接成三角形。当对称三相负载为星形连接时，线电压 U_L 是相电压 U_P 的 $\sqrt{3}$ 倍。线电流 I_L 等于相电流 I_P，即

$$U_L = \sqrt{3}U_P, \quad I_L = I_P$$

在这种情况下，流过中线的电流 $I_0 = 0$，所以可以省去中线。

当对称三相负载为三角形连接时，有

$$I_L = \sqrt{3}I_P, \quad U_L = U_P$$

（2）不对称三相负载为星形连接时，必须采用三相四线制接法，即 Y_0 接法，而且中线必须牢固连接，以保证不对称三相负载的每相电压维持对称不变。

倘若中线断开，会导致三相负载电压不对称，致使负载轻的一相相电压过高，负载损坏；负载重的一相相电压又过低，负载不能正常工作。尤其是对三相照明负载，无条件地一律采用 Y_0 接法。

（3）当不对称负载为三角形连接时，$I_L \neq \sqrt{3}I_P$，但只要电源的线电压 U_L 对称，那么加在三相负载上的电压仍是对称的，对各相负载工作没有影响。

2）星形连接（三相四线制供电）

按图 5-27 所示线路组接实验电路，即三相白炽灯灯组负载经三相自耦调压器接通三相对称电源。将三相自耦调压器的旋柄置于输出为 0 V 的位置（即逆时针旋到底）。经指导教师检查合格后，方可开启实验台电源，然后调节三相自耦调压器的输出，使输出的三相线电压为 220 V，分别测量三相负载的线电压、相电压、线电流、相电流、中线电流、电源与负载中点间的电压。将所测得的数据记入表 5-3 中，并观察各相白炽灯灯组亮暗的变化程度，特别要注意中线的作用。

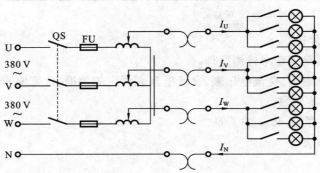

图 5-27 三相四线制供电

3）三角形连接（三相三线制供电）

按图 5-28 改接线路，经指导教师检查合格后接通三相电源，并调节三相自耦调压器，使其输出线电压为 220 V，并按表 5-4 所示内容进行测试。

表 5-3 三相四线制供电系统电压、电流测量

测量数据 实验内容 （负载情况）	开灯盏数			线电流/A			线电压/V			相电压/V			中线 电流 I_N/A	中点 电压 U_{N0}/V
	U 相	V 相	W 相	I_U	I_V	I_W	U_{UV}	U_{VW}	U_{WU}	U_{UN}	U_{VN}	U_{WN}		
Y_0 连接,平衡负载	3	3	3											
Y 连接,平衡负载	3	3	3											
Y_0 连接,不平衡负载	1	2	3											
Y 连接,不平衡负载	1	2	3											
Y_0 连接,V 相断开	1	0	3											
Y 连接,V 相断开	1	0	3											
Y 连接,V 相短路	1	0	3											

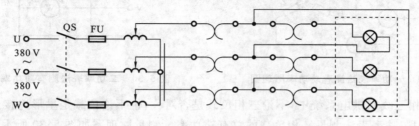

图 5-28 三相三线制供电

表 5-4 三相三线制供电系统电压、电流测量

测量数据 负载情况	开 灯 盏 数			线电压=相电压/V			线电流/A			相电流/A		
	U-V 相	V-W 相	W-U 相	U_{UV}	U_{VW}	U_{WU}	I_U	I_V	I_W	I_{UV}	I_{VW}	I_{WU}
三相平衡	3	3	3									
三相不平衡	1	2	3									

4. 实验总结与分析

（1）三相负载根据什么条件作星形连接或三角形连接?

（2）复习三相交流电路有关内容,试分析三相星形连接不对称负载在无中线情况下,当某相负载开路或短路时会出现什么情况? 如果接上中线,情况又如何?

（3）本次实验中为什么要通过三相自耦调压器将 380 V 的市电线电压降为 220 V 的线电压使用?

实验项目 9 三相电路功率的测量

1. 实验目的

（1）掌握用一功率表法、二功率表法测量三相电路有功功率与无功功率的方法。

（2）进一步熟练掌握功率表的接线和使用方法。

2. 实验设备与器材

所需实验设备与器材包括交流电压表(0~500 V)2 个、交流电流表(0~5 A)2 个、单相功率表 2 个、万用表 1 个、三相自耦调压器 1 个、白炽灯负载(15 W/220V)9 个、三相电容负载(4.7 μF/500 V)3 个。

3. 实验内容与步骤

1)原理说明

(1)对于采用三相四线制供电的三相星形连接(即 Y_0 接法)的负载,可用 1 个功率表测量各相的有功功率 P_A、P_B、P_C,则三相负载的总有功功率 $\sum P = P_A + P_B + P_C$。这就是一功率表法的工作原理,其原理图如图 5-29 所示。若三相负载是对称的,则只需测量一相的功率,再乘以 3 即得三相总的有功功率。

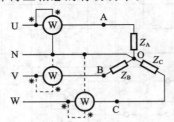

图 5-29 一功率表法测有功功率原理图

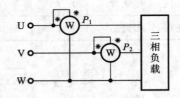

图 5-30 二功率表法测有功功率原理图

(2)三相三线制供电系统中,不论三相负载是否对称,也不论负载是星形连接还是三角形连接,都可用二功率表法测量三相负载的总有功功率。测量原理图如图 5-30 所示。若负载为感性负载或容性负载,且当相位差 $\varphi > 60°$ 时,线路中的 1 个功率表指针将反偏(数字式功率表将出现负读数),这时应将功率表电流线圈的两个端子调换(不能调换电压线圈端子),其读数应记为负值。而三相负载的总有功功率 $\sum P = P_1 + P_2$(P_1、P_2 本身不含任何意义)。

除图 5-30 所示的 $I_U - U_{UW}$ 与 $I_V - U_{VW}$ 接法外,还有 $I_V - U_{UV}$ 与 $I_W - U_{UW}$,以及 $I_U - U_{UV}$ 与 $I_W - U_{VW}$ 两种接法。

(3)对于采用三相三线制供电的对称三相负载,可用一功率表法测得三相负载的总无功功率 Q,测试原理图如图 5-31 所示。

图 5-31 所示功率表读数的 $\sqrt{3}$ 倍即为对称三相电路总的无功功率。除了此图给出的一种连接法($I_U - U_{VW}$)外,还有另外两种连接法,即接成 $I_V - U_{UW}$ 或 $I_W - U_{UV}$。

2)用一功率表法测定三相对称 Y_0 连接,以及不对称 Y_0 连接负载的总有功功率 $\sum P$

实验按图 5-32 所示线路接线。线路中的电流表和电压表分别用于监视该相的电流和电压,其电流和电压不要超过功率表电流和电压的量程。

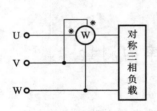

图 5-31 一功率表法测无功功率原理图

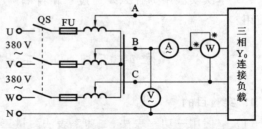

图 5-32 一功率表法测有功功率实验电路图

经指导教师检查后，接通三相电源，调节三相自耦调压器的输出线电压为 220 V，按表 5-5 的要求进行测量及计算。

表 5-5　一功率表法测量 Y_0 连接有功功率

负载情况	开灯盏数			测量数据			计算值
	U 相	V 相	W 相	P_U/W	P_V/W	P_W/W	$\sum P/W$
Y_0 连接，对称负载	3	3	3				
Y_0 连接，不对称负载	1	2	3				

首先将 3 个表按图 5-32 所示接线方式接入 V 相进行测量，然后分别将 3 个表换接到 U 相和 W 相，再进行测量。

3）用二功率表法测定三相负载的总有功功率

（1）按图 5-33 所示线路接线，将白炽灯灯组负载接成星形接法。

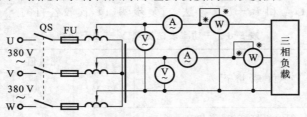

图 5-33　二功率表法测有功功率实验电路图

经指导教师检查后，接通三相电源，调节三相自耦调压器的输出线电压为 220 V，按表 5-6 的要求进行测量。

表 5-6　二功率表法测量 Y 连接有功功率

负载情况	开 灯 盏 数			线电压＝相电压/V			线电流/A			相电流/A		
	U-V 相	V-W 相	W-U 相	U_{UV}	U_{VW}	U_{WU}	I_U	I_V	I_W	I_{UV}	I_{VW}	I_{WU}
三相平衡	3	3	3									
三相不平衡	1	2	3									

（2）将三相白炽灯灯组负载改成三角形接法，重复步骤（1），数据记入表 5-7 中。

表 5-7　二功率表法测量△连接有功功率

负载情况	开灯盏数			测量数据		计算值
	U 相	V 相	W 相	P_1/W	P_2/W	$\sum P/W$
Y 连接，平衡负载	3	3	3			
Y 连接，不平衡负载	1	2	3			
△连接，不平衡负载	1	2	3			
△连接，平衡负载	3	3	3			

（3）将 2 个功率表依次按另外两种接法接入线路，重复步骤（1）、（2）（表格自拟）。

4）用一功率表法测定对称三相星形负载的无功功率

按图 5-34 所示的电路接线。

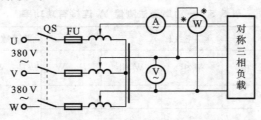

图 5-34 一功率表法测定无功功率

（1）每相负载由白炽灯和电容器并联而成，并由开关控制其接入。检查接线无误后，接通三相电源，将三相自耦调压器的输出线电压调到 220 V，读取 3 个表的读数，并计算总无功功率 $\sum Q$，记入表 5-8。

（2）分别按 $I_V - U_{UW}$ 和 $I_W - U_{UV}$ 接法，重复步骤（1），比较各自的 $\sum Q$ 值。

表 5-8 一功率表法测量 Y 连接无功功率

接法	负载情况	测量值			计算值
		U/V	I/A	Q/var	$\sum Q = \sqrt{3}Q$
$I_U - U_{VW}$	（1）三相对称白炽灯灯组（每相开 3 个）				
	（2）三相对称电容器（每相 4.7 μF）				
	（3）（1）、（2）的并联负载				
$I_V - U_{WU}$	（1）三相对称白炽灯灯组（每相开 3 个）				
	（2）三相对称电容器（每相 4.7 μF）				
	（3）（1）、（2）的并联负载				
$I_W - U_{UV}$	（1）三相对称白炽灯灯组（每相开 3 个）				
	（2）三相对称电容器（每相 4.7 μF）				
	（3）（1）、（2）的并联负载				

4. 实验总结与分析

（1）复习采用二功率表法测量三相电路有功功率的原理。

（2）复习采用一功率表法测量对称三相负载无功功率的原理。

（3）测量功率时为什么在线路中通常都接入电流表和电压表？

本 章 小 结

（1）三相交流电路是指由 3 个频率相同，幅值（或有效值）相等，在相位上互差 120°的单相交流电动势组成的电路，这 3 个电动势称为对称三相电动势。

（2）三相电源的输电方式有三相四线制和三相三线制。三相四线制由 3 根火线和 1 根地线组成，通常在低压配电系统中采用。三相三线制由 3 根火线组成。

（3）对称三相电源星形连接时的电压关系：线电压是相电压的 $\sqrt{3}$ 倍，即

$$U_L = \sqrt{3}\,U_P$$

（4）三相电源三角形连接时的电压关系：线电压的大小与相电压的大小相等，即

$$U_L = U_P$$

（5）三相负载星形连接时，无论有无中线，电压关系均为

$$U_L = \sqrt{3}\,U_P$$

若三相负载对称，则 $I_L = I_U = I_V = I_W$。有中线时，中线上流过的电流为

$$\dot{I}_N = \dot{I}_U + \dot{I}_V + \dot{I}_W$$

若三相负载对称，则中线上流过的电流为零。若三相负载不对称，则中线上有电流流过，此时中线不能省略，决不能断开。因此中线上不能安装开关、熔断器。

（6）三相负载三角形连接时，若三相负载对称，则电压、电流关系为

$$U_L = U_P$$

$$I_L = \sqrt{3}\,I_P$$

（7）计算对称三相电路时，只需取其中的一相，按单相电路进行计算即可。

（8）计算不对称三相电路时，根据负载不同的连接方式，对几种典型不对称电路进行分析，找出其特点，然后分别进行计算。

（9）三相电路的功率分为有功功率、无功功率和视在功率，有功功率为

$$P_P = U_P I_P \cos\varphi$$

$$P = P_U + P_V + P_W = U_U I_U \cos\varphi_U + U_V I_V \cos\varphi_V + U_W I_W \cos\varphi_W$$

若三相电路对称，则

$$P = 3P_P = 3U_P I_P \cos\varphi$$

$$P = \sqrt{3}\,U_L I_L \cos\varphi$$

无功功率为

$$Q = \sqrt{3}\,U_L I_L \sin\varphi$$

视在功率为

$$S = \sqrt{3}\,U_L I_L = \sqrt{P^2 + Q^2}$$

如果三相负载不对称，则三相总功率等于分别计算的三个单相功率之和。

习　题　5

5.1　对称三相正弦电压源 $\dot{U}_U = 127\angle 90° \text{ V}$。

（1）求 $\dot{U}_V$、$\dot{U}_W$、$\dot{U}_U - \dot{U}_W$、$\dot{U}_V + \dot{U}_W$；

（2）画出各解相量图。

5.2　测得三角形连接负载的三相线电流均为 10 A，能否说线电流和相电流都是对称的？如已知负载对称，求相电流 I_P。

5.3　已知星形连接负载每相电阻为 10 Ω，感抗为 150 Ω，对称线电压的有效值为 380 V，求此负载的相电流 I_P 和线电流 I_L。

5.4　将习题 5.3 的三相负载接成三角形连接，接于原来的三相电源上，试求负载的相电流和线电流。

5.5　三相异步电动机在线电压为 380 V 的情况下以三角形连接的形式运转，当电动机耗用电功率为 6.55 kW 时，它的功率因数为 0.79，求电动机的相电流和线电流。

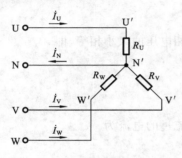

图 5-35 习题 5.6 图

5.6 如图 5-35 所示三相四线制电路中,电源线电压为 380 V,负载 $R_U = 11$ Ω,$R_V = R_W = 22$ Ω。求:

(1) 负载相电压、相电流、中线电流;

(2) 中线断开时各负载相电压;

(3) 无中线,U 相短路时各负载的相电压和相电流;

(4) 无中线且 W 相开路时,另外两相的电压和电流。

5.7 为了减小三相笼型异步发电机的启动电流,通常把电动机先接成星形连接,转动起来后再改成三角形连接,试求:

(1) Y-△启动时的相电流之比;

(2) Y-△启动时的线电流之比。

5.8 如图 5-36 所示,已知 $R_1 = R_2 = R_3$,若负载 R_1 断开,图中所接的两个电流表读数有无变化?

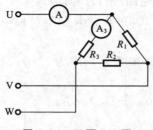

图 5-36 习题 5.8 图

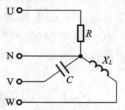

图 5-37 习题 5.9 图

5.9 电路如图 5-37 所示。电源线电压 $U_L = 380$ V,每相负载的阻抗为 $R = X_L = X_C = 10$ Ω。

(1) 该三相负载能否称为对称负载?

(2) 计算中线电流和各相电流,画出相量图。

(3) 求三相总功率。

5.10 某三相异步电动机每相绕组的等值阻抗 $|Z| = 27.74$ Ω,功率因数 $\cos\varphi = 0.8$,正常运行时绕组作三角形连接,电源线电压为 380 V。

(1) 试求正常运行时的相电流、线电流和电动机的输入功率;

(2) 为了减小启动电流,在启动时改接成星形连接,试求此时的相电流、线电流及电动机的输入功率。

5.11 一个电源对称的三相四线制电路,电源线电压 $U_L = 380$ V,端线及中线阻抗忽略不计。三相负载不对称,三相负载的电阻及感抗分别为 $R_U = R_V = 8$ Ω,$R_W = 12$ Ω,$X_U = X_V = 6$ Ω,$X_W = 16$ Ω。试求三相负载吸收的有功功率、无功功率及视在功率。

5.12 利用二功率表法测量对称三相电路的功率,已知对称三相负载吸收的功率为 2.5 kW,功率因数 $\lambda = \cos\varphi = 0.866$(感性),线电压为 380 V,求 2 个功率表的读数。

第6章 互感与谐振电路

教学目标

本章讨论了耦合电感的电压、电流关系,以及串、并联谐振电路,主要要求掌握互感系数、耦合因数、同名端等互感电路的基本概念,理解空心变压器及理想变压器的特点。

6.1 互感与互感电压

交流电路中,如果一个线圈的附近还有另一个线圈,则当其中一个线圈的电流变化时,不仅在本线圈产生感应电压,在另一个线圈也产生感应电压的这种现象称为互感现象,由此而产生的感应电压称为互感电压。这样的两个线圈称为互感线圈,也称为耦合线圈。互感现象在电气工程、电子工程、通信工程和测量仪器中应用非常广泛。变压器是利用互感原理工作的典型电气元件。

图 6-1(a)所示的为两个有互感的线圈 1 和线圈 2,它们的匝数分别为 N_1 和 N_2,流过的电流分别为 i_1 和 i_2。线圈 1 中流过的电流 i_1 产生的磁通称为自感磁通 Φ_{11},它包括两个部分,一部分是交链自身线圈产生自感磁链 Ψ_{11},另一部分 Φ_{21} 穿过线圈 2 与之交链产生互感磁链 Ψ_{21}。同理,图 6-1(b)中,线圈 2 中流过的电流 i_2 产生的自感磁通 Φ_{22},一部分是交链自身线圈产生自感磁链 Ψ_{22},另一部分 Φ_{12} 穿过线圈 1 与之交链产生互感磁链 Ψ_{12}。这种两线圈的磁通相互交链的物理现象称为磁耦合。互感线圈间的相互影响就是通过这种磁耦合联系起来的。以上的自感磁链与自感磁通、互感磁链与互感磁通之间关系如下:

$$\left.\begin{aligned}\Psi_{11} = N_1\Phi_{11}, \quad \Psi_{22} = N_2\Phi_{22}\\ \Psi_{12} = N_1\Phi_{12}, \quad \Psi_{21} = N_2\Phi_{21}\end{aligned}\right\} \tag{6-1}$$

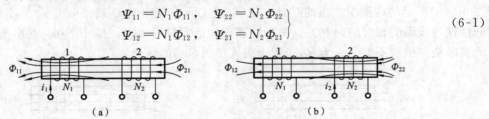

图 6-1 两个线圈的互感

当线圈中及周围空间是各向同性的线性磁介质时,每一种磁链都与产生它的电流成正比,即自感磁链

$$\Psi_{11} = L_1 i_1, \quad \Psi_{22} = L_2 i_2 \tag{6-2}$$

其中,L_1 和 L_2 为两线圈的自感,自感的大小反映一个线圈在自身线圈中产生磁链的能力,单位为亨利(H)。

互感磁链

$$\Psi_{12} = M_{12} i_2, \quad \Psi_{21} = M_{21} i_1 \tag{6-3}$$

其中,M_{12} 和 M_{21} 为互感系数,简称互感。

可以证明,$M_{12} = M_{21}$。因此,当只有两个互感线圈时,可以记作 $M = M_{12} = M_{21}$。

互感的大小反映一个线圈的电流在另一个线圈中产生磁链的能力。互感的单位与自感的相同,也是亨利(H)。

工程上为了定量地描述两个互感线圈之间耦合的强弱,通常用耦合因数表示,记为 k。

$$k = \frac{M}{\sqrt{L_1 L_2}} \tag{6-4}$$

k 的取值范围是 $0 \leqslant k \leqslant 1$。耦合因数的大小与互感线圈的结构、相互位置及周围磁介质有关。

当 i_1 和 i_2 随时间变化而变化时,在两个有互感的线圈中就会产生感应电压。根据右手螺旋法则,得

$$\left. \begin{array}{ll} u_{11} = L_1 \dfrac{di_1}{dt}, & u_{22} = L_2 \dfrac{di_2}{dt} \\[2mm] u_{12} = M \dfrac{di_2}{dt}, & u_{21} = M \dfrac{di_1}{dt} \end{array} \right\} \tag{6-5}$$

6.2 互感线圈的同名端

研究自感现象时,线圈的自感磁链是由流过线圈本身的电流产生的,只要选择自感电压 u 与电流 i 为关联参考方向,就有 $u = L \dfrac{di}{dt}$,而无须考虑线圈的实际绕向。这样,线圈电流增加 $\left(\dfrac{di}{dt} > 0 \right)$ 时,自感电压的实际极性与电流实际方向一致;线圈电流减小 $\left(\dfrac{di}{dt} < 0 \right)$ 时,自感电压的实际极性与电流方向相反。

对于互感线圈来说,由于互感磁链是由另一个线圈的电流所产生的,因而互感电压的极性与两耦合线圈的实际绕向有关。图 6-2 所示的两组耦合线圈的不同之处在于线圈 2 的绕向不同。若电流都从线圈 1 的 A 端流入并增大,则互感磁链 Ψ_{21} 也都在图示方向下增强,根据楞次定律可以判断,图 6-2(a)所示的线圈中产生的互感电压 u_{21} 的实际极性由 C 端指向 D 端。而图 6-2(b)所示的线圈中产生的互感电压 u_{21} 的实际极性则由 D 端指向 C 端。可见,互感电压的极性与线圈的相对绕向有关。实际线圈往往是密封的,看不到具体绕向,在电路中画出线圈的实际绕向也很不方便。为此,工程上引入了同名端的概念。

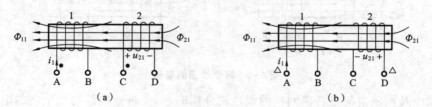

图 6-2 互感电压的方向与线圈绕向的关系

同名端是指分属两个线圈的一对端钮,当两个电流从这两个端钮流入各自的线圈时,它们产生的互感磁通是相互加强的。同名端用"·"、"*"或"△"表示。在图 6-2(a)中,设有电流分别自 A 端和 C 端流入,它们所产生的磁通是相互增强的,所以 A 端和 C 端是同名端,用符号"·"标出。同理,图 6-2(b)中,A 端、D 端是同名端,图中用符号"△"标记。

互感线圈的同名端可以根据它们的实际绕向和相对位置判断。当有两个以上的线圈彼此都存在互感时,同名端应一对一对地加以标记,每一对须用不同的符号标出。

【例 6-1】 电路如图 6-3 所示,试判断同名端。

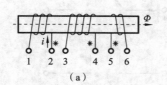
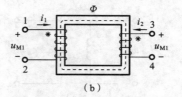

图 6-3　例 6-1 图

解　根据同名端的定义,图 6-3(a)中,2、4、5 为同名端或 1、3、6 为同名端。图 6-3(b)中,1、3 为同名端或 2、4 为同名端。

在实际工作中常用干电池和电压表来确定互感线圈的同名端,将互感线圈、干电池及电压表接成图 6-4 所示的电路,在开关 S 闭合的瞬间,线圈 L_1 中的电流 i 在图示方向下增大,即 $\dfrac{\mathrm{d}i}{\mathrm{d}t}>0$,直流毫伏表极性如图 6-4 中所示,若此瞬间电压表正偏,说明 C 端相对于 D 端是高电位,则 A 端和 C 端为同名端。如果电压表指针反偏,则 A 端和 D 端是同名端。

互感线圈的电路模型如图 6-5 所示,称为耦合电感,它是线性双口电路元件。同名端确定后,互感电压的极性由电流对同名端的方向来确定,即互感电压的极性与产生它的变化电流的参考方向对同名端是一致的。

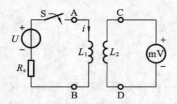
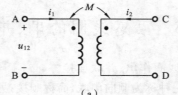
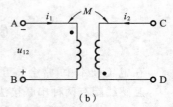

图 6-4　测定同名端的实验电路　　　　　　图 6-5　互感线圈的电路符号

在图 6-5(a)中,电流 i_2 从 C 端流入,则互感电压 u_{12} 的"＋"极性在与 C 端为同名端的 A 端。同理,在图 6-5(b)中,电流 i_2 从 C 端流入,则互感电压 u_{12} 的"＋"极性在与 C 端为同名端的 B 端。

在互感电路中,线圈端电压是自感电压与互感电压的代数和,即

$$
\left.
\begin{aligned}
u_1 &= \pm L_1 \frac{\mathrm{d}i_1}{\mathrm{d}t} \pm M \frac{\mathrm{d}i_2}{\mathrm{d}t} \\
u_2 &= \pm L_2 \frac{\mathrm{d}i_2}{\mathrm{d}t} \pm M \frac{\mathrm{d}i_1}{\mathrm{d}t}
\end{aligned}
\right\}
\tag{6-6}
$$

式(6-6)可用相量形式表示,即

$$
\left.
\begin{aligned}
\dot{U}_1 &= \pm \mathrm{j}\omega L_1 \dot{I}_1 \pm \mathrm{j}\omega M \dot{I}_2 \\
\dot{U}_2 &= \pm \mathrm{j}\omega L_2 \dot{I}_2 \pm \mathrm{j}\omega M \dot{I}_1
\end{aligned}
\right\}
\tag{6-7}
$$

上面各项的正、负号根据端口电压、电流的参考方向和同名端的位置确定,其方法归纳如下:自感电压的正、负号取决于本端口电压与电流的参考方向是否关联,若关联,则取正号,否则取负号;互感电压的正、负号取决于同名端的位置和端口电压的参考极性,若电流是从同名端流入的,则其互感电压在另一线圈的同名端是"＋"极性,当这个极性与其端口电压的参考极性一致时,取正号,否则取负号。

【**例 6-2**】　试写出图 6-6 中互感线圈端电压 u_1 和 u_2 的表达式。

解　确定互感线圈伏安关系时,主要是确定自感电压和互感电压前的正、负号。

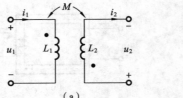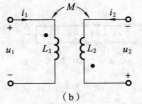

图 6-6 例 6-2 图

图 6-6(a)所示电路的伏安关系为

$$u_1 = L_1 \frac{\mathrm{d}i_1}{\mathrm{d}t} + M \frac{\mathrm{d}i_2}{\mathrm{d}t}$$

$$u_2 = L_2 \frac{\mathrm{d}i_2}{\mathrm{d}t} + M \frac{\mathrm{d}i_1}{\mathrm{d}t}$$

图 6-6(b)所示电路的伏安关系为

$$u_1 = L_1 \frac{\mathrm{d}i_1}{\mathrm{d}t} - M \frac{\mathrm{d}i_2}{\mathrm{d}t}$$

$$-u_2 = L_2 \frac{\mathrm{d}i_2}{\mathrm{d}t} - M \frac{\mathrm{d}i_1}{\mathrm{d}t}$$

6.3 互感线圈的串、并联

在电工技术中，常会将互感线圈作串、并联连接。

互感线圈有两种串联接法：一种称为顺向串联，简称顺接；另一种称为反向串联，简称反接。

图 6-7(a)所示的为互感线圈的顺接，即异名端相连。图 6-7(b)所示的为互感线圈的反接，即同名端相连。设线圈 1 的自感系数为 L_1，线圈 2 的自感系数为 L_2，两线圈的互感系数为 M。

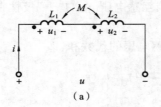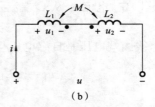

图 6-7 串联互感线圈

图 6-7(a)中，在图示的电压、电流参考方向下，根据伏安特性可得线圈两端的总电压为

$$u = u_1 + u_2 = L_1 \frac{\mathrm{d}i}{\mathrm{d}t} + M \frac{\mathrm{d}i}{\mathrm{d}t} + L_2 \frac{\mathrm{d}i}{\mathrm{d}t} + M \frac{\mathrm{d}i}{\mathrm{d}t} = (L_1 + L_2 + 2M) \frac{\mathrm{d}i}{\mathrm{d}t} = L \frac{\mathrm{d}i}{\mathrm{d}t}$$

$$L = L_1 + L_2 + 2M \tag{6-8}$$

电感 L 为顺接的电感。这就是说，当两个互感线圈顺接时，自感磁通和互感磁通是相互加强的，相当于一个具有等效电感 $L = L_1 + L_2 + 2M$ 的电感线圈。

图 6-7(b)中，在图示的电压、电流参考方向下，根据伏安特性可得线圈两端的总电压为

$$u = u_1 + u_2 = L_1 \frac{\mathrm{d}i}{\mathrm{d}t} - M \frac{\mathrm{d}i}{\mathrm{d}t} + L_2 \frac{\mathrm{d}i}{\mathrm{d}t} - M \frac{\mathrm{d}i}{\mathrm{d}t} = (L_1 + L_2 - 2M) \frac{\mathrm{d}i}{\mathrm{d}t} = L \frac{\mathrm{d}i}{\mathrm{d}t}$$

$$L = L_1 + L_2 - 2M \tag{6-9}$$

电感 L 为反接的电感。这就是说,当两个互感线圈反接时,自感磁通和互感磁通是相互削弱的,相当于一个具有等效电感 $L = L_1 + L_2 - 2M$ 的电感线圈。

由于电感是无源元件,储能 $W_L = \dfrac{1}{2} L i^2$ 为正,因此电感必须为正值,所以有

$$L_1 + L_2 \geqslant 2M \tag{6-10}$$

【例 6-3】 图 6-7(a) 中,已知 $L_1 = 0.4\ \text{H}, L_2 = 0.3\ \text{H}, M = 0.15\ \text{H}$,求:

(1) 互感线圈的耦合因数;

(2) 互感线圈的等效电感。

解　(1) 互感线圈的耦合因数为

$$k = \frac{M}{\sqrt{L_1 L_2}} = \frac{0.15}{\sqrt{0.4 \times 0.3}} = 0.433$$

(2) 互感线圈的等效电感为

$$L = L_1 + L_2 + 2M = (0.4 + 0.3 + 2 \times 0.15)\ \text{H} = 1\ \text{H}$$

互感线圈的并联也有两种接法:一种是同侧并联,简称顺并;另一种是异侧并联,简称反并。图 6-8(a) 所示电路为顺并,即同名端相连。图 6-8(b) 所示电路为反并,即异名端相连。设线圈 1 的自感系数为 L_1,线圈 2 的自感系数为 L_2,两线圈的互感系数为 M,流过线圈 1 的电流为 i_1,流过线圈 2 的电流为 i_2,总电流为 i。

图 6-8(a) 中,在图示的电压、电流参考方向下,有

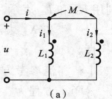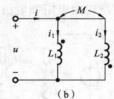

$$u = L_1 \frac{\mathrm{d}i_1}{\mathrm{d}t} + M \frac{\mathrm{d}i_2}{\mathrm{d}t}$$

$$u = L_2 \frac{\mathrm{d}i_2}{\mathrm{d}t} + M \frac{\mathrm{d}i_1}{\mathrm{d}t}$$

$$i = i_1 + i_2$$

图 6-8　并联互感线圈

由电流方程可得 $i_2 = i - i_1$,$i_1 = i - i_2$,将其分别代入电压方程中,则有

$$u = L_1 \frac{\mathrm{d}i_1}{\mathrm{d}t} + M \frac{\mathrm{d}(i - i_1)}{\mathrm{d}t}$$

$$u = L_2 \frac{\mathrm{d}i_2}{\mathrm{d}t} + M \frac{\mathrm{d}(i - i_2)}{\mathrm{d}t}$$

写成相量形式,可得

$$\dot{U} = \mathrm{j}\omega L_1 \dot{I}_1 + \mathrm{j}\omega M(\dot{I} - \dot{I}_1) = \mathrm{j}\omega(L_1 - M)\dot{I}_1 + \mathrm{j}\omega M \dot{I}$$

$$\dot{U} = \mathrm{j}\omega L_2 \dot{I}_2 + \mathrm{j}\omega M(\dot{I} - \dot{I}_2) = \mathrm{j}\omega(L_2 - M)\dot{I}_2 + \mathrm{j}\omega M \dot{I}$$

按照等效的概念,图 6-8(a) 所示具有互感的电路就可以用图 6-9(a) 所示无互感的电路来等效,这种处理互感电路的方法称为互感消去法。图 6-9(a) 称为图 6-8(a) 的去耦等效电路。由图 6-9(a) 可以直接求出两个互感线圈顺并时的等效电感为

$$L = \frac{L_1 L_2 - M^2}{L_1 + L_2 - 2M} \tag{6-11}$$

同理可得互感线圈反并时的等效电感为

$$L = \frac{L_1 L_2 - M^2}{L_1 + L_2 + 2M} \tag{6-12}$$

其反并时的去耦等效电路如图 6-9(b) 所示。

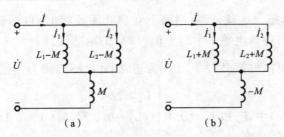

图 6-9　并联互感线圈的去耦等效电路

6.4　空心变压器

　　变压器是利用互感从一个电路向另一个电路传递能量或信号的电气设备。变压器通常是由两个具有互感的线圈构成,初级线圈(也称原绕组)接电源,次级线圈(也称副绕组)接负载。能量通过磁耦合由电源传递给负载。

　　如果变压器的线圈绕在用铁磁性物质制成的铁芯上,就称其为铁芯变压器。如果互感线圈绕在非铁磁材料制成的芯子上时,就称其为空心变压器。

　　图 6-10 所示的是空心变压器的简化电路图。原绕组的电阻和电感分别用 R_1 和 L_1 表示。副绕组的电阻和电感分别用 R_2 和 L_2 表示。两线圈的互感为 M,负载的电阻和电抗分别用 R_L 和 X_L 表示。

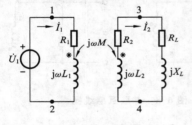

图 6-10　空心变压器

　　给变压器原绕组接交流电,根据图 6-10 所示的电压、电流参考方向和线圈的同名端,可分别列出两个回路的 KVL 方程为

$$\left.\begin{array}{r} (R_1+\mathrm{j}\omega L_1)\dot{I}_1-\mathrm{j}\omega M\dot{I}_2=\dot{U}_1 \\ -\mathrm{j}\omega M\dot{I}_1+(R_2+\mathrm{j}\omega L_2+R_L+\mathrm{j}X_L)\dot{I}_2=0 \end{array}\right\} \quad (6\text{-}13)$$

令 $Z_{11}=R_1+\mathrm{j}\omega L_1$,$Z_M=\mathrm{j}\omega M$,$Z_{22}=R_2+R_L+\mathrm{j}\omega L_2+\mathrm{j}X_L$,则有

$$\left.\begin{array}{r} Z_{11}\dot{I}_1-Z_M\dot{I}_2=\dot{U}_1 \\ -Z_M\dot{I}_1+Z_{22}\dot{I}_2=0 \end{array}\right\} \quad (6\text{-}14)$$

联立解得

$$\left.\begin{array}{l} \dot{I}_1=\dfrac{\dot{U}_1}{Z_{11}+(\omega M)^2 Y_{22}} \\[3mm] \dot{I}_2=\dfrac{\dot{U}_1 Y_{11} Z_M}{Z_{22}+(\omega M)^2 Y_{11}} \end{array}\right\} \quad (6\text{-}15)$$

其中,$Y_{11}=\dfrac{1}{Z_{11}}$,$Y_{22}=\dfrac{1}{Z_{22}}$。

　　由式(6-15)可求出由 1 端和 2 端看进去的电路输入阻抗 Z_i 为

$$Z_i=\frac{\dot{U}_1}{\dot{I}_1}=Z_{11}+(\omega M)^2 Y_{22} \quad (6\text{-}16)$$

　　由式(6-15)可得空心变压器的等效电路如图 6-11 所示。其中,图 6-11(a)所示的为原绕组

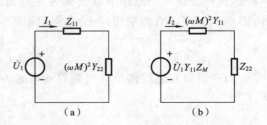

图 6-11　空心变压器的等效电路

等效电路,图 6-11(b)所示的为副绕组等效电路。它是从空心变压器副绕组看进去的含源二端网络的戴维南等效电路。其中等效电源的电压 $\dot{U}_1 Y_{11} Z_M$ 是副绕组的开路电压,$(\omega M)^2 Y_{11}$ 是从副绕组看进去的等效阻抗。$(\omega M)^2 Y_{11}$ 称为原绕组对副绕组的反射阻抗。

【例 6-4】 空心变压器电路如图 6-10 所示,已知 $L_1=0.6$ H,$R_1=10$ Ω,$L_2=0.4$ H,$R_2=30$ Ω,$M=0.4$ H,$R_L=30$ Ω,电压源电压 $u_1=100\sqrt{2}\sin(100t)$ V,求电流 $\dot{I}_1$ 和 $\dot{I}_2$。

解 根据已知参数得原绕组和副绕组的自阻抗分别为

$$Z_{11}=R_1+j\omega L_1=(10+j100\times 0.6)\ \Omega=(10+j60)\ \Omega$$

$$Z_{22}=(R_1+R_2)+j\omega L_2=[(10+30)+j100\times 0.4]\ \Omega=(40+j40)\ \Omega$$

输入阻抗为

$$Z_i=Z_{11}+\frac{(\omega M)^2}{Z_{22}}=[(10+j60)+(20-j20)]\ \Omega$$

作原绕组等效电路,如图 6-11(a)所示。由图 6-11(a)得

$$\dot{I}_1=\frac{\dot{U}_1}{Z_{11}+(\omega M)^2 Y_{22}}=\frac{100\angle 0°}{10+j60+20-j20}\ A=\frac{100\angle 0°}{50\angle 53.1°}\ A=2\angle -53.1°\ A$$

作副绕组等效电路,如图 6-11(b)所示。由图 6-11(b)得

$$\dot{I}_2=\frac{\dot{U}_1 Y_{11} Z_M}{Z_{22}+(\omega M)^2 Y_{11}}=\frac{j\omega M\dot{I}_1}{Z_{22}}=\frac{j100\times 0.4\times 2\angle -53.1°}{40+j40}\ A=1.41\angle -8.1°\ A$$

6.5 理想变压器

理想变压器是一种特殊的无损耗全耦合变压器,是对实际变压器的一种抽象,是实际变压器的理想化模型。

建立理想变压器模型,是对互感元件的一种科学抽象。理想变压器应当满足以下三个条件。

(1) 耦合系数为 1。

(2) 自感系数无穷大且等于常数。

(3) 无损耗,即不消耗能量,也不储存能量。

从结构上看,它的原绕组与副绕组的电阻可以忽略,分布电容也可以忽略,线圈是密绕在导磁率 μ 为无穷大的铁芯上的。理想变压器的电路符号如图 6-12 所示。

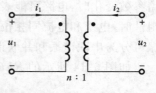

图 6-12 理想变压器

以上三个条件在实际工程应用中永远不可能满足,但为使实际变压器的性能接近理想变压器,工程上常采用两方面的措施:一是尽量采用具有高导磁率的铁磁材料作铁芯;二是尽量紧密耦合,使耦合系数 k 接近 1。

图 6-13 所示的为一铁芯变压器的示意图。N_1、N_2 分别为原绕组和副绕组的匝数。由于铁芯的导磁率很高,一般可认为磁通全部集中在铁芯中,并与全部线匝交链。若铁芯磁通为 Φ,则根据电磁感应定律,有

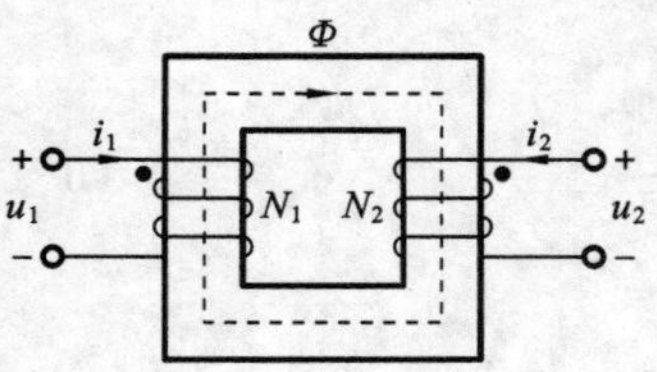

$$u_1=N_1\frac{d\Phi}{dt}$$

$$u_2=N_2\frac{d\Phi}{dt}$$

图 6-13 铁芯变压器

所以理想变压器的变压关系式为

$$\frac{u_1}{u_2} = \frac{N_1}{N_2} = n \tag{6-17}$$

式中，n 为变压比，它等于原绕组与副绕组的匝数比，是一个常数。

互感线圈模型如图 6-13 所示，可得端电压相量式为

$$j\omega L_1 \dot{I}_1 + j\omega M \dot{I}_2 = \dot{U}_1$$

$$j\omega M \dot{I}_1 + j\omega L_2 \dot{I}_2 = \dot{U}_2$$

由理想变压器的条件可知，L_1、L_2 无穷大，$k=1$，所以 $M = \sqrt{L_1 L_2}$，则

$$j\omega L_1 \dot{I}_1 + j\omega \sqrt{L_1 L_2} \dot{I}_2 = \dot{U}_1$$

$$j\omega \sqrt{L_1 L_2} \dot{I}_1 + j\omega L_2 \dot{I}_2 = \dot{U}_2$$

可求得

$$\left. \begin{array}{l} \dfrac{\dot{U}_1}{\dot{U}_2} = \sqrt{\dfrac{L_1}{L_2}} = n \\[4mm] \dfrac{\dot{I}_1}{\dot{I}_2} = -\sqrt{\dfrac{L_2}{L_1}} = -\dfrac{1}{n} \end{array} \right\} \tag{6-18}$$

式（6-18）为理想变压器的变流关系式。

理想变压器可以看成是一种极限情况下的互感线圈，这一抽象使元件性质发生了质的变化。耦合线圈既是动态元件，又是储能元件，而理想变压器不是动态元件，它既不储能，也不耗能，仅起到一个变换参数的作用。

6.6 串联谐振电路

谐振是正弦稳态电路中一种特殊的工作状态或现象。谐振现象广泛应用于弱电类实际工程技术中，例如，收音机中的中频放大器。对于强电类专业来讲，谐振现象主要是为了避免过电压与过电流现象的出现，因此无须研究过细。

在含有电感和电容的正弦交流电路中，由于感抗和容抗都是频率的函数，当电源频率或电路参数变化时，电路可能表现为感性，可能表现为容性，也可能表现为纯电阻性。表现为纯电阻性时，电压和电流同相位，这种现象称为电路的谐振。根据电路的连接方法不同，电路的谐振可分为串联谐振和并联谐振两种。

如图 6-14 所示的 RLC 串联电路中，在角频率为 ω 的正弦电压作用下，输入阻抗为

$$Z(j\omega) = R + j\left(\omega L - \frac{1}{\omega C}\right)$$

由谐振的一般条件可得出串联谐振的条件是

$$\omega L = \frac{1}{\omega C}$$

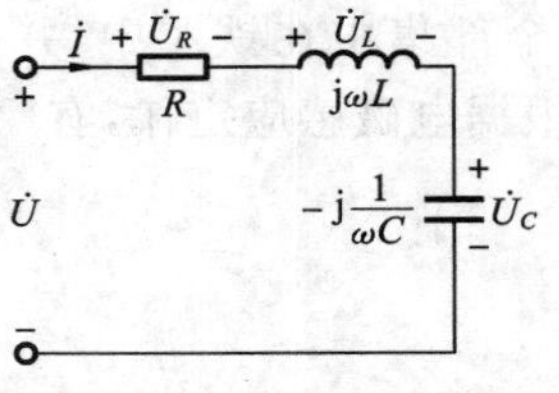

即

图 6-14 RLC 串联电路

$$\omega = \frac{1}{\sqrt{LC}} \tag{6-19}$$

当 L、C 一定时，有

$$\omega = \omega_0 = \frac{1}{\sqrt{LC}} \tag{6-20}$$

或

$$f=f_0=\frac{1}{2\pi\sqrt{LC}}\qquad(6\text{-}21)$$

由于 ω_0 和 f_0 完全由电路的参数 L、C 决定,所以 ω_0 和 f_0 称为固有角频率和固有频率。

对于任一 RLC 串联电路,只有一个谐振频率。只有当外加电压的频率等于电路的谐振频率时,电路才会发生谐振。因此,电路谐振的条件可以认为是,激励的频率与电路的固有频率相等。调谐过程就是使二者由不相等达到相等的过程。当激励的频率一定时,改变 L 和 C 使电路的固有频率与激励的频率相同而达到谐振。收音机选台就是这样一个典型例子。

在串联谐振时,电路的阻抗为 $Z=R+\mathrm{j}\left(\omega_0 L-\dfrac{1}{\omega_0 C}\right)=R+\mathrm{j}X=R$,表现为一个纯电阻。当外加电压的有效值 U 不变时,电路的电流在谐振时达到最大值,即

$$I=I_0=\frac{U}{R}\qquad(6\text{-}22)$$

这是串联谐振的一个重要特征,根据这个特征可以判断串联电路是否发生了谐振。

谐振时电路的感抗和容抗相等,但感抗和容抗本身并不为零,即 $\omega_0 L=\dfrac{1}{\omega_0 C}\neq 0$。

因 $\omega_0=\dfrac{1}{\sqrt{LC}}$,故有

$$\omega_0 L=\frac{1}{\omega_0 C}=\frac{1}{\sqrt{LC}}\cdot L=\sqrt{\frac{L}{C}}=\rho\qquad(6\text{-}23)$$

式中,ρ 为串联谐振电路的特性阻抗,单位为欧姆(Ω)。它是一个由电路参数 L 和 C 决定的量,与谐振频率的大小无关。通常采用谐振电路的特性阻抗 ρ 与回路电阻 R 的比值来说明谐振电路的特性,该特性用 Q 来表示,即

$$Q=\frac{\rho}{R}=\frac{\omega_0 L}{R}=\frac{1}{\omega_0 CR}=\frac{1}{R}\sqrt{\frac{L}{C}}\qquad(6\text{-}24)$$

Q 称为谐振电路的品质因数,工程上简称为 Q 值。它是一个无量纲的数。在电子工程中,Q 值一般取 10～500。所以 $U_{L0}=U_{C0}=QU\gg U$,也把串联谐振称为电压谐振。从在电感、电容上获得很高电压的目的来考虑,Q 正好能够体现网络品质的好坏。

在电力系统中,电源电压本身就高,如若发生谐振,就会产生过高电压,损坏电气设备,甚至发生危险,因此应避免电路发生谐振,以保证设备和系统的安全运行。

【例 6-5】　串联谐振电路中,$U=25\ \mathrm{mV}$,$R=50\ \Omega$,$L=4\ \mathrm{mH}$,$C=160\ \mathrm{pF}$。求电路的 f_0、I_0、ρ、Q、U_{L0} 和 U_{C0}。

解　谐振频率为

$$f_0=\frac{1}{2\pi\sqrt{LC}}=\frac{1}{2\pi\sqrt{4\times10^{-3}\times160\times10^{-12}}}\ \mathrm{Hz}\approx200\ \mathrm{kHz}$$

端口电流为

$$I_0=\frac{U}{R}=\frac{25}{50}\ \mathrm{mA}=0.5\ \mathrm{mA}$$

特性阻抗为

$$\rho=\omega_0 L=\frac{1}{\omega_0 C}=\sqrt{\frac{L}{C}}=\sqrt{\frac{4\times10^{-3}}{160\times10^{-12}}}\ \Omega=5\ 000\ \Omega$$

品质因数为

$$Q=\frac{\rho}{R}=\frac{5000}{50}=100$$

$$U_{L0} = U_{C0} = QU = 100 \times 25 \times 10^{-3} \text{ V} = 2.5 \text{ V}$$

6.7 并联谐振电路

工程上广泛应用实际电感线圈和实际电容组成的并联谐振电路,其电路模型如图 6-15 所示。

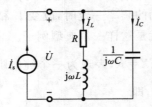

图 6-15 线圈与电容器并联谐振电路

如图 6-15 所示电路,在角频率为 ω 的正弦电压作用下,导纳为

$$Y = \frac{1}{R + j\omega L} + j\omega C = \frac{R}{R^2 + (\omega L)^2} + j\left[\omega C - \frac{\omega L}{R^2 + (\omega L)^2}\right]$$

则谐振条件为

$$\omega C = \frac{\omega L}{R^2 + (\omega L)^2}$$

可求出谐振角频率为

$$\omega_0 = \sqrt{\frac{1}{LC} - \frac{R^2}{L^2}} \tag{6-25}$$

所以,频率为

$$f_0 = \frac{1}{2\pi}\sqrt{\frac{1}{LC} - \frac{R^2}{L^2}} \approx \frac{1}{2\pi}\frac{1}{\sqrt{LC}} \tag{6-26}$$

一般线圈的电阻 R 很小,即 $X_L \gg R$,并联谐振时,和串联谐振一样,其特性阻抗为

$$\rho = \sqrt{\frac{L}{C}} \tag{6-27}$$

品质因数为

$$Q \approx \frac{1}{R}\sqrt{\frac{L}{C}} = \frac{\rho}{R} \tag{6-28}$$

要注意的是,并联谐振时电感线圈支路和电容支路的电流近似相等,约为电流源电流的 Q 倍,即

$$I_C = I_L = QI \tag{6-29}$$

【例 6-6】 图 6-15 所示电路中,$R = 25 \text{ }\Omega,L = 0.25 \text{ mH},C = 85 \text{ pF}$。求谐振角频率 ω_0、品质因数 Q。

解
$$\omega_0 \approx \frac{1}{\sqrt{LC}} = \frac{1}{\sqrt{0.25 \times 10^{-3} \times 85 \times 10^{-12}}} \text{ rad/s} = 6.86 \times 10^6 \text{ rad/s}$$

$$Q = \frac{\omega_0 L}{R} = \frac{6.86 \times 10^6 \times 0.25 \times 10^{-3}}{25} = 68.6$$

实验项目 10 互感电路观测

1. 实验目的

学会互感电路同名端、互感系数及耦合系数的测定方法。

2. 实验设备与器材

所需设备与器材包括空心互感线圈、交流电流表、交流电压表、数字直流电压表、数字直流电流表、电阻器、发光二极管、细铁棒、铝棒、变压器。

3. 实验内容与步骤

1) 实验内容

(1) 判断同名端　判断互感线圈同名端的方法有直流法和交流法两种。

直流法电路如图 6-16 所示,在开关 S 闭合的瞬间,若毫安表的指针正偏,则可判断 1 端、3 端为同名端;若指针反偏,则 1 端、4 端为同名端。

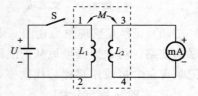

交流法电路如图 6-17 所示,将两个线圈 L_1 和 L_2 的任意两端(如 2 端、4 端)连在一起,在其中一个线圈(如 L_1)两端加一个低电压,另一个线圈(如 L_2)开路,用交流电压表分别测出端电压 U_{13}、U_{12} 和 U_{34}。若 U_{13} 是两个线圈端电压之差,则 1 端、3 端是同名端;若 U_{13} 是两个线圈端电压之和,则 1 端、4 端为同名端。实际上,在开关 S 断开或闭合的瞬间,电位同时升高或降低的端钮即为同名端。

图 6-16　直流法判断同名端

(2) 两线圈互感系数 M 的测定　在图 6-17 所示的线圈 L_1 侧加角频率为 ω 的正弦交流电压源 U_1,线圈 L_2 开路时,3、4 两端的开路电压 $E_{2M} \approx U_2 = \omega M I_1$,其中 I_1 是线圈 L_1 的电流有效值。可算得互感系数为 $M = \dfrac{U_2}{\omega I_1}$。注意,为了减少测量误差,应尽量选用内阻较大的电压表和内阻较小的电流表。

(3) 耦合系数 k 的测定　两个互感线圈耦合松紧的程度可用耦合系数 k 来表示,

$$k = \frac{M}{\sqrt{L_1 L_2}}。$$

如图 6-17 所示,先在线圈 L_1 侧加低压交流电压 U_1,测出线圈 L_2 侧开路时的电流 I_1;然后在线圈 L_2 侧加电压 U_2,测出线圈 L_1 侧开路时的电流 I_2,求出各自的自感 L_1 和 L_2,即可算得 k 值。

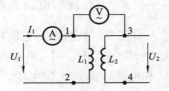

图 6-17　交流法判断同名端

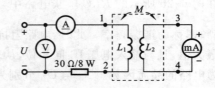

图 6-18　直流法

2) 实验步骤

(1) 测定互感线圈的同名端　实验线路如图 6-18 所示。先将线圈 L_1 和线圈 L_2 的四个接线端子编以 1、2 和 3、4 号。将线圈 L_1、线圈 L_2 同心地套在一起,并放入细铁棒。U 为可调直流稳压电源,调至 10 V。流过线圈 L_1 侧的电流不可超过 0.4 A(选用 5 A 量程的数字电流表)。线圈 L_2 侧直接接入 2 mA 量程的毫安表。将铁棒迅速地拔出和插入,观察毫安表读数正、负的变化,以此来判定线圈 L_1 和线圈 L_2 的同名端。

(2) 测定互感线圈的互感系数、耦合系数　图 6-19 中 W、N 为主屏上的自耦调压器的输出端,B 为 DG08 挂箱中的升压铁芯变压器,此处作降压用。在两线圈中插入铁棒。Ⓐ 为 2.5 A 以上量程的电流表,线圈 L_2 侧开路。

接通电源前,应首先检查自耦调压器是否调至零位,确认后方可接通交流电源,令自耦调

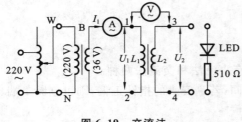

图 6-19 交流法

压器输出一个很低的电压(约 12 V 左右),使流过电流表的电流小于 1.4 A,然后用 30 V 量程的交流电压表测量 U_{13}、U_{12}、U_{34},判断同名端。测 U_1、I_1、U_2,计算出 M。将低压交流加在线圈 L_2 侧,使流过线圈 L_2 侧的电流小于 1 A,线圈 L_1 侧开路,测出 U_2、I_2、U_1。用万用表的 $R \times 1$ 挡分别测出线圈 L_1 和线圈 L_2 的电阻值 R_1 和 R_2,计算 k 值。

(3) 观察互感现象　在图 6-19 所示电路的线圈 L_2 侧接入 LED 发光二极管与 510 Ω 串联的支路。将铁棒慢慢地从两线圈中拔出和插入,观察 LED 亮度的变化及各表读数的变化,记录现象。再改用铝棒替代铁棒,重复步骤(1),观察 LED 亮度的变化,记录现象。

4. 实验总结与分析

(1) 总结互感线圈同名端、互感系数的实验测试方法。

(2) 自拟测试数据表格,完成计算任务。

(3) 解释实验中观察到的互感现象。

实验项目 11　串联谐振电路的研究

1. 实验目的

加深对电路发生谐振的条件、特点的理解,掌握电路品质因数的物理意义及其测定方法。

2. 实验设备与器材

所需实验设备与器材包括交流毫伏表、双踪示波器、信号源及频率计。

3. 实验内容与步骤

1) 实验内容

在图 6-20 所示的 RLC 串联电路中,当 $f = f_0 = \dfrac{1}{2\pi\sqrt{LC}}$($X_L = X_C$)时,电路表现为纯电阻,该频率称为谐振频率。此时,电路阻抗的模最小。在输入电压 U_i 为定值时,电路中的电流达到最大值,且与输入电压 U_i 同相位,从理论上讲,此时 $U_i = IR = U_o$,$U_L = U_C = QU_i$,式中的 Q 称为电路的品质因数。U_C 与 U_L 分别为谐振时电容器 C 和电感线圈 L 上的电压。

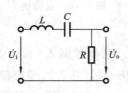

图 6-20　RLC 串联电路 1

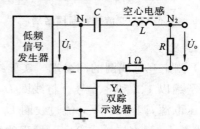

图 6-21　RLC 串联电路 2

2) 实验步骤

(1) 按图 6-21 所示接线方式组成监视、测量电路,用交流毫伏表测取样电流,用双踪示波器监视信号源输出,令其输出电压 $U_i \leqslant 1$ V,并保持不变。

(2) 测出电路的谐振频率 f_0,其方法是,将毫伏表接在 R(51 Ω)两端,令信号源的频率由小逐渐变大(注意要维持信号源的输出幅度不变),当 U_R 的读数为最大时,读得频率计上的频率值即为电路的谐振频率 f_0,并测量 U_C 与 U_L 的值(注意及时更换交流毫伏表的量程)。

(3) 在谐振点两侧,按频率递增或递减 500 Hz 或 1 kHz,依次各取 8 个测试点,逐点测出 U_R、U_C、U_L 的值。注意,选择测试频率点时应在靠近谐振频率附近多取几点;在变换频率测试时,应调整信号输出幅度(用双踪示波器监视输出幅度),使其维持在 1 V。

(4) 改变电阻值,重复步骤(2)、(3)的测量过程。

4. 实验总结与分析

(1) 自拟测试数据表格,完成计算任务,说明取不同 R 值对品质因素的影响。

(2) 通过本次实验,总结、归纳串联谐振电路的特性。

本 章 小 结

(1) 由于一个线圈的电流变化而在另一个线圈中产生感应电压的现象称为互感现象。在关联参考方向下,互感磁链与产生互感磁链的电流的比值称为互感系数,即

$$M = \frac{\Psi_{21}}{i_1} = \frac{\Psi_{12}}{i_2}$$

为了表征互感线圈耦合的紧密程度,定义耦合系数

$$k = \frac{M}{\sqrt{L_1 L_2}} \quad (0 \leqslant k \leqslant 1)$$

(2) 当电流分别从两线圈的某端流入时,若它们产生的磁通方向相同,则电流流入的两个端钮称为同名端。

(3) 在关联参考方向下,两互感线圈各自的伏安关系为

$$\begin{cases} u_1 = \pm L_1 \dfrac{\mathrm{d}i_1}{\mathrm{d}t} \pm M \dfrac{\mathrm{d}i_2}{\mathrm{d}t} \\ u_2 = \pm L_2 \dfrac{\mathrm{d}i_2}{\mathrm{d}t} \pm M \dfrac{\mathrm{d}i_1}{\mathrm{d}t} \end{cases}$$

其中,正负号与同名端的位置及电压、电流的参考方向有关。其方法归纳如下:自感电压的正负号取决于本端口电压与电流的参考方向是否关联,若关联,则取正号,否则取负号。互感电压的正负号取决于同名端的位置和端口电压的参考极性,若电流是从同名端流入的,则其互感电压在另一线圈的同名端是"+"极性,当这个极性与其端口电压的参考极性一致时,取正号,否则取负号。

(4) 互感线圈串联的等效电感

$$L = L_1 + L_2 \pm 2M$$

式中,顺接时取"+2M",反接时取"−2M"。

(5) 互感线圈并联的等效电感

$$L = \frac{L_1 L_2 - M^2}{L_1 + L_2 \pm 2M}$$

式中,同侧并联时,2M 项前取"−",异侧并联时,2M 项前取"+"。

(6) 当互感线圈绕在非铁磁材料制成的芯子上时,称之为空心变压器。对于含空心变压器的电路,可利用反射阻抗的概念,通过作原绕组、副绕组等效电路的方法进行分析。

(7) 理想变压器是一种特殊的无损耗全耦合变压器,是对实际变压器的一种抽象。原绕组和副绕组的电压、电流参考方向都是由同名端指向另一端时,理想变压器的伏安关系为

$$u_1 = nu_2, \quad i_1 = -\frac{1}{n}i_2$$

式中，$n = \dfrac{N_1}{N_2}$，即原绕组、副绕组线圈匝数之比，称为变比。

(8) 在含有电感和电容的正弦电流电路中，当电源频率变化或电感、电容参数变化时，可使电路阻抗表现为纯电阻。此时，电压和电流同相位，这种现象称为电路的谐振。根据电路的连接方法不同，谐振可分为串联谐振和并联谐振两种。

(9) RLC 串联谐振电路的谐振角频率 $\omega_0 = \dfrac{1}{\sqrt{LC}}$，谐振时 $X_L = X_C$，阻抗 $Z = R$ 最小，电流最大，品质因数 $Q = \dfrac{\omega_0 L}{R}$，电感电压 U_L 和电容电压 U_C 的有效值相等，相位相反，互相抵消，且 $U_L = U_C = QU$，因此，串联谐振又称为电压谐振。谐振时电感、电容之间进行能量交换，而与电源之间无能量交换。

(10) 电感线圈与电容并联的谐振电路称为并联谐振，谐振角频率为

$$\omega_0 = \sqrt{\frac{1}{LC} - \frac{R^2}{L^2}}$$

并联谐振时电感线圈支路和电容支路的电流近似相等，约为电流源电流的 Q 倍。

习 题 6

6.1 如图 6-22 所示的为测量两个线圈互感的原理电路，已知电流表的读数为 1 A，电压表的读数为 31.4 V，电源的频率 $f = 500$ Hz，求两线圈的互感 M（设电压表的内阻为无限大，电流表的内阻为零）。

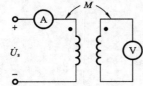

图 6-22 习题 6.1 图

6.2 电路如图 6-23 所示，已知两个线圈的参数：$R_1 = 3$ Ω，$R_2 = 5$ Ω，$\omega L_1 = 7.5$ Ω，$\omega L_2 = 12.5$ Ω，$\omega M = 6$ Ω，电源电压 $U = 50$ V，求电流。

6.3 具有互感的两个线圈顺接串联时总电感为 0.6 H，反接串联时总电感为 0.2 H，当两线圈的电感量相同时，求互感和线圈的电感。

6.4 电路如图 6-24 所示，已知：$R_1 = 3$ Ω，$R_2 = 5$ Ω，$\omega L_1 = 7.5$ Ω，$\omega L_2 = 12.5$ Ω，$\omega M = 6$ Ω，电源有效值为 50 V。分别求 S 闭合时的 $\dot{I}_1$ 和 $\dot{I}_2$。

6.5 图 6-25 所示互感电路中，已知 $R_1 = R_2 = 10$ Ω，$\omega L_1 = 30$ Ω，$\omega L_2 = 20$ Ω，$\omega M = 20$ Ω，$\dot{U} = 100\angle 0°$ V。求 $\dot{I}_1$、$\dot{I}_2$、$\dot{U}_2$。

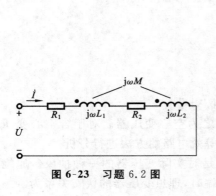

图 6-23 习题 6.2 图

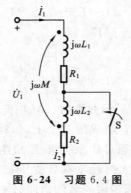

图 6-24 习题 6.4 图

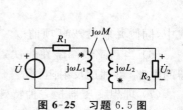

图 6-25 习题 6.5 图

6.6　RLC 串联电路中,$L=0.06$ H,$R=5$ Ω,信号源电压 $U=10$ mV,$\omega=5\,000$ rad/s。试求谐振时电容 C、品质因数 Q、回路电流 I_0。

6.7　收音机磁性天线的电感 $L=500$ μH,与 $20\sim270$ pF 的可变电容器组成串联谐振电路,求对 560 kHz 和 990 kHz 电台信号谐振时的电容值。

6.8　一个 $R=13.7$ Ω,$L=0.25$ mH 的线圈与 $C=75$ pF 的电容并联。求谐振频率、品质因数和谐振阻抗。

6.9　图 6-26 所示并联谐振电路的谐振角频率为 $\omega=10^5$ rad/s,谐振阻抗 $Z_0=120$ kΩ,品质因数 $Q=100$,试求 R、L、C。

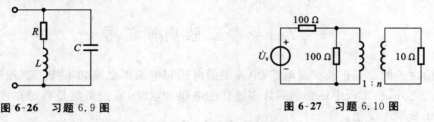

图 6-26　习题 6.9 图　　　　　　　图 6-27　习题 6.10 图

6.10　如图 6-27 所示,试确定使 10 Ω 的电阻能获得最大功率的理想变压器的匝比 n。

第 7 章　非正弦周期电流电路

本章介绍了非正弦周期信号的概念,讨论了非正弦周期电流电路的计算方法。通过本章的学习主要要求掌握非正弦周期电流电路的计算方法。

7.1　非正弦周期信号

前面讨论的都是正弦交流电路,电路中的电压和电流都是同频率按正弦规律变化的周期量。除此之外,在工程中还会遇到许多这样的电压和电流,它们虽然是有规律周期变化的,但不是按正弦规律变化。

电路中的周期电流、电压都可以用一个周期函数来表示,即

$$f(t) = f(t+kT) \tag{7-1}$$

式中,T 为周期函数的周期,$k=0,1,2,\cdots$。

图 7-1(a)、图 7-1(b)、图 7-1(c)所示的分别为尖脉冲电流、矩形波电压和锯齿波电压的波形。

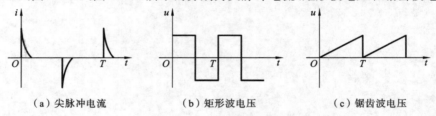

（a）尖脉冲电流　　　　　（b）矩形波电压　　　　　（c）锯齿波电压

图 7-1　几种常见的非正弦波

电路中非正弦周期电压、电流的产生通常由电源和负载引起。例如,通信工程中传输的各种信号绝大部分都是周期性非正弦信号;如果电路中存在非线性元件,即使所加电源信号都是正弦信号,电路中也会产生非正弦的电压、电流。

7.2　非正弦周期信号及其分解

对非正弦周期信号,除了直接研究它们与时间的函数关系外,还可以先利用傅里叶级数将非正弦周期信号分解为一系列不同频率的正弦波分量和直流分量(有时无此分量)之和,然后利用直流电路和正弦交流电路的理论和分析方法,分别分析各种频率正弦信号单独作用下的电流或电压,最后按叠加定理进行叠加。这种分析非正弦周期电路的方法称为谐波分析法。

由数学知识可知,一个函数如果是周期性的,且满足狄里赫利条件,就可以分解为一个收敛的无穷三角级数,即傅里叶级数。电工技术中所遇到的非正弦周期电流、电压一般都能满足这个条件。

设 $f(t)$ 为一满足狄里赫利条件的非正弦周期函数,其周期为 T,角频率为 $\omega=\dfrac{2\pi}{T}$,则 $f(t)$

可分解为下列傅里叶级数：

$$f(t) = A_0 + A_{1m}\sin(\omega t + \varphi_1) + A_{2m}\sin(2\omega t + \varphi_2) + \cdots + A_{km}\sin(k\omega t + \varphi_k) + \cdots$$

$$= A_0 + \sum_{k=1}^{\infty} A_{km}\sin(k\omega t + \varphi_k) \tag{7-2}$$

式中，$f(t)$ 为非正弦周期信号；A_0 是 $f(t)$ 的直流分量或恒定分量，称为零次谐波；$A_{1m}\sin(\omega t + \varphi_1)$ 的频率与 $f(t)$ 的频率相同，称为基波或一次谐波；$A_{2m}\sin(2\omega t + \varphi_2)$ 的频率为基波频率的两倍，称为二次谐波……$A_{km}\sin(k\omega t + \varphi_k)$ 的频率为基波频率的 k 倍，称为 k 次谐波。k 为奇数的各次谐波称为奇次谐波，k 为偶数的各次谐波称为偶次谐波。

傅里叶级数是一个无穷级数，也就是说，非正弦周期函数 $f(t)$ 可分解为无穷多个不同频率的正弦量。但是在实际计算中，只截取有限项，故非正弦周期电流电路的计算是一个近似计算。一般情况下，五次以上谐波可以略去。

利用三角函数公式，可以将式(7-2)写为

$$f(t) = a_0 + [a_1\cos(\omega t) + b_1\sin(\omega t)] + [a_2\cos(2\omega t) + b_2\sin(2\omega t)] + \cdots$$

$$+ [a_k\cos(k\omega t) + b_k\sin(k\omega t)] + \cdots$$

$$= a_0 + \sum_{k=1}^{\infty} [a_k\cos(k\omega t) + b_k\sin(k\omega t)] \tag{7-3}$$

式中，a_0、a_k、b_k 为傅里叶级数，可由下列积分得出

$$\left. \begin{array}{l} a_0 = \dfrac{1}{T}\displaystyle\int_0^T f(t)\mathrm{d}t = \dfrac{1}{2\pi}\displaystyle\int_0^{2\pi} f(t)\mathrm{d}(\omega t) \\[2mm] a_k = \dfrac{2}{T}\displaystyle\int_0^T f(t)\cos(k\omega t)\mathrm{d}t = \dfrac{1}{\pi}\displaystyle\int_0^{2\pi} f(t)\cos(k\omega t)\mathrm{d}(\omega t) \\[2mm] b_k = \dfrac{2}{T}\displaystyle\int_0^T f(t)\sin(k\omega t)\mathrm{d}t = \dfrac{1}{\pi}\displaystyle\int_0^{2\pi} f(t)\sin(k\omega t)\mathrm{d}(\omega t) \end{array} \right\} \tag{7-4}$$

式(7-3)和式(7-4)之间还有如下关系：

$$\left\{ \begin{array}{l} A_0 = a_0 \\[1mm] A_{km} = \sqrt{a_k^2 + b_k^2} \\[1mm] \varphi_k = \arctan\dfrac{a_k}{b_k} \\[1mm] a_k = A_{km}\sin\varphi_k \\[1mm] b_k = A_{km}\cos\varphi_k \end{array} \right. \tag{7-5}$$

可见，要将一个非正弦周期信号分解为傅里叶级数，实质上就是计算其傅里叶系数 a_0、a_k、b_k。

【例 7-1】 已知矩形周期电压的波形如图 7-2 所示。求 $u(t)$ 的傅里叶级数。

解　图 7-2 所示矩形周期电压在一个周期内的表达式为

$$u(t) = \begin{cases} U_m & \left(0 \leqslant t \leqslant \dfrac{T}{2}\right) \\[2mm] -U_m & \left(\dfrac{T}{2} \leqslant t \leqslant T\right) \end{cases}$$

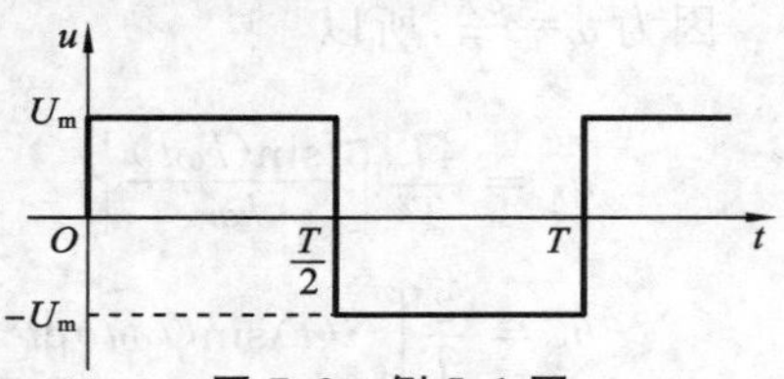

图 7-2　例 7-1 图

由式(7-4)可知

$$a_0 = \frac{1}{2\pi}\int_0^{2\pi} u(t)\mathrm{d}(\omega t) = \frac{1}{2\pi}\left[\int_0^{\pi} U_m\mathrm{d}(\omega t) + \int_{\pi}^{2\pi}(-U_m)\mathrm{d}(\omega t)\right] = 0$$

$$a_k = \frac{1}{\pi}\int_0^{2\pi} u(t)\cos(k\omega t)\,\mathrm{d}(\omega t)$$

$$= \frac{1}{\pi}\left[\int_0^{\pi} U_\mathrm{m}\cos(k\omega t)\,\mathrm{d}(\omega t) + \int_\pi^{2\pi}(-U_\mathrm{m})\cos(k\omega t)\,\mathrm{d}(\omega t)\right]$$

$$= \frac{U_\mathrm{m}}{k\pi}\left[\sin(k\omega t)\right]_0^\pi - \frac{U_\mathrm{m}}{k\pi}\left[\sin(k\omega t)\right]_\pi^{2\pi} = 0$$

$$b_k = \frac{1}{\pi}\int_0^{2\pi} u(t)\sin(k\omega t)\,\mathrm{d}(\omega t)$$

$$= \frac{1}{\pi}\left[\int_0^{\pi} U_\mathrm{m}\sin(k\omega t)\,\mathrm{d}(\omega t) + \int_\pi^{2\pi}(-U_\mathrm{m})\sin(k\omega t)\,\mathrm{d}(\omega t)\right]$$

$$= \frac{2U_\mathrm{m}}{k\pi}\int_0^\pi \sin(k\omega t)\,\mathrm{d}(\omega t) = \frac{2U_\mathrm{m}}{k\pi}\left[-\cos(k\omega t)\right]_0^\pi$$

$$= \frac{2U_\mathrm{m}}{k\pi}\left[1 - \cos(k\pi)\right]$$

当 k 为奇数时，$\cos(k\pi) = -1$，则

$$b_k = \frac{4U_\mathrm{m}}{k\pi}$$

当 k 为偶数时，$\cos(k\pi) = 1$，则

$$b_k = 0$$

由此可得

$$u(t) = \frac{4U_\mathrm{m}}{\pi}\left[\sin(\omega t) + \frac{1}{3}\sin(3\omega t) + \frac{1}{5}\sin(5\omega t) + \cdots + \frac{1}{k}\sin(k\omega t) + \cdots\right] \quad (k\text{ 为奇数})$$

$$(7\text{-}6)$$

由式(7-6)可以看出，矩形波电压的傅里叶级数是只含正弦分量的奇次谐波。

【例 7-2】 求图 7-3 所示周期信号的傅里叶级数。

解 $i(t)$ 在一个周期内的表达式为

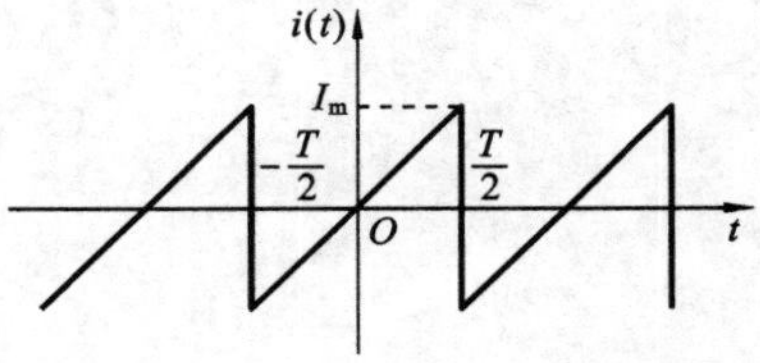

$$i(t) = \frac{2I_\mathrm{m}t}{T} \quad \left(-\frac{T}{2} \leqslant t \leqslant \frac{T}{2}\right)$$

$$a_0 = \frac{1}{T}\int_0^T i(t)\,\mathrm{d}t = \frac{2I_\mathrm{m}}{T^2}\int_{-\frac{T}{2}}^{\frac{T}{2}} t\,\mathrm{d}t$$

$$= \frac{2I_\mathrm{m}}{T^2}\left(\int_{-\frac{T}{2}}^0 t\,\mathrm{d}t + \int_0^{\frac{T}{2}} t\,\mathrm{d}t\right) = 0$$

图 7-3　例 7-2 图

$$a_k = \frac{2}{T}\int_0^T i(t)\cos(k\omega t)\,\mathrm{d}t = \frac{4I_\mathrm{m}}{T^2}\int_{-\frac{T}{2}}^{\frac{T}{2}} t\cos(k\omega t)\,\mathrm{d}t$$

因为 $\omega = \dfrac{2\pi}{T}$，所以

$$a_k = \frac{4I_\mathrm{m}}{T^2}\left[\frac{t\sin(k\omega t)}{k\omega}\bigg|_{-\frac{T}{2}}^{\frac{T}{2}} - \int_{-\frac{T}{2}}^{\frac{T}{2}}\frac{\sin(k\omega t)}{k\omega}\,\mathrm{d}t\right] = \frac{4I_\mathrm{m}}{T^2}\left[0 + \frac{\cos(k\omega t)}{(k\omega)^2}\right]_{-\frac{T}{2}}^{\frac{T}{2}} = 0$$

$$b_k = \frac{2}{T}\int_0^T i(t)\sin(k\omega t)\,\mathrm{d}t = \frac{4I_\mathrm{m}}{T^2}\int_{-\frac{T}{2}}^{\frac{T}{2}} t\sin(k\omega t)\,\mathrm{d}t$$

$$= \frac{4I_\mathrm{m}}{T^2}\left[\frac{\sin(k\omega t)}{(k\omega)^2} - \frac{t\cos(k\omega t)}{k\omega}\right]_{-\frac{T}{2}}^{\frac{T}{2}} = \frac{2I_\mathrm{m}}{\pi}\left(-\frac{\cos k\pi}{k}\right) \quad (k = 1, 2, 3, \cdots)$$

$i(t)$ 的傅里叶级数展开式为

$$i(t) = \sum_{k=1}^{\infty} b_k \sin(k\omega t) = \frac{2I_m}{\pi}\left[\sin(\omega t) - \frac{1}{2}\sin(2\omega t) + \frac{1}{3}\sin(3\omega t) - \cdots\right] \quad (7\text{-}7)$$

式(7-7)的傅里叶级数展开式只含正弦分量。

由以上的例题可以看出,把周期函数分解成傅里叶级数时,并不一定包含式(7-3)的全部项。有的只包含正弦项,有的只包含余弦项。典型信号的傅里叶级数展开式如表 7-1 所示。

表 7-1　典型信号的傅里叶级数展开式

名称	波　形	傅里叶级数	有效值	平均值
正弦波		$f(t) = A_m \sin(\omega t)$	$\dfrac{A_m}{\sqrt{2}}$	$\dfrac{2A_m}{\pi}$
梯形波		$f(t) = \dfrac{4A_m}{a\pi}\Big[\sin a \sin(\omega t)$ $+\dfrac{1}{9}\sin(3a)\sin(3\omega t)$ $+\dfrac{1}{25}\sin(5a)\sin(5\omega t)$ $+\cdots+\dfrac{1}{k^2}\sin(ka)\sin(k\omega t)+\cdots\Big]$ $(k=1,3,5,\cdots)$	$A_m\sqrt{1-\dfrac{4a}{3\pi}}$	$A_m\left(1-\dfrac{a}{\pi}\right)$
三角波		$f(t) = \dfrac{8A_m}{\pi^2}\Big[\sin(\omega t) - \dfrac{1}{9}\sin(3\omega t)$ $+\dfrac{1}{25}\sin(5\omega t)$ $+\cdots+\dfrac{(-1)^{\frac{k-1}{2}}}{k^2}\sin(k\omega t)+\cdots\Big]$ $(k=1,3,5,\cdots)$	$\dfrac{A_m}{\sqrt{3}}$	$\dfrac{A_m}{2}$
矩形波		$f(t) = \dfrac{4A_m}{\pi}\Big[\sin(\omega t) + \dfrac{1}{3}\sin(3\omega t)$ $+\dfrac{1}{5}\sin(5\omega t)$ $+\cdots+\dfrac{1}{k}\sin(k\omega t)+\cdots\Big]$ $(k=1,3,5,\cdots)$	A_m	A_m
半波整流		$f(t) = \dfrac{2A_m}{\pi}\Big[\dfrac{1}{2} + \dfrac{\pi}{4}\cos(\omega t)$ $+\dfrac{1}{1\times3}\cos(2\omega t) - \dfrac{1}{3\times5}\cos(4\omega t)$ $+\dfrac{1}{5\times7}\cos(6\omega t)$ $-\cdots+\cdots-\dfrac{\cos\frac{k\pi}{2}}{k^2-1}\cos(k\omega t)+\cdots\Big]$ $(k=2,4,6,\cdots)$	$\dfrac{A_m}{2}$	$\dfrac{A_m}{\pi}$

名称	波　形	傅里叶级数	有效值	平均值
全波整流	$f(t)$ 波形，A_m，O，$\dfrac{T}{4}$，T，t	$f(t)=\dfrac{4A_m}{\pi}\left[\dfrac{1}{2}+\dfrac{1}{1\times3}\cos(2\omega t)\right.$ $-\dfrac{1}{3\times5}\cos(4\omega t)+\cdots$ $\left.-\dfrac{\cos\dfrac{k\pi}{2}}{k^2-1}\cos(k\omega t)+\cdots\right]$ $(k=2,4,6,\cdots)$	$\dfrac{A_m}{\sqrt{2}}$	$\dfrac{2A_m}{\pi}$
锯齿波	$f(t)$ 波形，A_m，O，T，$2T$，t	$f(t)=\dfrac{A_m}{2}-\dfrac{A_m}{\pi}\left[\sin(\omega t)\right.$ $+\dfrac{1}{2}\sin(2\omega t)+\dfrac{1}{3}\sin(3\omega t)$ $\left.+\cdots+\dfrac{1}{k}\sin(k\omega t)+\cdots\right]$ $(k=1,2,3,\cdots)$	$\dfrac{A_m}{\sqrt{3}}$	$\dfrac{A_m}{2}$

7.3　非正弦周期信号的有效值、平均值和功率

非正弦周期电流电路的解是由直流分量和各次谐波分量叠加而成的。在有些时候，不但要知道直流分量和各次谐波分量的瞬时值表达式，而且要知道全部分量产生的电压、电流的有效值、平均值和平均功率。

任何周期电流 i 的有效值 I 定义为

$$I=\sqrt{\frac{1}{T}\int_0^T i^2\,\mathrm{d}t}\tag{7-8}$$

下面讨论非正弦周期信号的有效值与各次谐波有效值的关系。将电流 i 分解成傅里叶级数为

$$I=I_0+\sum_{k=1}^{\infty}I_{km}\sin(k\omega t+\varphi_k)$$

将该表达式代入电流 i 有效值定义式中，得

$$I=\sqrt{\frac{1}{T}\int_0^T\left[I_0+\sum_{k=1}^{\infty}I_{km}\sin(k\omega t+\varphi_k)\right]^2\mathrm{d}t}\tag{7-9}$$

将式(7-9)积分号内直流分量与各次谐波之和的平方展开，分别计算如下：

$$\frac{1}{T}\int_0^T I_0^2\,\mathrm{d}t=I_0^2$$

$$\frac{1}{T}\int_0^T I_{km}^2\sin^2(k\omega t+\varphi_k)\,\mathrm{d}t=\frac{I_{km}^2}{2}=I_k^2$$

$$\frac{1}{T}\int_0^T 2I_0 I_{km}\sin(k\omega t+\varphi_k)\,\mathrm{d}t=0$$

$$\frac{1}{T}\int_0^T 2I_{km}\sin(k\omega t+\varphi_k)I_{qm}\sin(q\omega t+\varphi_q)\,\mathrm{d}t=0\quad(k\neq q)$$

所以，非正弦周期电流的有效值为

$$I = \sqrt{I_0^2 + \sum_{k=1}^{\infty} I_k^2} = \sqrt{I_0^2 + I_1^2 + I_2^2 + \cdots + I_k^2 + \cdots} \qquad (7\text{-}10)$$

式中，I_k 为 k 次谐波的有效值。

同理，非正弦周期电压的有效值为

$$U = \sqrt{U_0^2 + \sum_{k=1}^{\infty} U_k^2} = \sqrt{U_0^2 + U_1^2 + U_2^2 + \cdots + U_k^2 + \cdots} \qquad (7\text{-}11)$$

所以，非正弦周期电流和电压的有效值等于各次谐波有效值平方和的平方根。

在计算有效值时要注意，零次谐波的有效值就是直流分量的值，其他各次谐波有效值与最大值之间的关系为

$$I_k = \frac{I_{km}}{\sqrt{2}}, \quad U_k = \frac{U_{km}}{\sqrt{2}} \qquad (7\text{-}12)$$

【例 7-3】 已知周期电流的傅里叶级数展开式为

$$i = [100 - 63.7\sin(\omega t) - 31.8\sin(2\omega t) - 21.2\sin(3\omega t)]\ \text{A}$$

求其有效值。

解
$$I_0 = 100\ \text{A}, \quad I_1 = \frac{63.7}{\sqrt{2}}\ \text{A} = 45\ \text{A}$$

$$I_2 = \frac{31.8}{\sqrt{2}}\ \text{A} = 22.5\ \text{A}, \quad I_3 = \frac{21.2}{\sqrt{2}}\ \text{A} = 15\ \text{A}$$

则
$$I = \sqrt{I_0^2 + I_1^2 + I_2^2 + I_3^2} = \sqrt{100^2 + 45^2 + 22.5^2 + 15^2}\ \text{A} = 112.9\ \text{A}$$

即电流 i 的有效值为 112.9 A。

在生产实际中有时还用到平均值这一概念。它定义为非正弦周期量的绝对值在一个周期内的平均值（也称为均绝值）。电流平均值 I_{aV} 定义为

$$I_{aV} = \frac{1}{T}\int_0^T |i|\,\mathrm{d}t \qquad (7\text{-}13)$$

可求出正弦交流电流的平均值为

$$I_{aV} = \frac{1}{T}\int_0^T |I_m\sin(\omega t)|\,\mathrm{d}t = \frac{2I_m}{T}\int_0^{\frac{T}{2}}\sin(\omega t)\,\mathrm{d}t$$

$$= \frac{2}{\pi}I_m \approx 0.637 I_m = 0.9I \qquad (7\text{-}14)$$

非正弦周期电流的平均值等于此电流绝对值的平均值。利用式（7-14）可求整流平均值，它相当于正弦电流经全波整流后的平均值。

同理，电压平均值的表达式为

$$U_{aV} = \frac{1}{T}\int_0^T |u|\,\mathrm{d}t \qquad (7\text{-}15)$$

设有一个二端网络，在非正弦周期电压 u 的作用下产生非正弦周期电流 i，在关联参考方向下，此二端网络吸收的瞬时功率为

$$p = ui = \frac{1}{T}\Big[U_0 + \sum_{k=1}^{\infty} U_{km}\sin(k\omega t + \varphi_k)\Big]\Big[I_0 + \sum_{k=1}^{\infty} I_{km}\sin(k\omega t + \varphi_k)\Big]\mathrm{d}t$$

$$= U_0 I_0 + U_0\sum_{k=1}^{\infty} I_{km}\sin(k\omega t + \varphi_k) + I_0\sum_{k=1}^{\infty} U_{km}\sin(k\omega t + \varphi_k)$$

$$+ \sum_{\substack{k=1 \\ q=1}}^{\infty} U_{km} I_{qm} \sin(k\omega t + \varphi_k) \sin(q\omega t + \varphi_q)$$

$$+ \sum_{k=1}^{\infty} U_{km} I_{km} \sin(k\omega t + \varphi_k) \sin(k\omega t + \varphi_k) \quad (k \neq q) \tag{7-16}$$

按照平均功率的定义,有

$$p = \frac{1}{T} \int_0^T p \, \mathrm{d}t = \frac{1}{T} \int_0^T ui \, \mathrm{d}t \tag{7-17}$$

将式(7-16)代入式(7-17),因正弦量在一个周期的平均值为零,不同频率正弦量乘积的平均值也为零,故第 2 项、第 3 项和第 4 项的平均值为零,不产生平均功率。故非正弦周期电流电路的平均功率为

$$
\begin{aligned}
P &= U_0 I_0 + \sum_{k=1}^{\infty} U_k I_k \cos\varphi_k = P_0 + \sum_{k=1}^{\infty} P_k \\
&= U_0 I_0 + U_1 I_1 \cos\varphi_1 + U_2 I_2 \cos\varphi_2 + \cdots + U_k I_k \cos\varphi_k + \cdots \\
&= P_0 + P_1 + P_2 + \cdots + P_k + \cdots
\end{aligned} \tag{7-18}
$$

式中,$\varphi_k = \varphi_{ku} - \varphi_{ki}$ 为 k 次谐波电流的相位差。非正弦周期电流电路的平均功率等于直流分量的功率和各次谐波平均功率之和,而不同频率的电压和电流只产生瞬时功率,不构成平均功率。

【例 7-4】 流过 10 Ω 电阻的电流为 $i = [10 + 28.28\cos t + 14.14\cos(2t)]$ A,求其平均功率。

解
$$P = P_0 + P_1 + P_2 = I_0^2 R + I_1^2 R + I_2^2 R = R(I_0^2 + I_1^2 + I_2^2)$$

$$= 10\left[10^2 + \left(\frac{28.28}{\sqrt{2}}\right)^2 + \left(\frac{14.14}{\sqrt{2}}\right)^2\right] \text{W} = 6\,000 \text{ W}$$

【例 7-5】 某二端网络的电压和电流分别为

$$u = [100\sin(\omega t + 30°) + 50\sin(3\omega t + 60°) + 25\sin(5\omega t)] \text{ V}$$

$$i = [10\sin(\omega t - 30°) + 5\sin(3\omega t + 30°) + 2\sin(5\omega t - 30°)] \text{ A}$$

解 基波功率
$$P_1 = U_1 I_1 \cos\varphi_1 = \frac{100}{\sqrt{2}} \times \frac{10}{\sqrt{2}} \cos 60° \text{ W} = 250 \text{ W}$$

三次谐波功率
$$P_3 = U_3 I_3 \cos\varphi_3 = \frac{50}{\sqrt{2}} \times \frac{5}{\sqrt{2}} \cos 30° \text{ W} = 108.25 \text{ W}$$

五次谐波功率
$$P_5 = U_5 I_5 \cos\varphi_5 = \frac{25}{\sqrt{2}} \times \frac{2}{\sqrt{2}} \cos 30° \text{ W} = 21.65 \text{ W}$$

因此,总的平均功率为
$$P = P_1 + P_3 + P_5 = (250 + 108.25 + 21.65) \text{ W} = 379.9 \text{ W}$$

7.4 非正弦周期电路的计算

把傅里叶级数、直流电路、交流电路的分析和计算方法,以及叠加定理应用于非正弦周期电路中,就可以对其电路进行分析和计算。其具体步骤如下。

(1) 把给定的非正弦输入信号分解成直流分量和各次谐波分量,并根据精度的具体要求取前几项,一般取五次或七次谐波就可以保证足够的准确度。

（2）分别计算各次谐波分量单独作用于电路时的电压和电流。但要注意电容和电感对各次谐波表现出来的感抗和容抗的不同，对于 k 次谐波有 $X_{kL} = k\omega L$，$X_{kC} = \dfrac{1}{k\omega C}$。

（3）应用线性电路的叠加定理，将各次谐波作用下的电压或电流的瞬时值进行叠加。应注意的是，由于各次谐波的频率不同，不能用相量形式进行叠加。

【例 7-6】 某电压 $u = [40 + 180\sin(\omega t) + 60\sin(3\omega t + 45°)]$ V 接于 RLC 串联电路，已知 $R = 10 \ \Omega$，$L = 0.05$ H，$C = 50 \ \mu F$，$\omega = 314$ rad/s。求电路中的电流 i。

解 由于非正弦周期电压 u 的傅里叶级数展开式是已知的，可直接求 U_0、u_1、u_3 单独作用于电路时的 I_0、i_1、i_3。

直流分量 $U_0 = 40$ V 单独作用时，由于电容相当于开路，所以

$$I_0 = 0 \text{ A}$$

基波 $u_1 = 180\sin(\omega t)$ V 单独作用时，因为

$$\dot{U}_{1m} = 180\angle 0° \text{ V}$$

则

$$Z_1 = R + j\left(\omega L - \frac{1}{\omega C}\right) = \left[10 + j\left(314 \times 0.05 - \frac{1}{314 \times 50 \times 10^{-6}}\right)\right] \Omega = 49\angle -78.2° \ \Omega$$

所以有

$$\dot{I}_{1m} = \frac{\dot{U}_{1m}}{Z_1} = \frac{180\angle 0°}{49\angle -78.2°} \text{ A} = 3.67\angle 78.2° \text{ A}$$

三次谐波 $u_3 = 60\sin(3\omega t + 45°)$ V 单独作用于电路时，因为

$$\dot{U}_{3m} = 60\angle 45° \text{ V}$$

则

$$Z_3 = R + j\left(3\omega L - \frac{1}{3\omega C}\right) = \left[10 + j\left(3 \times 314 \times 0.05 - \frac{1}{3 \times 314 \times 50 \times 10^{-6}}\right)\right] \Omega$$
$$= 27.7\angle 68.9° \ \Omega$$

所以有

$$\dot{I}_{3m} = \frac{\dot{U}_{3m}}{Z_3} = \frac{60\angle 45°}{27.7\angle 68.9°} \text{ A} = 2.17\angle -23.9° \text{ A}$$

根据叠加定理，求出总电流。因为

$$I_0 = 0 \text{ A}, \quad i_1 = 3.67\sin(\omega t + 78.2°) \text{ A}, \quad i_3 = 2.17\sin(3\omega t - 23.9°) \text{ A}$$

得

$$i = [3.67\sin(\omega t + 78.2°) + 2.17\sin(3\omega t - 23.9°)] \text{ A}$$

【例 7-7】 为了减小整流器输出电压的纹波，使其更接近直流。常在整流的输出端与负载电阻 R 间接有 LC 滤波器，其电路如图 7-4(a)所示。若已知 $R = 1 \ k\Omega$，$L = 5$ H，$C = 30 \ \mu F$，输入电压 u 的波形如图 7-4(b)所示，其中振幅 $U_m = 157$ V，基波角频率 $\omega = 314$ rad/s，求输出电压 u_R。

解 查表 7-1，可得电压 u 的傅里叶级数为

$$u = \frac{4U_m}{\pi}\left[\frac{1}{2} + \frac{1}{3}\cos(2\omega t) - \frac{1}{15}\cos(4\omega t) + \cdots\right]$$

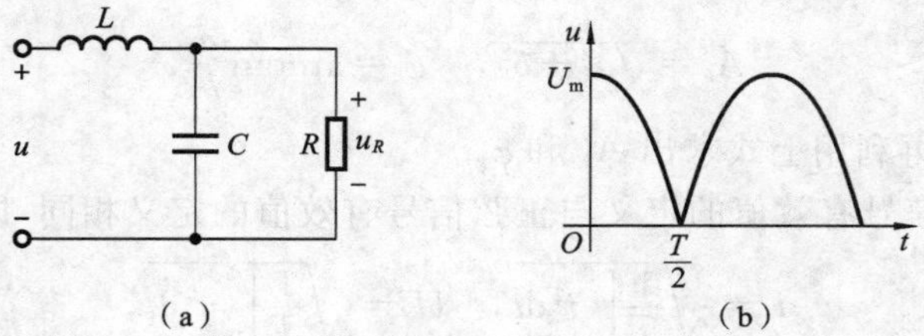

（a）　　　　　　　　　　　　（b）

图 7-4　例 7-7 图

取到四次谐波,并代入 $U_m = 157$ V,得

$$u = 100 + 66.7\cos(2\omega t) - 13.34\cos(4\omega t) \text{ V}$$

(1) 求直流分量。对于直流分量,电感相当于短路,电容相当于开路,故 $U_{0R} = 100$ V。

(2) 求二次谐波分量。

$$Z_2 = \text{j}2\omega L + \frac{R\left(-\text{j}\dfrac{1}{2\omega C}\right)}{R - \text{j}\dfrac{1}{2\omega C}} = (\text{j}3\,140 + 53\angle{-87°})\ \Omega = 3\,087.1\angle 89.95°\ \Omega$$

$$\dot{U}_{2mR} = \frac{\dot{U}_{2m}}{Z_2} \times \frac{R\left(-\text{j}\dfrac{1}{2\omega C}\right)}{R - \text{j}\dfrac{1}{2\omega C}} = 1.15\angle{-87.5°}\ \text{V}$$

$$u_{2R} = 1.15\sin(2\omega t - 87.5°)\ \text{V}$$

(3) 求四次谐波分量。

$$Z_4 = \text{j}4\omega L + \frac{R\left(-\text{j}\dfrac{1}{4\omega C}\right)}{R - \text{j}\dfrac{1}{4\omega C}} = (\text{j}6\,280 + 26.5\angle{-88.5°})\ \Omega = 6\,253.5\angle 90°\ \Omega$$

$$\dot{U}_{4mR} = \frac{\dot{U}_{4m}}{Z_4} \times \frac{R\left(-\text{j}\dfrac{1}{4\omega C}\right)}{R - \text{j}\dfrac{1}{4\omega C}} = 0.056\angle 91.5°\ \text{V}$$

$$u_{4R} = 0.056\sin(4\omega t + 91.5°)\ \text{V}$$

(4) 输出电压为

$$u_R = [100 + 1.15\sin(2\omega t - 87.5°) + 0.056\sin(4\omega t + 91.5°)]\ \text{V}$$

比较本例题的输入电压和输出电压,可看到,二次谐波分量由原本占直流分量的 66.7% 减小到 1.15%,四次谐波分量由原本占直流分量的 13.34% 减小到 0.056%。因此,输入电压 u 经过 LC 滤波后,高次谐波分量受到抑制,负载两端得到较平稳的输出电压。

本 章 小 结

(1) 非正弦的周期信号在满足狄里赫利条件的情况下可以分解成傅里叶级数。傅里叶级数一般包含直流分量、基波分量和高次谐波分量。它有如下两种表达式:

$$f(t) = A_0 + \sum_{k=1}^{\infty} A_{km}\sin(k\omega t + \varphi_k)$$

$$f(t) = a_0 + \sum_{k=1}^{\infty} [a_k\cos(k\omega t) + b_k\sin(k\omega t)]$$

两种表达式的系数之间的对应关系为

$$A_k = \sqrt{a_k^2 + b_k^2}, \quad \varphi_k = \arctan\frac{a_k}{b_k}$$

一般都是先求 a_k、b_k,再利用上式求出 A_k 和 φ_k。

(2) 非正弦周期信号有效值的定义与正弦信号有效值的定义相同,即

$$I = \sqrt{\frac{1}{T}\int_0^T i^2\,\text{d}t}, \quad U = \sqrt{\frac{1}{T}\int_0^T u^2\,\text{d}t}$$

与各次谐波分量有效值的关系为

$$I = \sqrt{I_0^2 + I_1^2 + I_2^2 + \cdots + I_k^2 + \cdots}, \quad U = \sqrt{U_0^2 + U_1^2 + U_2^2 + \cdots + U_k^2 + \cdots}$$

非正弦交流电路的平均值是指一个周期内函数绝对值的平均值。其定义为

$$I_{\mathrm{aV}} = \frac{1}{T}\int_0^T |\, i\,|\, \mathrm{d}t, \quad U_{\mathrm{aV}} = \frac{1}{T}\int_0^T |\, u\,|\, \mathrm{d}t$$

非正弦交流电路平均功率的定义也与正弦交流电路平均功率的定义相同,都表示瞬时功率在一个周期内的平均值。其定义为

$$p = \frac{1}{T}\int_0^T p(t)\mathrm{d}t = \frac{1}{T}\int_0^T ui\,\mathrm{d}t$$

与各次谐波功率之间的关系为

$$P = U_0 I_0 + U_1 I_1 \cos\varphi_1 + U_2 I_2 \cos\varphi_2 + \cdots + U_k I_k \cos\varphi_k + \cdots$$
$$= P_0 + P_1 + P_2 + \cdots + P_k + \cdots$$

(3) 非正弦交流电路的计算,实际上是应用了线性电路的叠加定理,并借助于直流及交流电路的计算方法,其步骤如下:将非正弦信号分解成傅里叶级数;计算直流分量和各次谐波分量分别作用于电路时的电压和电流响应。

要注意感抗和容抗在不同谐波所表现的不同,即

$$X_{kL} = k\omega L, \quad X_{kC} = \frac{1}{k\omega C}$$

习 题 7

7.1 求图 7-5 所示波形的傅里叶级数。

7.2 若矩形波的电流在 $\frac{1}{4}$ 周期内 $I_{\mathrm{m}} = 10$ A,求其有效值。

7.3 已知某二端网络的电压 $u = [50 + 60\sqrt{2}\sin(\omega t + 30°) + 40\sqrt{2}\sin(2\omega t + 10°)]$ V, $i = [1 + 0.5\sqrt{2}\sin(\omega t - 20°) + 0.3\sqrt{2}\sin(2\omega t + 50°)]$ A,求二端网络的平均功率。

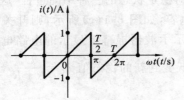

图 7-5 习题 7.1 图

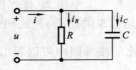

图 7-6 习题 7.4 图

7.4 图 7-6 所示电路中,作用于电路两端的电压为

$$u = [50 + 100\sqrt{2}\sin(\omega t) + 50\sqrt{2}\sin(2\omega t + 30°)]$$ V

已知电阻 $R = 100\ \Omega$,电容 $C = 20\ \mu\mathrm{F}$,角频率 $\omega = 500$ rad/s,求各支路电流和电路的有功功率。

7.5 RLC 并联电路中,$R = \omega L = \frac{1}{\omega C} = 10\ \Omega$,电压 $u = [220\sin(\omega t) + 90\sin(3\omega t) + 50\sin(5\omega t)]$ V,求 R、L、C 支路中的电流。

第8章 线性动态电路分析

教学目标 ━━

　　本章讲解如何用时域分析法对线性电路过渡过程进行分析和计算。通过本章的学习主要
要求掌握动态过渡过程的基本概念、换路定律和初始值的确定、一阶电路的零输入响应和零状
态响应、一阶电路的全响应,理解"三要素法"这一分析方法、阶跃函数和一阶电路的阶跃响应、
一阶电路的典型应用等。

8.1 换 路 定 律

1. 电路的过渡过程

　　前面几章讨论了线性时不变电路的稳态分析,包括直流稳态分析和正弦交流稳态分析。
电路在稳定状态下的响应称为稳态响应,它只是电路全部响应的一部分。当电路含有储能元
件(如电容、电感),且电路的结构或元件参数发生改变时,电路的工作状态可能会由一个稳定
状态转变为另一个稳定状态,在一般情况下,这种转变不会瞬时完成,它要经历一个过程,这个
随时间变化而变化的电磁过程就称为过渡过程或瞬态过程。

　　例如,图 8-1(a)所示的 RC 充电电路中,开关闭合前,电容 C 未充电,其两极板上没有电
荷,电容电压 $u_C = 0$,为电路原来的稳态;开关闭合后,电容开始充电,电容 C 两极板上的电压
从零值逐渐增长到新的稳态值 $u_C = U_s$。用示波器来观察,在屏幕上显示出图 8-1(b)所示的
电容电压随时间变化而变化的波形图。从图中可见,电容的充电过程不能瞬时完成,而是需要
一定的时间,经历一个从原来未充电状态过渡到充满电荷稳定状态的一种中间过程,这就是过
渡过程。如果用一个电阻 R' 替代图 8-1(a)电路中的电容,如图 8-1(c)所示,则开关闭合前
$i_R = 0$,为电路原来的状态;开关闭合后,从图 8-1(d)所示示波器屏幕上显示的电路电流随时
间变化而变化的波形图中可以看出,电流即时从 $i_R = 0$ 跃变到新的稳态值 $i_R = \dfrac{U_s}{R+R'}$,电路中

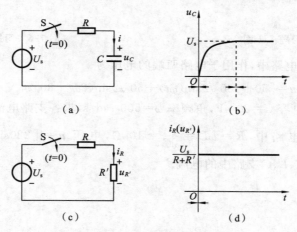

(a)　　　　　　　　　　　　(b)

(c)　　　　　　　　　　　　(d)

图 8-1　电路过渡过程的产生

不存在过渡过程。两电路的根本区别在于前者含有储能元件电容 C,后者是一个纯电阻电路。

　　一般情况下,当线性电路中仅含一个储能元件时,描述电路的方程将是一阶线性常微分方程,这种电路称为一阶电路。同理,当电路中含有两个储能元件,需要由二阶微分方程描述时,这种电路称为二阶电路。

　　分析动态电路的方法之一是:以 $u(t)$ 和 $i(t)$ 为变量,根据 KCL、KVL 和元件的 VCR 建立电路的微分方程,求解方程,得到所求变量 $u(t)$ 和 $i(t)$(此时也称为响应)。这种方法是在时间域中求解响应的方法,故称时域分析法,是一种经典法。

　　在动态电路分析中,将因电路结构或参数的改变而引起的电路变化统称为换路,换路是动态电路产生过渡过程的外因。

2. 换路定律与初始条件的计算

　　在电路理论中,常把电路支路的接通、切断、短路,电源或电路参数的突然改变,以及电路连接方式的其他改变统称为换路,并且认为换路是瞬间完成的。

　　若电路中含有电容及电感等储能元件,在换路前后这一瞬间,它们的能量一般不能跃变,否则将导致功率成为无限大。

　　电容元件的电场能量 $W_C = \dfrac{1}{2} C u_C^2$,由于换路时能量一般不能跃变,所以体现为电容电压一般不能跃变。

　　电感元件的磁场能量 $W_L = \dfrac{1}{2} L i_L^2$,由于换路时能量一般不能跃变,所以体现为电感电流一般不能跃变。

　　在换路瞬间,电容元件的电流为有限值时,其电压 u_C 不能跃变;电感元件的电压为有限值时,其电流 i_L 不能跃变。这一结论称为换路定律。把换路时刻取为计时起点,记为 $t=0$,换路前的最后时刻记为 $t=0_-$,换路后的最初时刻记为 $t=0_+$,它们和 $t=0$ 之间的间隔也趋近于零,于是换路定律可以表示为

$$\left. \begin{aligned} u_C(0_+) &= u_C(0_-) \\ i_L(0_+) &= i_L(0_-) \end{aligned} \right\} \tag{8-1}$$

　　电路的初始值(也称初始条件)可以用 $t=0_+$ 等效电路求出,它是一个电阻性电路。$t=0_+$ 等效电路的画法源于替代定理,即将独立初始值用独立源替代,具体如下。

　　(1) 若 $u_C(0_+) = u_C(0_-) = U_0$,则电容用电压值为 U_0 的电压源替代;若 $u_C(0_+) = u_C(0_-) = 0$,则电容用短路替代。

　　(2) 若 $i_L(0_+) = i_L(0_-) = I_0$,则电感用电流值等于 I_0 的电流源替代;若 $i_L(0_+) = i_L(0_-) = 0$,则电感用开路替代。

　　【例 8-1】　求图 8-2 所示电路开关断开后各电压、电流的初始值。已知在开关断开前,电路已处于稳定状态。

　　解　设开关打开前后瞬间的时刻为 $t=0_-$ 和 $t=0_+$,由换路定律得

$$u_C(0_+) = u_C(0_-)$$

　　宜先作出 $t=0_-$ 时的等效电路以求得 $u_C(0_-)$。根据已知条件,此时电路处于稳态,电容可看做开路,得 $t=0_-$ 时的等效电路如图 8-2(b)所示。由此可知

$$u_C(0_-) = 10 \times \frac{30}{30+20} \text{ V} = 6 \text{ V}$$

故得

$$u_C(0_+) = 6 \text{ V}$$

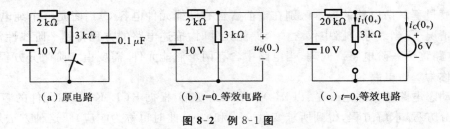

（a）原电路　　　　（b）$t=0_-$ 等效电路　　　　（c）$t=0_+$ 等效电路

图 8-2　例 8-1 图

作出 $t=0_+$ 时的等效电路如图 8-2(c) 所示，由此可求得

$$i_1(0_+)=0$$

$$i(0_+)=i_C(0_+)=\frac{10-6}{20}\ \text{mA}=0.2\ \text{mA}$$

$$u_R(0_+)=Ri(0_+)=4\ \text{V}$$

【**例 8-2**】　求图 8-3(a) 所示电路在开关闭合后各电压、电流的初始值。已知在开关闭合前，电路已处于稳态。

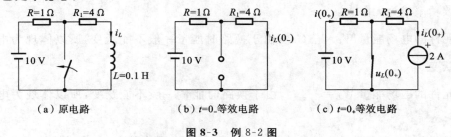

（a）原电路　　　　（b）$t=0_-$ 等效电路　　　　（c）$t=0_+$ 等效电路

图 8-3　例 8-2 图

解　先求出开关闭合时流入电感的电流。根据已知条件，此时电路处于稳态，电感可看做短路，得 $t=0_-$ 时的等效电路如图 8-3(b) 所示。由此可知

$$i_L(0_-)=\frac{10}{1+4}\ \text{A}=2\ \text{A}$$

故得

$$i_L(0_+)=2\ \text{A}$$

作 $t=0_+$ 时的等效电路，如图 8-3(c) 所示，运用直流电阻电路的分析方法，即可求出各电压、电流的初始值为

$$i_L(0_+)=2\ \text{A},\quad i(0_+)=10\ \text{A}$$

$$i_1(0_+)=i(0_+)-i_L(0_+)=8\ \text{A}$$

$$u_R(0_+)=Ri(0_+)=10\ \text{V}$$

$$u_{R_1}(0_+)=R_1 i_L(0_+)=8\ \text{V}$$

$$u_L(0_+)=-u_{R_1}(0_+)=-8\ \text{V}$$

8.2　一阶电路的零输入响应

由于电路为一阶电路，因此总可以将电路简化为仅含激励、电阻与储能元件（电容或电感）的形式，在分析电路的零输入响应时，电路则仅含电阻与储能元件（电容或电感）。下面就以电容电路为例，分析一阶电路暂态过程中的零输入响应（含电感的一阶电路的情况可以对偶地讨论）。

所谓"零输入响应"，就是电路在无激励的情况下，由储能元件本身释放能量的一个放电

过程。

1. RC 电路的零输入响应

电路如图 8-4 所示,其中只含有一个电阻和一个已被充电的电容。在电容初始储能的作用下,在 $t \geqslant t_0$ 时,电路中虽无电源,但仍可以有电流、电压存在,构成零输入响应。在对这一换路后的电路进行数学分析之前,先从物理概念上对这一电路作些定性分析。

在 $t = 0$ 的瞬间,电容与电压源脱离而改为与电阻相连接。在这一瞬间,电容电压仍能维持原来的大小 U_0 吗?根据电容电流为有界时电容电压不能跃变的道理,可以判定在图 8-4 所示电路中,电容电压是不能跃变的。这是因为:如果在换路瞬间电容电压立即由原来的 U_0 值变为其他数值,发生跃变,那么,流过电容的电流将为无限大,电阻电压也将为无限大,而在该电路中并无其他能提供无限大电压的电源,使得电路中的各个电压能满足 KVL。因而电流只能为有界的,电容电压不能跃变。若用 $t = 0_+$ 表示换路后的瞬间,用 $t = 0_-$ 表示要换路前的瞬间,则 $u_C(0_+) = u_C(0_-) = u_C(0) = U_0$。在图 8-5 所示电路中,电容的电压也就是电阻的电压,因此,在 $t = 0$ 时,电阻电压也应为 U_0,这就意味着在换路瞬间电流将由零一跃而为 U_0/R,电路中的电流发生了跃变,换路后,电容通过电阻放电,电压将逐渐减小,最后降为零,电流也相应地从 U_0/R 下降,最后也降为零。在这过程中,在初始时刻电压为 U_0 的电容所存储的能量逐渐被电阻所消耗,转化为热能。

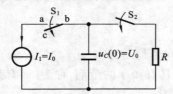

图 8-4 已充电的电容与电阻相连接

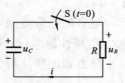

图 8-5 RC 电路零输入响应

1) 数学分析

已知其中电容元件的初始值为 $u_{0_+} = u_{0_-} = U_0$。由电路可得,$u_R - u_C = 0$,而 $u_R = iR = -RC \dfrac{\mathrm{d}u_C}{\mathrm{d}t}$,所以电路方程为

$$RC \frac{\mathrm{d}u_C}{\mathrm{d}t} + u_C = 0 \quad (t \geqslant 0) \tag{8-2}$$

2) 方程的求解

由高等数学中的知识可知,该一阶常系数线性微分方程的特征方程为

$$RCp + 1 = 0 \tag{8-3}$$

其特征根即为

$$p = -\frac{1}{RC}$$

则电路方程的通解形式为

$$u_C(t) = A \mathrm{e}^{-\frac{1}{RC}t} \tag{8-4}$$

而将电路条件代入式(8-4)中,就可得积分常数

$$A = u_C(0_+) = U_0$$

所以满足初始条件的电路方程的解为

$$u_C(t) = U_0 \mathrm{e}^{-\frac{1}{RC}t} \quad (t \geqslant 0) \tag{8-5}$$

电路电流为

$$i_C(t) = C\frac{\mathrm{d}u_C}{\mathrm{d}t} = -\frac{U_0}{R}\mathrm{e}^{-\frac{1}{RC}t} \quad (t \geqslant 0) \tag{8-6}$$

电阻 R 上的电压为

$$u_R(t) = Ri_C(t) = -U_0\mathrm{e}^{-\frac{1}{RC}t} \quad (t \geqslant 0) \tag{8-7}$$

其中，$\tau = RC$，称为电路的时间常数，单位为秒（s）。

实际上，零输入响应的暂态过程即为电路储能元件的放电过程，可知，当时间 $t \to \infty$ 时，电容电压趋近于零，放电过程结束，电路处于另一个稳态。而在工程中，常常认为电路经过 $3\tau \sim 5\tau$ 时间后放电结束。

3）一阶电路的零输入响应曲线

利用初始值、稳态值和时间常数可以确定一阶电路的零输入响应曲线。其中，初始值由换路前的电路确定，稳态值由换路后的电路确定，而时间常数由电路中的电容和电容两端的戴维南等效电阻确定（见图 8-6）。

在曲线中，τ 为过点 $(0, U_0)$ 曲线的切线在时间轴上的截距（有关的证明请同学们自行完成）。

4）时间常数

（1）时间常数是体现一阶电路电惯性特性的参数，它只与电路的结构和参数有关，而与激励无关（见图 8-7）。

（2）对于含电容的一阶电路，时间常数 $\tau = RC$。

（3）τ 越大，电惯性越大，相同初始值情况下，放电时间越长。

（4）一阶电路方程的特征根为时间常数的相反数，它具有频率的量纲，称为"固有频率"。

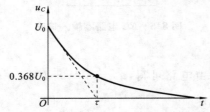

图 8-6　一阶电路的零输入响应曲线

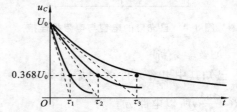

图 8-7　时间常数的意义

2. RL 电路的零输入响应

另一种典型的一阶电路是 RL 电路。下面研究它的零输入响应，设在 $t < 0$ 时电路如图 8-8 所示，开关 S_1 闭合，S_2 打开，电感 L 由电流源 I_0 供电。

设在 $t = 0$ 时，S_1 迅速打开，同时 S_2 闭合。这样，电感 L 便与电阻相连接，且由于电感电流不能跃变，电感虽已与电流源脱离，但仍具有初始电流 I_0，该电流将在 RL 回路中逐渐下降，最后为零。在这一过程中，初始时刻电感存储的磁场能量逐渐被电阻消耗，转化为热能。

为求得这一零输入响应，把 $t \geqslant 0$ 时的电路用图 8-9 所示。

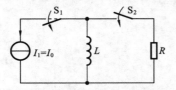

图 8-8　具有初始电流 I_0 的 RL 电路

图 8-9　RL 电路的零输入响应

列出

$$L \frac{\mathrm{d}i_L}{\mathrm{d}t} + Ri_L = 0 \quad (t \geqslant 0) \tag{8-8}$$

$$i_L(0) = I_0 \tag{8-9}$$

解微分方程,得

$$i_L(t) = I_0 \mathrm{e}^{-t/\tau} \quad (t \geqslant 0) \tag{8-10}$$

其中,$\tau = L/R$ 为该电路的时间常数。电感电压 u_L 则为

$$u_L = L \frac{\mathrm{d}i_L}{\mathrm{d}t} = -RI_0 \mathrm{e}^{t/\tau} \quad (t \geqslant 0) \tag{8-11}$$

电流及电压的波形如图 8-10 所示,它们都是随时间衰减的指数曲线。

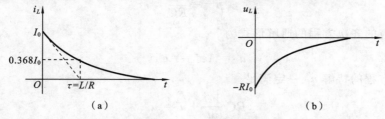

图 8-10　RL 电路 i_L、u_L 随时间变化而变化的曲线

由式(8-10)和式(8-11)可知,时间常数越小,电流、电压衰减得越快;反之则越慢。这一结论和以上对 RC 电路分析所得结论相同。只是具体对 RL 电路来说,$\tau = L/R$,这就是说,L 越小,R 越大,则电流、电压衰减得越快。可以从物理概念上来理解这一结论。对同样的初始电流,L 越小就意味着储能越小,因而供应电阻消耗的时间就越短。对同样的初始电流,R 越大,电阻的功率也越大,因而储能也就较快地被电阻消耗掉。

8.3　一阶电路的零状态响应

所谓"零状态响应",即电路中储能元件的初始储能为零,由外部电源为储能元件输入能量的充电过程。

1. RC 电路的零状态响应

1) 电路方程

电路如图 8-11 所示。

已知其中电容的初始值为零。当 S 闭合时,电压源 U_s 开始向电容充电。换路瞬间,根据换路定律,$u_C(0_+) = u_C(0_-) = 0$,电容相当于短路,电压源电压 U_s 全部施加在电阻 R 两端,此时刻充电电流达到最大值,$i(0_+) = U_s/R$。随着充电的进行,电容电压 $u_C(t)$ 逐渐增大,充电电流随之减小。直到 $u_C = U_s$,$i = 0$,充电过程结束,电容相当于开路,电路进入直流稳态。下面从数学角度,讨论换路后 RC 电路中的电压、电流的变化规律。

根据 KVL 可得

$$u_R + u_C = U_s \quad (t \geqslant 0) \tag{8-12}$$

将 $u_R = Ri$ 及 $i_C = C \frac{\mathrm{d}u_C}{\mathrm{d}t}$ 代入式(8-12),得一阶常系数线性非齐次微分方程为

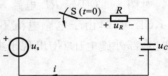

图 8-11　RC 电路的零状态响应

$$RC \frac{du_C}{dt} + u_C = U_s \quad (t \geqslant 0) \tag{8-13}$$

2）方程的求解

由高等数学的知识可知，该一阶常系数线性微分方程的解由齐次方程的通解 u_C' 与非齐次方程的特解 u_C'' 两部分组成。其中，通解取决于对应齐次方程的解，特解则取决于输入函数的形式。

原电路方程对应的齐次方程的特征方程为

$$RCp + 1 = 0$$

其特征根即为

$$p = -\frac{1}{RC}$$

则电路方程对应的齐次方程的通解形式为

$$u_C' = Ae^{pt} = Ae^{-\frac{t}{\tau}} \tag{8-14}$$

而原电路方程的特解 u_C'' 一定满足

$$RC \frac{du_C''}{dt} + u_C'' = u_s \tag{8-15}$$

原电路中的电容电压通解即为

$$u_C = u_C' + u_C'' = Ae^{-\frac{t}{\tau}} + u_C'' \tag{8-16}$$

由初始值的意义可得，当 $t = 0$ 时，$u_C(0_+) = u_C(0_-) = 0$，有

$$u_C(0_+) = Ae^{-\frac{0}{\tau}} + u_C''(0_+) = A + u_C''(0_+)$$

所以

$$A = -u_C''(0_+)$$

因此，在该电路中，当电压源为直流电压源时，满足初始条件的电路方程的解为

$$u_C = -U_s e^{-\frac{t}{\tau}} + U_s = U_s(1 - e^{-\frac{t}{\tau}}) \tag{8-17}$$

其中，$\tau = RC$，称为电路的时间常数，单位为秒（s）。

实际上，零状态响应的暂态过程即为电路储能元件的充电过程，可知，当时间 $t \to \infty$ 时，电容电压趋近于充电值，放电过程结束，电路处于另一个稳态。而在工程中，常常认为电路经过 $3\tau \sim 5\tau$ 时间后充电结束。

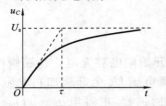

图 8-12　一阶电路的零状态响应曲线

3）一阶电路的零状态响应曲线

一阶电路的零状态响应曲线如图 8-12 所示。

由此可见，同样，可利用初始值、稳态值和时间常数确定一阶电路的零状态响应曲线。其中，初始值由换路前的电路确定，稳态值由换路后的电路确定，而时间常数由电路中的电容和电容两端的戴维南等效电阻确定。

2. RL 电路的零状态响应

对图 8-13 所示 RL 电路，其电流的零状态解也可作类似的分析，设开关在 $t = 0$ 时闭合，由 KCL 可知，由于电感电流不能跃变，所以在 $t = (0_+)$ 时电流仍然为零，电阻的电压也为零，此时全部外施电压 U_s 出现于电感两端，因此此电流的变化率必须满足

$$L \frac{di_L}{dt} + Ri_L = U_s, \quad L \frac{di_L}{dt}\bigg|_{0_+} = U_s$$

这说明电流是要上升的，电阻电压也逐渐增大，因为总电压是一定的，所以电感电压应逐

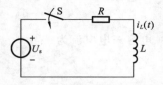

图 8-13　*RL* 电路的零状态响应

渐减小。电感电压减小，意味着电流变化率 $\dfrac{\mathrm{d}i_L}{\mathrm{d}t}$ 减小，因此电流的上升将越来越缓慢，到后来 $\dfrac{\mathrm{d}i_L}{\mathrm{d}t}\approx0$，电感电压几乎为零，电感如同短路。这时，全部电源电压将施加于电阻两端，电流应为

$$i_L\approx\frac{U_s}{R}$$

此时，电流几乎不再变化，电路达到了直流稳态。

利用以上 *RC* 电路零状态响应的求解步骤可求得

$$i_L(t)=\frac{U_s}{R}(1-\mathrm{e}^{-\frac{R}{L}t})\quad(t\geqslant0)\tag{8-18}$$

这一响应是由零值开始按指数规律上升，并趋向于稳态值 U_s/R 的。

以上讲述了在直流电流或电压作用下电路的零状态响应。这是电路内的物理过程，实质上是电路中动态元件的储能从无到有逐渐增长的过程。因此，电容电压或电感电流都是从它的零值开始按指数规律上升到它的稳态值的。时间常数 τ 仍与零输入响应时的相同。当电路到达稳态时，电容相当于开路，而电感相当于短路，由此可确定电容或电感的稳态值。掌握了 $u_C(t)$ 和 $i_L(t)$ 后，根据置换定理就可求出其他各个电压和电流。

从式（8-17）、式（8-18）都可见到：若外施激励增大 a 倍，则零状态响应也增大 a 倍，这种外施激励和零状态响应之间的正比关系称为零状态比例性，是线性电路激励与响应呈线性关系的反映。如果有多个独立电源用于电路，则可以运用叠加定理求出零状态响应。

8.4　一阶电路的全响应

当一个非零初始状态的一阶电路受到外加激励作用时，电路的响应称为全响应。

电路如图 8-14 所示，将开关 S 闭合前，电容已经充电且电容电压 $u_C(0_-)=U_0$，在 $t=0$ 时将开关 S 闭合，直流电压源 U_s 作用于一阶 *RC* 电路。根据 KVL，此时电路方程可表示为

$$RC\frac{\mathrm{d}u_C}{\mathrm{d}t}+u_C=U_s\tag{8-19}$$

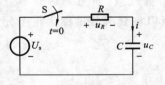

图 8-14　一阶 *RC* 电路的全响应

根据换路定律可知式（8-19）的初始条件为

$$u_C(0_+)=u_C(0_-)=U_0$$

令式（8-19）的解为 $u_C=u_C'+u_C''$

与一阶 *RC* 电路的零状态响应类似，取换路后的稳定状态为方程的特解，则

$$u_C'=U_s$$

同样令式（8-19）对应的齐次微分方程的特解为 $u_C''=A\mathrm{e}^{-\frac{t}{\tau}}$。其中，$\tau=RC$，为电路的时间常数，所以有

$$u_C=U_s+A\mathrm{e}^{-\frac{t}{\tau}}$$

得到积分常数为

$$A=U_0-U_s$$

所以电容电压最终可表示为

$$u_C = U_s + (U_0 - U_s) e^{-\frac{t}{\tau}} \qquad (8\text{-}20)$$

电容充电电流为

$$i = C \frac{\mathrm{d}u_C}{\mathrm{d}t} = \frac{U_s - U_0}{R} e^{-\frac{t}{\tau}}$$

这就是一阶 RC 电路的全响应。图 8-15 分别描述了 U_s、U_0 均大于零时，在 $U_s > U_0$、$U_s = 0$、$U_s < U_0$ 三种情况下 u_C 与 i 的波形。

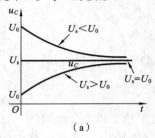
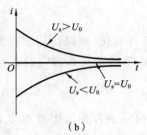

图 8-15 u_C、i 的波形图

将式(8-20)重新调整后，得

$$u_C = U_0 e^{-\frac{t}{\tau}} + U_s(1 - e^{-\frac{t}{\tau}})$$

可以看出，右端第 1 项正是电路的零输入响应，第 2 项则是电路的零状态响应。显然，RC 电路的全响应是零输入响应与零状态响应的叠加，即

全响应 = 零输入响应 + 零状态响应

研究表明，线性电路的叠加定理不仅适用于 RC 电路，还适用于 LC 电路的分析过程，同时，对于 n 阶电路也可应用叠加定理进行分析。

进一步分析式(8-20)可以看出，右端第 1 项是电路微分方程的特解，其变化规律与电路外加激励源的相同，称为强制分量；式(8-20)右端第 2 项对应于微分方程的通解，其变化规律与外加激励源无关，仅由电路参数决定，称为自由分量。所以，全响应又可表示为强制分量与自由分量的叠加，即

全响应 = 强制分量 + 自由分量

从另一个角度来看，式(8-20)中有一部分随时间推移呈指数衰减，而另一部分不衰减。显然，衰减分量在 $t \to \infty$ 时趋于零，最后只剩下不衰减的部分，所以将衰减分量称为暂态分量，不衰减的部分称为稳态分量，即

全响应 = 稳态分量 + 暂态分量

8.5 三要素法求解一阶电路

本节将介绍适用于直流输入情况下的三要素法，分析一阶电路的全响应。

一阶电路都只会有一个电容(或电感)，尽管其他支路可能由许多的电阻、电源、控制源等构成，但是将动态元件独立开来，其他部分可以看成是一个端口的电阻电路，根据戴维南定理或诺顿定理可将复杂的网络都可以化成图 8-16(a)、图 8-16(c)所示的简单电路。下面介绍的三要素法常用于分析复杂的一阶电路。

从图 8-16(b)可以看出，如前所述，u_C 的表达式可以写为

$$u_C(t) = u_C(\infty) + [u_C(0_+) - u_C(\infty)] e^{-\frac{t}{\tau}}$$

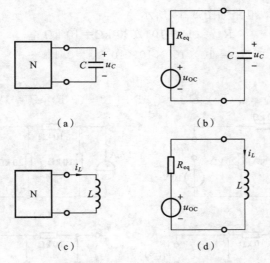

（a）　　　　　　　（b）

（c）　　　　　　　（d）

图 8-16　复杂一阶电路的全响应

其中，$\tau = R_{eq}C$，u_{OC} 是端口网络 N 的开路电压，由于 $u_{OC} = \lim u_C(t) = u_C(\infty)$，所以有

$$u_C(t) = u_C(\infty) + [u_C(0_+) - u_C(\infty)]e^{-\frac{t}{\tau}} \tag{8-21}$$

同理，根据图 8-16(d) 可以直接写出电感电流的表达式为

$$i_L(t) = i_L(\infty) + [i_L(0_+) + i_L(\infty)]e^{-\frac{t}{\tau}} \tag{8-22}$$

其中，$\tau = \dfrac{L}{R_{eq}}$，$i_L(\infty) = \dfrac{u_{OC}}{R_{eq}}$ 为 i_L 的稳态分量。

综合上述两种情况可以发现，全响应总是由初始条件、特解和时间常数三个要素决定的。在直流电源激励下，若初始条件为 $f(0_+)$，特解为稳态解 $f(\infty)$，时间常数为 τ，则全响应 $f(t)$ 可表示为

$$f(t) = f(\infty) + [f(0_+) - f(\infty)]e^{-\frac{t}{\tau}} \tag{8-23}$$

如果已经确定一阶电路的 $f(0_+)$、$f(\infty)$ 和 τ 这三个要素，就可以根据式(8-23)直接写出电流激励下一阶电路的全响应。这种方法称为三要素法。

一阶电路在正弦激励源的作用下，由于电路的特解 $f'(t)$ 是时间的正弦函数，则式(8-23)可以写为

$$f(t) = f'(t) + [f(0_+) - f'(0_+)]e^{-\frac{t}{\tau}}$$

其中，$f'(t)$ 是特解，为稳态响应，$f'(0_+)$ 是 $t=0_+$ 时稳态响应的初始值。

【例 8-3】　电路如图 8-17 所示，$t=0$ 时开关 S 闭合，换路前电路已处于稳态，试求换路后 $(t \geqslant 0)$ 的 u_C。

解　(1) 换路前

$u_C(0_-) = (1 \times 10^{-3} \times 20 \times 10^3 - 10) \text{ V} = 10 \text{ V}$

换路后

$$u_C(0_+) = u_C(0_-) = 10 \text{ V}$$

(2) 当稳态值稳定 $(t=\infty)$ 时

$$u_C(\infty) = \left(1 \times 10^{-3} \times \frac{10}{10+10+20} \times 20 \times 10^3 - 10\right) \text{ V}$$

$$= -5 \text{ V}$$

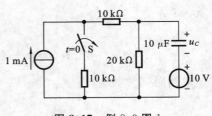

图 8-17　例 8-3 图 1

（3）画出求 R_{eq} 的等效电路如图 8-18 所示。

$$R_{eq}=(10+10)\mathbin{/\mkern-5mu/}20\ \text{k}\Omega=10\ \text{k}\Omega$$

$$\tau=10\times10^3\times10\times10^{-6}\ \text{s}=0.1\ \text{s}$$

于是

$$u_C=u_C(\infty)+[u_C(0_+)-u_C(\infty)]\text{e}^{-\frac{t}{\tau}}=\{-5+[10-(-5)]\text{e}^{-\frac{t}{0.1}}\}\ \text{V}=(-5+15\text{e}^{-10t})\ \text{V}$$

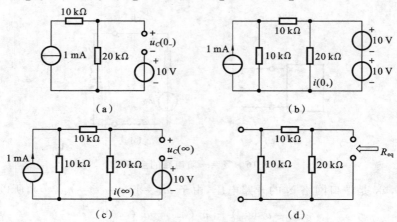

图 8-18 例 8-3 图 2

【例 8-4】 电路如图 8-19 所示，试用三要素法求 $t\geqslant0$ 时的 i_1、i_2 及 i_L。换路前电路处于稳态。

解 开关 S 闭合前电感 L 中的电流

$$i_L(0_-)=\frac{12}{6}\ \text{A}=2\ \text{A}$$

开关 S 闭合后各电流初始值 $i_L(0_+)=i_L(0_-)=2\ \text{A}$。将电感 L 用恒流源 $i_L(0_+)$ 代替，求出 $i_1(0_+)$ 和 $i_2(0_+)$。

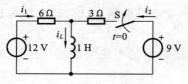

用节点电压法求出 $u_L(0_+)$ 为

$$u_L(0_+)=\frac{\dfrac{12}{6}+\dfrac{9}{3}-2}{\dfrac{1}{6}+\dfrac{1}{3}}\ \text{V}=6\ \text{V}$$

图 8-19 例 8-4 图

则

$$i_1(0_+)=\frac{12-6}{6}\ \text{A}=1\ \text{A},\quad i_2(0_+)=\frac{9-6}{3}\ \text{A}=1\ \text{A}$$

开关 S 闭合后各电流的稳态值

$$i_1(\infty)=\frac{12}{6}\ \text{A}=2\ \text{A}$$

$$i_2(\infty)=\frac{9}{3}\ \text{A}=3\ \text{A}$$

$$i_L(\infty)=i_1(\infty)+i_2(\infty)=(2+3)\ \text{A}=5\ \text{A}$$

电路时间常数为

$$\tau=\frac{L}{R}=\frac{1}{\dfrac{3\times6}{3+6}}\ \text{s}=0.5\ \text{s}$$

于是

$$i_1 = i_1(\infty) - [i_1(0_+) - i_1(\infty)]e^{-\frac{t}{\tau}} = [2 + (1-2)e^{-\frac{t}{0.5}}] \text{ A} = (2 - e^{-2t}) \text{ A}$$

$$i_2 = [3 + (1-3)e^{-\frac{t}{0.5}}] \text{ A} = (3 - 2e^{-2t}) \text{ A}$$

$$i_L = [5 + (2-5)e^{-2t}] \text{ A} = (5 - 3e^{-2t}) \text{ A}$$

综上所述,用三要素法求解一阶暂态电路的简要步骤如下。

1. 求稳态值 $f(\infty)$

取换路后的电路,将其中的电感视作短路,电容视作开路,获得直流电阻性电路,求出各支路电流和各元件端电压,即为它们的稳态值 $f(\infty)$。

2. 求初始值 $f(0_+)$

(1) 若换路前电路处于稳态,则可用求稳态值的方法求出电感中的电流 $i_L(0_-)$ 或电容两端的电压 $u_C(0_-)$,其他元件的电压、电流可不必求解。由换路定律有 $i_L(0_+) = i_L(0_-)$,$u_C(0_+) = u_C(0_-)$,即为它们的初始值。

(2) 若换路前电路处于前一个暂态过程中,则可将换路时间 t_0 代入前一过程的 $i_L(t)$ 或 $u_C(t)$ 中,即得 $i_L(t_{0-})$ 或 $u_C(t_{0-})$,由换路定律有 $i_L(t_{0+}) = i_L(t_{0-})$ 或 $u_C(t_{0+}) = u_C(t_{0-})$,即为它们的初始值。

(3) 取换路后的电路,将电路中的电感用其 $i_L(0_+)$ 作为理想电流源代替,将电路中的电容用其 $u_C(0_+)$ 作为理想电压源代替,获得直流纯电阻电路,求出各支路电流和元件端电压,即为初始值 $f(0_+)$。

3. 求时间常数

对含有电容的一阶电路　　　　　　　$\tau = RC$

对含有电感的一阶电路　　　　　　　$\tau = \dfrac{L}{R}$

其中,R 是换路后的电路除去电源和储能元件后在储能元件两端所得无源二端网络的等值电阻。τ 的物理意义在于 τ 具有时间量纲,单位为秒(s)。τ 的大小反映了电路中能量储存或释放的速度,τ 愈大则暂态过程时间愈长。它是暂态分量 $f''(t) = [f(0_+) - f(\infty)]e^{-\frac{t}{\tau}}$ 衰减到其原值 $[f(0_+) - f(\infty)]$ 的 36.8% 所需的时间(或者衰减掉原值的 63.2% 所需的时间),在数学上等于暂态过程曲线上任意一点的次切距长度。

理论上暂态过程要持续到 $t = \infty$ 才结束,实际上当 $t = 3\tau \sim 5\tau$ 时,$f(t)$ 已达到 $f(\infty)$ 的 95% $\sim$ 99%,工程上认为电路已经稳定,因此定义 $t_s = 3\tau \sim 5\tau$ 为暂态过程的持续时间。表 8-1 列出了 $e^{-\frac{t}{\tau}}$ 衰减的情况。

表 8-1　$e^{-\frac{t}{\tau}}$ 衰减的情况

t	τ	2τ	3τ	4τ	5τ
$e^{-t/\tau}$	e^{-1}	e^{-2}	e^{-3}	e^{-4}	e^{-5}
$e^{-t/\tau}$ 值	0.368	0.135	0.050	0.018	0.007

4. 将结果代入公式

$$f(t) = f(\infty) + [f(0_+) - f(\infty)]e^{-\frac{t}{\tau}}$$

即为所求暂态过程电压、电流随时间变化而变化的规律。

8.6 一阶电路的阶跃响应

在前面动态电路的分析中,通过开关动作来换路,从而使外加激励作用于动态电路而产生过渡过程。除了使用开关来描述动态电路在外加激励下的响应外,在动态电路分析中还广泛引用阶跃函数来描述电路的激励和响应。下面简要介绍阶跃函数及阶跃响应。

1. 阶跃函数

阶跃函数是一种奇异函数,在电路分析中非常有用。当电路有开关动作时,就会产生开关信号,这些阶跃函数是最接近开关信号的理想模型,它对进一步分析一阶电路响应非常重要。

作为奇异函数的一种,单位阶跃函数的数学表达式为

$$\varepsilon(t) = \begin{cases} 0 & (t < 0) \\ 1 & (t > 0) \end{cases} \tag{8-24}$$

假如这种突变发生在 $t = t_0 (t_0 > 0)$ 时刻,则单位阶跃函数又可表示为

$$\varepsilon(t - t_0) = \begin{cases} 0 & (t < t_0) \\ 1 & (t > t_0) \end{cases} \tag{8-25}$$

如图 8-20(b)所示,$\varepsilon(t - t_0)$ 起作用的时间比 $\varepsilon(t)$ 滞后了 t_0,称为延迟的单位阶跃函数,本身无量纲,当用它表示电压或电流时,量纲分别为伏特或安培,并统称为阶跃信号。

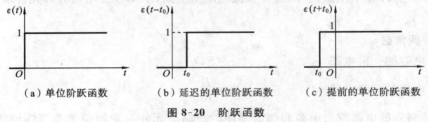

（a）单位阶跃函数　　　　（b）延迟的单位阶跃函数　　　　（c）提前的单位阶跃函数

图 8-20 阶跃函数

在动态电路分析中,阶跃函数可用来描述开关 S 的动作。例如,在 $t = 0$ 时将电压源 U_s 接入动态电路中,则可以用 $U_s \varepsilon(t)$ 来表示这一开关动作,如图 8-21(a)、图 8-21(b)所示,两者是等效的。类似地,在 $t = t_0$ 时将电流源 I_s 接入动态电路中,则可以用 $I_s \varepsilon(t - t_0)$ 来表示这一带有延迟时间的开关动作,如图 8-21(c)、图 8-21(d)所示,两者也是等效的。由此可见,阶跃函数可以作为开关动作的数学模型,所以又称开关函数。

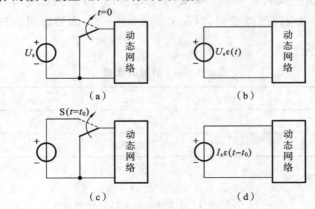

（a）　　　　（b）

（c）　　　　（d）

图 8-21 阶跃函数的开关作用

单位阶跃函数还可以方便地表示某些分段函数,起到截取波形的作用。如图 8-22(a)所示的从 $t=0$ 起始的波形,可以用阶跃函数表示为

$$f(t)\varepsilon(t)=\begin{cases}f(t) & (t\geqslant t_{0+})\\ 0 & (t\leqslant t_{0-})\end{cases} \tag{8-26}$$

若只取 $f(t)$ 的 $t>t_0$ 部分,则

$$f(t)\varepsilon(t-t_0)=\begin{cases}f(t) & (t\geqslant t_0)\\ 0 & (t\leqslant t_0)\end{cases} \tag{8-27}$$

可由式(8-27)得到图 8-22(b)所示的波形。

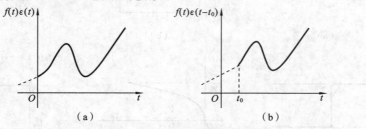

图 8-22 单位阶跃函数截取波形的作用

阶跃函数还可以用来分解波形。例如图 8-23(a)所示的矩形脉冲,可表示为图 8-23(b)和图 8-23(c)所示的两个阶跃函数之和,并有

$$f(t)=K[\varepsilon(t)-\varepsilon(t-t_0)]$$

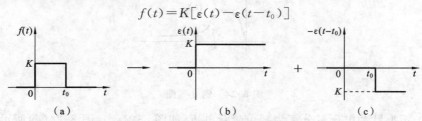

图 8-23 矩形脉冲信号的分解

2. 一阶电路的阶跃响应

电路在(单位)阶跃电压或电流激励下的零状态响应称为(单位)阶跃响应。

把电路在直流激励下的零状态响应中的激励量改为单位阶跃量,就成为电路的阶跃响应。例如,RC 电路在直流电压 U_s 激励下的零状态响应为

$$u_C(t)=U_s(1-e^{-\frac{t}{\tau}}) \quad (t\geqslant 0_+)$$

$$i(t)=\frac{U_s}{R}e^{-\frac{t}{\tau}} \quad (t\leqslant 0_+)$$

则 RC 电路在单位阶跃电压激励下的零状态响应为

$$u_C(t)=(1-e^{-\frac{t}{\tau}})\varepsilon(t)$$

$$i(t)=\frac{1}{R}e^{-\frac{t}{\tau}}\varepsilon(t)$$

如果单位阶跃激励不是在 $t=0$ 时,而是在 $t=t_0$ 时施加的,则将电路阶跃响应中的 t 改为 $t-t_0$,即得电路延迟的阶跃响应。例如,上述 RC 电路延迟的阶跃响应为

$$u_C(t)=(1-e^{-\frac{t-t_0}{\tau}})\varepsilon(t-t_0)$$

$$i(t)=\frac{1}{R}e^{-\frac{t-t_0}{\tau}}\varepsilon(t-t_0)$$

如果已知电路的阶跃响应，只要将阶跃响应乘以直流激励的值，就可求得电路在直流激励下的零状态响应。

【例 8-5】 如图 8-24(a)所示矩形脉冲在 $t=0$ 时作用于图 8-24(b)所示的 RL 电路，求其零状态响应 $i(t)$。

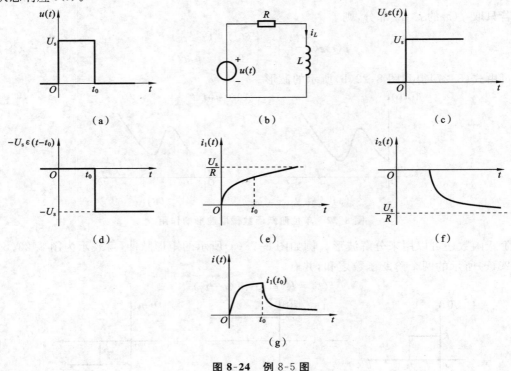

图 8-24 例 8-5 图

解 （1）矩形脉冲电压可分解为两个阶跃电压，如图 8-24(c)、图 8-24(d)所示，即矩形脉冲表示为

$$u(t)=U_s\varepsilon(t)-U_s\varepsilon(t-t_0)$$

（2）求阶跃电压的零状态响应。

时间常数为

$$\tau=\frac{L}{R}$$

$U_s\varepsilon(t)$ 作用时

$$i_1(t)=\frac{U_s}{R}(1-\mathrm{e}^{-\frac{t}{\tau}})\varepsilon(t)$$

$-U_s\varepsilon(t-t_0)$ 作用时

$$i_2(t)=-\frac{U_s}{R}(1-\mathrm{e}^{-\frac{t-t_0}{\tau}})\varepsilon(t-t_0)$$

（3）电路的零状态响应为两个阶跃响应的叠加，即

$$i(t)=i_1(t)+i_2(t)=\frac{U_s}{R}(1-\mathrm{e}^{-\frac{t}{\tau}})\varepsilon(t)-\frac{U_s}{R}(1-\mathrm{e}^{-\frac{t-t_0}{\tau}})\varepsilon(t-t_0)$$

$i_1(t)$、$i_2(t)$、$i(t)$ 的波形如图 8-24(d)、图 8-24(e)、图 8-24(g)所示。

实验项目 12　动态电路零输入响应的研究

1. 实验目的

（1）研究一阶电路方波响应的变化规律和特点。

（2）学习用示波器测定电路时间常数的方法。

（3）掌握微分电路与积分电路的测试方法。

2. 实验设备与器材

所需实验设备与器材包括双踪示波器、功率函数信号发生器、十进制电容箱、旋转式电阻箱、电感箱。

3. 实验内容与步骤

1）必备知识

（1）电路换路后无外加独立电源，仅由电路中动态元件初始储能而产生的响应称为零输入响应。若电路的初始储能为零，则仅由外加独立电源作用所产生的响应称为零状态响应。

（2）动态电路的过渡过程是十分短暂的单次变化过程，用一般的双踪示波器观察电路的过渡过程和测量有关的参数，必须使这种单次变化的过程重复出现。为此，利用信号源输出的方波来模拟阶跃激励信号，即方波的上升沿作为零状态响应的正阶跃激励信号，方波的下降沿作为零输入响应的负阶跃激励信号。只要选择方波的半个周期至少大于被测电路时间常数的 3 倍，电路在这样方波序列信号的作用下，其影响就和直流电源接通与断开的过渡过程的是相同的。

（3）一阶电路的时间常数 τ 是一个非常重要的物理量，它决定零输入响应和零状态响应按指数规律变化的快慢。RC 电路的时间常数可从示波器的响应曲线中测量出来。

图 8-25 所示电路中，对于零输入响应

$$u_C = U_s \mathrm{e}^{-t/RC} = U_s \mathrm{e}^{-t/\tau}$$

当 $t = \tau$ 时，有
$$u_C(\tau) = 0.368 U_s$$

此时所对应的时间就等于 τ，如图 8-26 所示。对于零状态响应，对应的时间可用其响应波形增长到 $0.632 U_s$ 所对应的时间测得。

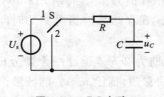

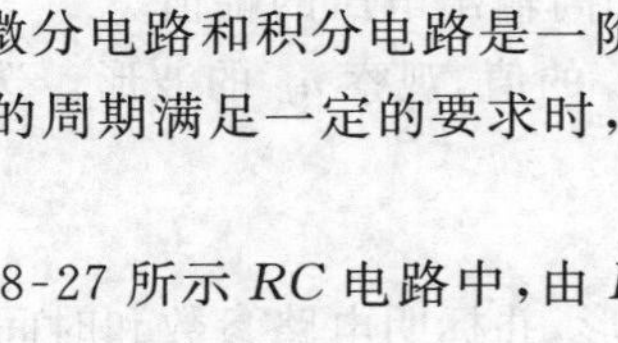

图 8-25　RC 电路

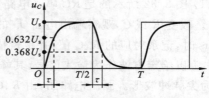

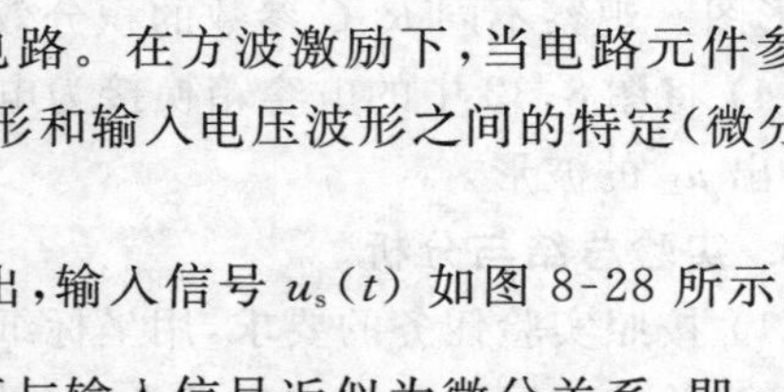

图 8-26　时间常数的测量

（4）微分电路和积分电路是一阶电路较典型的电路。在方波激励下，当电路元件参数和输入信号的周期满足一定的要求时，形成输出电压波形和输入电压波形之间的特定（微分或积分）关系。

如图 8-27 所示 RC 电路中，由 R 端作为响应输出，输入信号 $u_s(t)$ 如图 8-28 所示，方波周期为 T，若满足 $\tau = RC \ll \dfrac{T}{2}$，则此时电路的输出电压与输入信号近似为微分关系，即 $u_R = iR = RC \dfrac{\mathrm{d}u_C}{\mathrm{d}t} \approx RC \dfrac{\mathrm{d}u_s}{\mathrm{d}t}$，此电路称为微分电路，其响应波形为正负尖脉冲，如图 8-29 所示。

若将图 8-27 中的 R 与 C 位置调换，由 C 端作为响应输出，且满足 $\tau = RC \gg \dfrac{T}{2}$，则构成积分电路，如图 8-30 所示，此时电路的输出电压与输入信号近似为积分关系，即

$$u_C = \frac{1}{C}\int i\,dt \approx \frac{1}{RC}\int u_s\,dt$$

输出端得到近似三角波的电压,如图 8-31 所示。

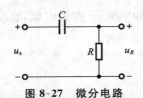

图 8-27　微分电路

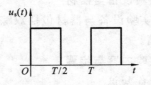

图 8-28　输入信号波形

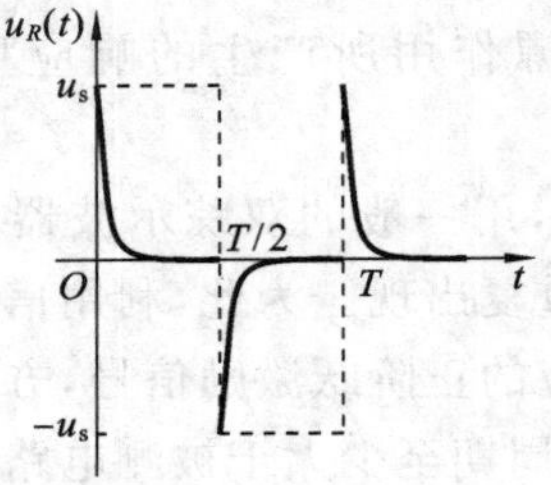

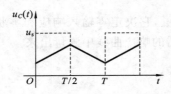

图 8-29　微分电路输入波形

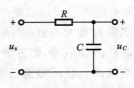

图 8-30　积分电路

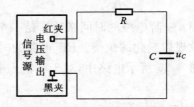

图 8-31　积分电路输出波形

图 8-32　RC 一阶电路

2)实验内容与步骤

(1)图 8-32 所示的是 RC 串联电路,输入方波电压峰-峰值为 4 V,周期为 2 ms(用示波器测量)。改变 R 或 C,观察输出电压 u_C 的变化,用文字叙述观察结果。当电路的时间常数 $\tau =$ 0.2 ms 时,记录对应的 R、C 值,并定量描绘出输出波形。

(2)以给定方波作为输入信号,其峰-峰值为 4 V,周期为 2 ms,设计一个微分电路,使其输出为尖脉冲波形。画出电路图,由 R、C 参数值计算时间常数,描绘 u_s、u_R 的波形图。

(3)输入信号与步骤(2)中使用的输入信号相同,设计一个积分电路,记录各参数及 u_s、u_R 的波形图。观察不同 R、C 参数的积分效果,并分析如何提高输出电压的幅值。

(4)将图 8-32 中的电容箱换接为电感箱,调节 R 或 L 的值,观察 u_L 的波形。选定一组参数,画出 u_L 的波形。

4.实验总结与分析

(1)按照实验任务的要求,用坐标纸画出所观察的波形,并标明电路参数和时间常数。

(2)总结用示波器测定时间常数 τ 的方法。

(3)根据实验观察结果,归纳、总结微分电路和积分电路的特点。

本 章 小 结

(1)换路定律是电容、电感电路的重要定律。在 i_C 和 u_L 为有限值的条件下,换路时刻电容电压和电感电流发生跃变,即

$$u_C(0_+) = u_C(0_-), \quad i_L(0_+) = i_L(0_-)$$

（2）一阶电路的零输入响应是由储能元件的初始值引起的响应，都可用由初始值衰减为零的指数衰减函数来表示。

$$f(t) = f(0)e^{-t/\tau} \quad (t \geqslant 0)$$

$f(0_+)$ 是响应的初始值，τ 是表示电路衰减快慢的时间常数，RC 电路的时间常数 $\tau = RC$，RL 电路的时间常数 $\tau = L/R$，R 为与动态元件相连的一端电路的等效电阻。

（3）一阶电路的零状态响应是电路初始状态为零时由输入激励产生的响应。其形式为

$$f(t) = f(\infty)(1 - e^{-t/\tau}) \quad (t \geqslant 0)$$

其中，$f(\infty)$ 是响应的稳态值。

（4）全响应是电路的初始状态不为零，同时又有外加激励源作用时电路中产生的响应，可分解为

$$f(t) = \underset{\text{（零输入响应）}}{f(0)e^{-t/\tau}} + \underset{\text{（零状态响应）}}{f(\infty)(1 - e^{-t/\tau})} \quad (t \geqslant 0)$$

$$f(t) = \underset{\text{（暂态响应）}}{[f(0) - f(\infty)]e^{-t/\tau}} + \underset{\text{（动态响应）}}{f(\infty)} \quad (t \geqslant 0)$$

（5）一阶电路的响应 $f(t)$ 由初始值 $f(0_+)$、稳态值 $f(\infty)$ 和时间常数 τ 三要素确定，利用三要素公式可以简便地求解一阶电路在直流电源作用下的电路响应。三要素公式为

$$f(t) = [f(0) - f(\infty)]e^{-t/\tau} + f(\infty)$$

习 题 8

8.1 电路如图 8-33 所示，求开关 S 刚合上时的 $u_C(0_+)$、$u_R(0_+)$、$i(0_+)$。

8.2 电路如图 8-34 所示，已知 $u_C(0) = -2$ V，求 $t \geqslant 0$ 时的 $u_C(t)$ 及 $u_R(t)$。

8.3 电路如图 8-35 所示，在 $t = 0$ 时开关闭合。已知在 $t = 1$ s 及 $t = 2$ s 时，$u_R(1) = 10$ V，$u_R(2) = 5.25$ V，$C = 20$ μF。试求电路的 τ、R、$u_R(0_+)$。

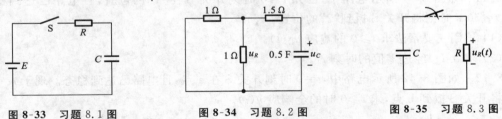

图 8-33　习题 8.1 图　　　　图 8-34　习题 8.2 图　　　　图 8-35　习题 8.3 图

8.4 在 RC 电路电容放电过程中，$C = 4$ μF，要求在放电开始后 0.8 s 内放电过程基本结束，则放电回路中电阻 R 是多少？

8.5 电路如图 8-36 所示，$t = 0$ 时刻开关 S 闭合，开关闭合前电路处于未充电状态，则开关闭合后 1 ms 的电容电压是多少？

8.6 电路如图 8-37 所示，$t = 0$ 时刻开关闭合，换路前电路处于稳态。求 $t \geqslant 0$ 时的电感电流 $i_L(t)$，以及电压 $u_L(t)$ 和 $u_R(t)$。

8.7 电路如图 8-38 所示，$t = 0$ 时刻开关闭合，开关闭合前电路处于稳态。求 $t \geqslant 0$ 时的电流 $i_L(t)$。

8.8 电路如图 8-39(a) 所示，$i_L(0) = 2$ mA，输入如图 8-39(b) 所示波形的电流 $i(t)$，求完全响应 $i_L(t)$。

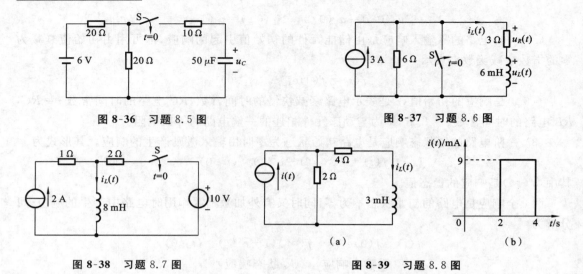

图 8-36 习题 8.5 图 　　　　　　图 8-37 习题 8.6 图

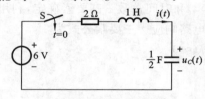

图 8-38 习题 8.7 图 　　　　　　图 8-39 习题 8.8 图

8.9 电路如图 8-40 所示，$t=0$ 时刻开关闭合，电路进行充电，开关闭合前电路中无储能，求 $t \geqslant 0$ 时的 $u_C(t)$ 和 $i(t)$。

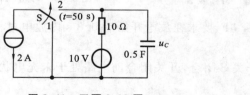

图 8-40 习题 8.9 图

8.10 一个高压电容器原先已充电，其电压为 10 kV，从电路中断开后，经过 15 min 其电压降低为 3.2 kV。

（1）再经过 15 min 电压将降为多少？

（2）如果电容 $C=515\ \mu\text{F}$，那么它的绝缘电阻是多少？

（3）需经过多长时间，可使电压降至 30 V 以内？

（4）如果以一根电阻为 0.2 Ω 的导线将电容短接放电，则最大放电电流是多少？若认为在 5τ 时间内放电完毕，那么放电的平均功率是多少？

8.11 如图 8-41 所示电路中，已知 $t=0$ 时刻开关 S 在"1"的位置，且电路已达到稳态。现于 $t=50$ s 时刻将开关 S 扳到"2"的位置。

（1）试用三要素法求 $t \geqslant 0$ 的响应 $u_C(t)$。

（2）求 $u_C(t)$ 经过零值的时刻 t_0。

8.12 如图 8-42 所示电路中，$t=0$ 时刻开关 S 在 a 点，且电路已达到稳态。现于 $t=50$ s 时刻将开关 S 扳到 b 点，求 $t \geqslant 0$ 时的全响应 $u(t)$。

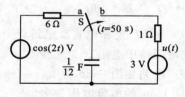

图 8-41 习题 8.11 图 　　　　　　图 8-42 习题 8.12 图

第9章 二端网络

掌握二端网络的特性及分析方法、二端网络方程和参数、二端网络的等效电路及其级联。

9.1 二端网络的概述

前面章节的电路分析,主要是分析、计算支路的电流和电压,所分析的电路是一个完整的电路。然而,随着集成电路技术的发展,越来越多的实用电路被集成在很小的芯片上,经封装后广泛使用在各类电子仪器设备中,这如同将整个网络封装在"黑匣子"中,而只引出若干端子与其他网络、电源或负载相连接。对于这样的网络,重要的将不再是某条支路上的电流、电压情况,而是这个网络的外部特性,即引出端子上的电压、电流关系。这一类电路有其自身的特点,其分析方法,称为网络的端口分析法。本章主要研究二端网络的特性和分析方法。

在对直流电路的分析过程中,通过戴维南定理讲述了具有两个引线端的电路的分析方法,这种具有两个引线端的电路称为一端网络,如图 9-1(a)所示。一个一端网络,不论其内部电路简单或复杂,就其外特性来说,都可以用一个具有一定内阻的电源进行置换,以便在分析某个局部电路工作关系时,使分析过程得到简化。当一个电路有四个外引线端子,如图 9-1(b)所示,如果其中左、右两对端子都满足从一个引线端流入电路的电流与另一个引线端流出电路的电流相等的条件,则这样的电路称为二端网络(或称为双口网络)。

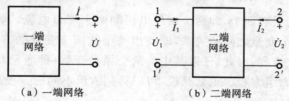

(a)一端网络   (b)二端网络

图 9-1 端口网络

一般情况下,常将二端网络的端口 1-1′看成输入端口,电流、电压信号或功率由此端口输入;将端口 2-2′看成输出端口,电流、电压信号或功率由此端口输出。这是因为在分析问题时,能量的传递和信息的处理方向习惯上是从左到右的,按惯例所采用的参考方向如图 9-1 所示,两个端口电流都流进二端网络,端口电压和电流的参考方向与网络内部的相关电压、电流方向关联。参阅其他参考书时,应注意其端口电压和电流的参考方向,和本书不一致时,需要适当地引入负号。

当一个二端网络的端口电流与电压满足线性关系时,该二端网络称为线性二端网络。通常线性二端网络内的所有元件都是线性元件,如电阻、电容、电感等,否则二端网络为非线性网络。

一个二端网络如果内部不含有任何独立电源和受控源,则称为无源二端网络,否则称为有源二端网络。

二端网络在实际工程中有着广泛的应用(见图9-2)。例如,当面对一个庞大的电气系统时,其电路模型可能十分复杂,若采用电路的基本分析方法进行分析将十分烦琐,甚至无法完成。这时可以将系统分割成几个部分,弄清各部分的输入-输出关系,整个系统的工作状态便可以分析清楚了,这就突出了二端网络理论在工程实际中的特殊价值和重要作用。又如,实际上,许多集成电路元件、自动化环节只能通过端口进行外部测试,因而也必须应用二端网络理论来研究。

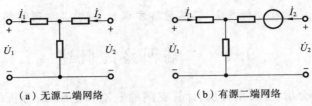

（a）无源二端网络　　　　　　　（b）有源二端网络

图 9-2　二端网络

9.2　二端网络的基本方程和参数

引入端口的概念,使得分析电路的重点放在端口的伏安特性上。例如,一端网络的伏安特性可以用一个参数来表征,即阻抗 Z(或导纳 Y)。对于二端网络来说,要研究二端网络的特性,实质上也是去研究端口上的伏安特性,即找出端口上电压和电流的关系,这些关系只需要一些参数来表示。这些关系的确立是和构成二端网络的元件和连接方式密切相关的。一旦电路的元件和连接方式确定后,这些表征二端网络的电路参数也就不变,端口上电压、电流的变化规律也就不变。通常情况下,可以采用实验测量或计算的方法确立端口上的伏安特性。

二端网络的端口变量有四个,即两个端口电压和两个端口电流。要研究二端网络的伏安特性,就是要研究这四个变量之间的关系,即找出关于这四个变量的方程。因为有四个变量,显然至少需要两个独立方程,因此,任取其中的两个做自变量(即激励),另外两个则为因变量(即响应),则可以得到六组方程。也就是说,可以得到六组不同的方程来表征某个二端网络的伏安特性。

图 9-3　一个无源线性二端网络

1. 二端网络的 Y 参数和方程

图 9-3 所示的为一个无源线性二端网络,其激励为正弦量,电路已达到稳定,端口电压、电流相量的参考方向如图所示,设端口电压 $\dot{U}_1$、$\dot{U}_2$ 为已知量,端口电流 $\dot{I}_1$、$\dot{I}_2$ 为待求量,求用 $\dot{U}_1$、$\dot{U}_2$ 来表示 $\dot{I}_1$、$\dot{I}_2$ 的方程组。

应用替代原理,将端口电压 $\dot{U}_1$ 和 $\dot{U}_2$ 用电压源代替,如图 9-4(a)所示。根据叠加定理,端口电流可由分量电流叠加而得。在图 9-4(b)、图 9-4(c)所示的分量电路中,由线性网络的比例性可知,$\dot{U}_1$(或 $\dot{U}_2$)单独作用产生的分量电流与 $\dot{U}_1$(或 $\dot{U}_2$)成正比,且其网络常数属导纳性质,即

$$\begin{cases} \dot{I}_1' = Y_{11}\dot{U}_1 \\ \dot{I}_2' = Y_{21}\dot{U}_1 \end{cases}, \quad \begin{cases} \dot{I}_1'' = Y_{12}\dot{U}_2 \\ \dot{I}_2'' = Y_{22}\dot{U}_2 \end{cases}$$

式中,网络常数 Y_{11}、Y_{12}、Y_{21}、Y_{22} 取决于二端网络的内部结构和元件参数。

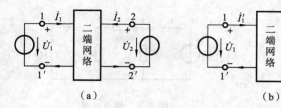
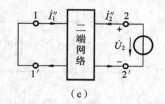

图 9-4　线性无源二端网络

由叠加定理得

$$\begin{cases} \dot{I}_1 = \dot{I}'_1 + \dot{I}''_1 \\ \dot{I}_2 = \dot{I}'_2 + \dot{I}''_2 \end{cases}$$

即

$$\left.\begin{array}{l} \dot{I}_1 = Y_{11}\dot{U}_1 + Y_{12}\dot{U}_2 \\ \dot{I}_2 = Y_{21}\dot{U}_1 + Y_{22}\dot{U}_2 \end{array}\right\} \tag{9-1}$$

其矩阵形式为

$$\begin{bmatrix} \dot{I}_1 \\ \dot{I}_2 \end{bmatrix} = \boldsymbol{Y} \begin{bmatrix} \dot{U}_1 \\ \dot{U}_2 \end{bmatrix} \begin{bmatrix} Y_{11} & Y_{12} \\ Y_{21} & Y_{22} \end{bmatrix} \begin{bmatrix} \dot{U}_1 \\ \dot{U}_2 \end{bmatrix}$$

此方程称为 Y 参数方程。$\boldsymbol{Y}$ 称为 Y 参数，其元素定义为

$$\left.\begin{array}{ll} Y_{11} = \dfrac{\dot{I}_1}{\dot{U}_1}\bigg|_{\dot{U}_2=0}, & Y_{21} = \dfrac{\dot{I}_2}{\dot{U}_1}\bigg|_{\dot{U}_2=0} \\[3mm] Y_{12} = \dfrac{\dot{I}_1}{\dot{U}_2}\bigg|_{\dot{U}_1=0}, & Y_{22} = \dfrac{\dot{I}_2}{\dot{U}_2}\bigg|_{\dot{U}_1=0} \end{array}\right\} \tag{9-2}$$

式中，Y_{11} 为端口 2 短路时，端口 1 的入端导纳；Y_{22} 为端口 1 短路时，端口 2 的入端导纳；Y_{12} 为端口 1 短路时，端口 1 对端口 2 的转移导纳；Y_{21} 为端口 2 短路时，端口 2 对端口 1 的转移导纳。

　　由于这些参数都是在一个端口短路的情况下，通过计算或测试得到的，因而 Y 参数也称为短路导纳参数。可以证明，对于不含独立电源和受控源的线性定常二端网络，$Y_{12} = Y_{21}$，这时网络具有互易性，称为互易网络。在互易二端网络的四个 Y 参数中，只有三个是独立的，也就是说，只要有三个参数就足以表征它的性能。如果一个互易二端网络参数中还存在 $Y_{11} = Y_{22}$ 的关系，则此二端网络的输入端与输出端互换位置后，对外电路特性不变，这样的网络称为对称二端网络。显然，对称二端网络的 Y 参数只有两个是独立的。

　　【例 9-1】　求图 9-5 中所示二端网络的 Y 参数，其中 $R_1 = 5\ \Omega$，$R_2 = 5\ \Omega$，$R_3 = 5\ \Omega$。

　　解 1　根据定义求解。

　　Y 参数方程为

$$\begin{cases} \dot{I}_1 = Y_{11}\dot{U}_1 + Y_{12}\dot{U}_2 \\ \dot{I}_2 = Y_{21}\dot{U}_1 + Y_{22}\dot{U}_2 \end{cases}$$

根据 Y 参数的定义，有

$$Y_{11} = \dfrac{\dot{I}_1}{\dot{U}_1}\bigg|_{\dot{U}_2=0}, \quad Y_{21} = \dfrac{\dot{I}_2}{\dot{U}_1}\bigg|_{\dot{U}_2=0}$$

根据替代定理，在端口 1-1$'$ 上外施电压 $\dot{U}_1$，而将端口 2-2$'$ 短路，即令 $\dot{U}_2 = 0$，如图 9-6 所示。

Y_{11} 表示端口 2-2$'$ 短路时，端口 1-1$'$ 处的输入导纳或驱动导纳；Y_{21} 表示端口 2-2$'$ 短路时，

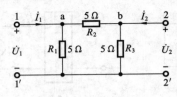

图 9-5 例 9-1 图 1

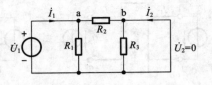

图 9-6 例 9-1 图 2

端口 2-2′ 与端口 1-1′ 之间的转移导纳。

$$Y_{11} = \frac{1}{\dfrac{R_1 R_2}{R_1 + R_2}} = 0.4 \text{ S}$$

由 $Y_{21} = \dfrac{\dot{I}_2}{\dot{U}_1}, \dot{I}_2 = -\dfrac{\dot{I}_1}{2}$ 得 $\qquad Y_{21} = -0.2 \text{ S}$

根据 Y 参数的定义

$$Y_{12} = \frac{\dot{I}_1}{\dot{U}_2}\bigg|_{\dot{U}_1 = 0}, \qquad Y_{22} = \frac{\dot{I}_2}{\dot{U}_2}\bigg|_{\dot{U}_1 = 0}$$

在端口 2-2′ 外施电压 $\dot{U}_2$，而将端口 1-1′ 短路，即 $\dot{U}_1 = 0$。工作情况如图 9-7 所示。

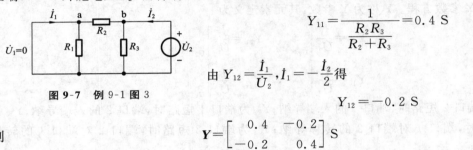

图 9-7 例 9-1 图 3

$$Y_{11} = \frac{1}{\dfrac{R_2 R_3}{R_2 + R_3}} = 0.4 \text{ S}$$

由 $Y_{12} = \dfrac{\dot{I}_1}{\dot{U}_2}, \dot{I}_1 = -\dfrac{\dot{I}_2}{2}$ 得

$$Y_{12} = -0.2 \text{ S}$$

则 $\qquad \mathbf{Y} = \begin{bmatrix} 0.4 & -0.2 \\ -0.2 & 0.4 \end{bmatrix} \text{ S}$

解 2 直接列写参数方程求解。

根据 KCL，在 a、b 节点处可列出两个电流方程：

$$\begin{cases} \dot{I}_1 = \dfrac{\dot{U}_1}{5} + \dfrac{\dot{U}_1 - \dot{U}_2}{5} \\ \dot{I}_2 = \dfrac{\dot{U}_2}{5} + \dfrac{\dot{U}_2 - \dot{U}_1}{5} \end{cases}$$

整理得

$$\begin{cases} \dot{I}_1 = \dfrac{2}{5}\dot{U}_1 - \dfrac{1}{5}\dot{U}_2 \\ \dot{I}_2 = -\dfrac{1}{5}\dot{U}_1 + \dfrac{2}{5}\dot{U}_2 \end{cases}$$

又因为 Y 参数方程为

$$\begin{cases} \dot{I}_1 = Y_{11}\dot{U}_1 + Y_{12}\dot{U}_2 \\ \dot{I}_2 = Y_{21}\dot{U}_1 + Y_{22}\dot{U}_2 \end{cases}$$

所以 $\qquad \mathbf{Y} = \begin{bmatrix} 0.4 & -0.2 \\ -0.2 & 0.4 \end{bmatrix} \text{ S}$

由例 9-1 总结可得，如图 9-5 所示的电路是 Π 形电路，形式如图 9-8 所示。

根据定义或直接列方程都可求得

$$\mathbf{Y} = \begin{bmatrix} Y_{11} & Y_{12} \\ Y_{21} & Y_{22} \end{bmatrix} = \begin{bmatrix} Y_a + Y_b & -Y_b \\ -Y_b & Y_b + Y_c \end{bmatrix}$$

由此可见，$Y_{12} = Y_{21}$。此结果虽然是根据这个特例得到的，但是根据互易性定理可以证明，对于线性 R、$L(M)$、C 元件构成的任何无源二端网络，$Y_{12} = Y_{21}$ 总是成立的。所以对任何一个无源线性二端网络，只要三个独立的参数就足以表征它的性能。如果一个二端网络的参数，除了 $Y_{12} = Y_{21}$ 外，还有 $Y_{11} =$

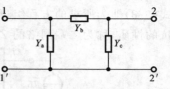

图 9-8　Ⅱ形电路

Y_{22}，则此二端网络的两个端口 1-1′ 和 2-2′ 互换位置后与外电路连接，其外部特性将不会有任何变化，这称为电气上对称。电气上对称并不一定意味着结构上对称（指连接方式和元件性质及其参数的大小均具有对称性），而结构上对称的二端网络显然一定是电气上对称的。对称的二端网络的 Y 参数中，只有两个 Y 参数是独立的。

【例 9-2】　求如图 9-9 所示二端网络的 Y 参数。

解 1　此电路属于Ⅱ形网络，利用图 9-10 所示电路列写端口 KCL 方程。

$$\dot{I}_1 = 2\dot{U}_1 + j4(\dot{U}_1 - \dot{U}_2) = (2+j4)\dot{U}_1 + (-j4)\dot{U}_2$$
$$= (2+j4)\dot{U}_1 - j4\dot{U}_2$$
$$\dot{I}_2 = -j1\dot{U}_2 + j4(\dot{U}_2 - \dot{U}_1) = -j4\dot{U}_1 + j3\dot{U}_2$$

则

$$Y = \begin{bmatrix} 2+j4 & -j4 \\ -j4 & j3 \end{bmatrix} S$$

解 2　按 Y 参数的定义计算。

$$Y_{11} = \left.\frac{\dot{I}_1}{\dot{U}_1}\right|_{\dot{U}_2=0} = (2+j4)\ S, \quad Y_{21} = \left.\frac{\dot{I}_2}{\dot{U}_1}\right|_{\dot{U}_2=0} = -j4\ S$$

$$Y_{12} = \left.\frac{\dot{I}_1}{\dot{U}_2}\right|_{\dot{U}_1=0} = -j4\ S, \quad Y_{22} = \left.\frac{\dot{I}_2}{\dot{U}_2}\right|_{\dot{U}_1=0} = j3\ S$$

$$Y = \begin{bmatrix} 2+j4 & -j4 \\ -j4 & j3 \end{bmatrix} S$$

可见，$Y_{21} = Y_{22}$，满足互易定理。

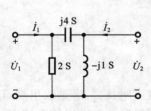

图 9-9　例 9-2 图 1

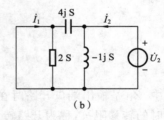

图 9-10　例 9-2 图 2

Y 参数方程的自变量是端口电压。

2. 二端网络的 Z 参数和方程

图 9-3 所示的为一个无源线性二端网络，端口电压、电流相量的参考方向如图所示，设端口电流 $\dot{I}_1$、$\dot{I}_2$ 为已知量，端口电压 $\dot{U}_1$、$\dot{U}_2$ 为待求量，求用 $\dot{I}_1$、$\dot{I}_2$ 来表示 $\dot{U}_1$、$\dot{U}_2$ 的方程组。

将两个端口电流 $\dot{I}_1$、$\dot{I}_2$ 看做外施的独立电流源的电流。根据叠加定理，端口电压 $\dot{U}_1$、$\dot{U}_2$ 应等于两个电流源单独作用时产生的电压叠加。两个电流源单独作用的电路分别如图 9-11（a）和图 9-11（b）所示，由图可得

$$\left.\begin{aligned} \dot{U}_1 &= \dot{U}_1' + \dot{U}_1'' = Z_{11}\dot{I}_1 + Z_{12}\dot{I}_2 \\ \dot{U}_2 &= \dot{U}_2' + \dot{U}_2'' = Z_{21}\dot{I}_1 + Z_{22}\dot{I}_2 \end{aligned}\right\} \tag{9-3}$$

式(9-3)即为所求的方程组,称为阻抗参数方程或 Z 参数方程。其中 Z_{11}、Z_{12}、Z_{21}、Z_{22} 具有阻抗的性质,称为二端网络的 Z 参数或阻抗参数。

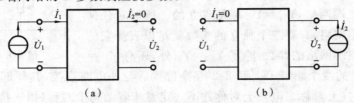

图 9-11　根据叠加定理列出阻抗参数方程

阻抗参数方程可用矩阵表示为

$$\begin{bmatrix} \dot{U}_1 \\ \dot{U}_2 \end{bmatrix} = \begin{bmatrix} Z_{11} & Z_{12} \\ Z_{21} & Z_{22} \end{bmatrix} \begin{bmatrix} \dot{I}_1 \\ \dot{I}_2 \end{bmatrix}$$

或

$$\dot{U} = \boldsymbol{Z} \dot{I}$$

式中,$\boldsymbol{Z} = \begin{bmatrix} Z_{11} & Z_{12} \\ Z_{21} & Z_{22} \end{bmatrix}$ 为阻抗参数,简称 $\boldsymbol{Z}$ 矩阵,它与导纳参数矩阵之间存在如下关系:

$$\boldsymbol{Z} = \boldsymbol{Y}^{-1}$$

即阻抗参数矩阵为导纳参数矩阵的逆矩阵。

Z 参数可用以下方法计算或测试求得。当在端口 1-1′ 输入电流 $\dot{I}_1$,端口 2-2′ 开路,即 $\dot{I}_2 = 0$ 时(如图 9-11(a)所示),由式(9-3)得到

$$\left. \begin{aligned} Z_{11} &= \frac{\dot{U}_1}{\dot{I}_1} \bigg|_{\dot{I}_2=0} \\ Z_{21} &= \frac{\dot{U}_2}{\dot{I}_1} \bigg|_{\dot{I}_2=0} \end{aligned} \right\} \tag{9-4}$$

当在端口 2-2′ 输入电流 $\dot{I}_2$,端口 1-1′ 开路,即 $\dot{I}_1 = 0$ 时(如图 9-11(b)所示),由式(9-3)得到

$$\left. \begin{aligned} Z_{12} &= \frac{\dot{U}_1}{\dot{I}_2} \bigg|_{\dot{I}_1=0} \\ Z_{22} &= \frac{\dot{U}_2}{\dot{I}_2} \bigg|_{\dot{I}_1=0} \end{aligned} \right\} \tag{9-5}$$

其中,Z_{11} 是输出端口开路时在输入端口处的输入阻抗,称为开路输入阻抗。Z_{21} 是输出端口开路时的转移阻抗,称为开路转移阻抗。转移阻抗是一个端口的电压与另一个端口的电流之比。Z_{12} 是输入端口开路时的转移阻抗,称为开路转移阻抗。Z_{22} 是输入端口开路时在输出端口处的输出阻抗,称为开路输出阻抗。以上四个阻抗的单位都是欧姆(Ω)。

对于无源线性二端网络,利用互易定理可以证明,输入和输出互换位置时,不会改变由同一激励所产生的响应。由此得出 $Z_{12} = Z_{21}$ 的结论,即在 Z 参数中,只有三个参数是独立的。

如果二端网络是对称的,则输出端口和输入端口互换位置后,电压和电流均不改变,这表明 $Z_{11} = Z_{22}$,则 Z 参数中只有两个参数是独立的。

【例 9-3】 写出图 9-12 所示电路的 Z 参数方程。

解　根据 Z 参数的定义,将输出端 2-2′ 开路得

$$Z_{11} = \frac{\dot{U}_1}{\dot{I}_1} \bigg|_{\dot{I}_2=0} = R_1 /\!/ (R_2 + R_3) = \frac{12 \times (12+12)}{12 + (12+12)} \ \Omega = 8 \ \Omega$$

$$Z_{21} = \frac{\dot{U}_2}{\dot{I}_1}\bigg|_{\dot{I}_2=0} = \frac{R_2}{R_2+R_3}Z_{11} = \frac{12}{12+12} \times 8 \ \Omega = 4 \ \Omega$$

因为该电路是对称无源线性二端网络,所以 $Z_{22}=Z_{11}$,$Z_{12}=Z_{21}$,图 9-12 所示电路的 Z 参数方程为

$$\dot{U}_1 = 8\dot{I}_1 + 4\dot{I}_2$$
$$\dot{U}_2 = 4\dot{I}_1 + 8\dot{I}_2$$

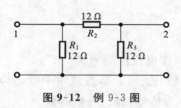

图 9-12 例 9-3 图

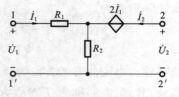

图 9-13 例 9-4 图

【例 9-4】 求图 9-13 所示二端网络的 Z 参数。

解 将端口 2-2′ 开路,在端口 1-1′ 输入电流 $\dot{I}_1$,得

$$\dot{U}_1 = (R_1+R_2)\dot{I}_1 + 4\dot{I}_2$$
$$\dot{U}_2 = 2\dot{I}_1 + R_2\dot{I}_1 = (2+R_2)\dot{I}_1$$

于是有

$$Z_{11} = \frac{\dot{U}_1}{\dot{I}_1}\bigg|_{\dot{I}_2=0} = R_1+R_2$$

$$Z_{21} = \frac{\dot{U}_2}{\dot{I}_1}\bigg|_{\dot{I}_2=0} = 2+R_2$$

同样,如果将端口 1-1′ 开路,在端口 2-2′ 输入电流 $\dot{I}_2$,由于 $\dot{I}_1=0$,受控电压源电压 $2\dot{I}_1=0$,该受控源短路,则可得

$$\dot{U}_2 = R_2\dot{I}_2, \quad \dot{U}_1 = R_2\dot{I}_2$$

于是有

$$Z_{12} = \frac{\dot{U}_1}{\dot{I}_2}\bigg|_{\dot{I}_1=0} = R_2$$

$$Z_{22} = \frac{\dot{U}_2}{\dot{I}_2}\bigg|_{\dot{I}_1=0} = R_2$$

例 9-4 中的二端网络含有受控源,且 $Z_{12} \neq Z_{21}$,故为非互易二端网络。

3. T 方程和参数(传输参数)

在很多实际工程的问题中,往往需要分析输入与输出之间的直接关系,如果应用 Z 或 Y 参数方程,显然很不方便。为此需要建立输出端口的电压、电流与输入端口的电压、电流的关系方程,这种方程是用输出端口上的电压、电流变量,表示输入端口上的电压、电流变量的。实际问题中,输出端口的电流方向一般设为流向负载,为了不改变按惯例设定的二端网络的参考方向,特地用 $(-\dot{I}_2)$ 来表示流入负载的电流,如图 9-14 所示。

在已知二端网络的输出电压 $\dot{U}_2$ 和电流 $\dot{I}_2$,求解二端口网络的输入电压 $\dot{U}_1$ 和电流 $\dot{I}_1$ 的情况下,用 T 参数建立输出信号与输入信号之间的关系。当选择电流的参考方向为流入二端网络时,将式(9-1)的第二式变形,整理可得

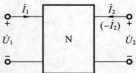

图 9-14 线性二端网络
(输出电流 $(-\dot{I}_2)$)

$$\dot{U}_1 = -\frac{Y_{22}}{Y_{21}}\dot{U}_2 + \frac{1}{Y_{21}}\dot{I}_2 = -\frac{Y_{22}}{Y_{21}}\dot{U}_2 + \left(-\frac{1}{Y_{21}}\right)(-\dot{I}_2) \quad (9\text{-}6)$$

将式(9-6)代入式(9-1)的第一式中,得

$$\dot{I}_1 = Y_{11}\left(-\frac{Y_{22}}{Y_{21}}\dot{U}_2 + \frac{1}{Y_{21}}\dot{I}_2\right) + Y_{12}\dot{I}_2 = \left(Y_{12} - \frac{Y_{11}Y_{22}}{Y_{21}}\right)\dot{U}_2 + \left(-\frac{Y_{11}}{Y_{21}}\right)(-\dot{I}_2) \tag{9-7}$$

将式(9-6)、式(9-7)写成如下形式:

$$\left.\begin{array}{l} \dot{U}_1 = T_{11}\dot{U}_2 + T_{12}(-\dot{I}_2) \\ \dot{I}_1 = T_{21}\dot{U}_2 + T_{22}(-\dot{I}_2) \end{array}\right\} \tag{9-8}$$

写成矩阵形式为

$$\begin{bmatrix} \dot{U}_1 \\ \dot{I}_1 \end{bmatrix} = \begin{bmatrix} T_{11} & T_{12} \\ T_{21} & T_{22} \end{bmatrix} \begin{bmatrix} \dot{U}_2 \\ (-\dot{I}_2) \end{bmatrix} \tag{9-9}$$

当选择输出电流的参考方向为流出二端网络时,方程中电流$\dot{I}_2$符号为"+"。

式(9-8)和式(9-9)称为T参数方程,系数称为T参数,由于T参数常用于电力传输和有线通信中,因而T参数方程又称为传输方程,T参数又称为传输参数、一般参数。

当二端网络为无源线性网络时,$T_{11}T_{22} - T_{12}T_{21} = 1$,$T$参数中有三个是独立的。如果网络是对称的,则$T_{11} = T_{22}$,这时$T$参数中只有两个是独立的。

T参数也可以由计算或测量求出。当输出端口开路,即$\dot{I}_2 = 0$时,有

$$\left.\begin{array}{l} T_{11} = \dfrac{\dot{U}_1}{\dot{U}_2}\bigg|_{\dot{I}_2=0} \\[4mm] T_{21} = \dfrac{\dot{I}_1}{\dot{U}_2}\bigg|_{\dot{I}_2=0} \end{array}\right\} \tag{9-10}$$

T_{11}是端口2-2′开路时两个端口电压值比,称为转移电压比,它是一个无量纲的量;T_{21}是端口2-2′开路时的转移导纳,它的量纲是西门子。这两个参数是在开路时测得的,称为开路参数。

同理,当输出端口短路,即$\dot{U}_2 = 0$时,有

$$\left.\begin{array}{l} T_{12} = \dfrac{\dot{U}_1}{-\dot{I}_2}\bigg|_{\dot{U}_2=0} \\[4mm] T_{22} = \dfrac{\dot{I}_1}{-\dot{I}_2}\bigg|_{\dot{U}_2=0} \end{array}\right\} \tag{9-11}$$

T_{12}是端口2-2′短路时的转移阻抗,它的量纲是欧姆;T_{22}是端口2-2′短路时两个端口的电流之比,称为转移电流比,它也是一个无量纲的量。这两个参数是在短路时测得的,称为短路参数。

【例 9-5】 求图9-15所示电路的传输参数。

解 图9-15(a)所示电路的 KVL 和 KCL 方程为

$$\left.\begin{array}{l} \dot{U}_1 = \dot{U}_2 - Z\dot{I}_2 \\ \dot{I}_1 = -\dot{I}_2 \end{array}\right\}$$

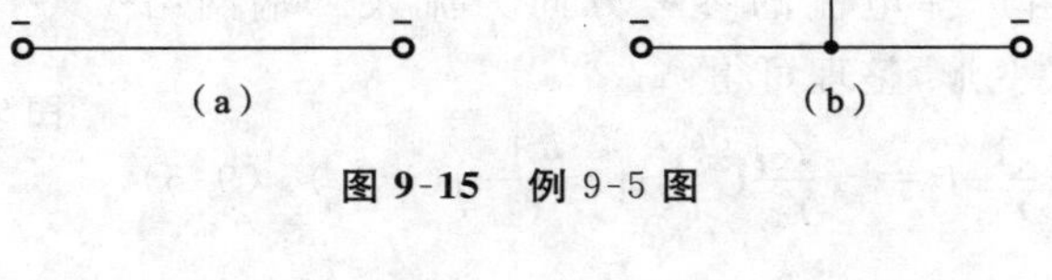

图 9-15　例 9-5 图

与式(9-8)比较得 T 参数为

$$T_{11}=1, \quad T_{12}=Z, \quad T_{21}=0, \quad T_{22}=1$$

图 9-15(b)所示电路的 KVL 和 KCL 方程为

$$\left.\begin{array}{l} \dot{U}_1=\dot{U}_2 \\ \dot{I}_1=Y\dot{U}_2-\dot{I}_2 \end{array}\right\}$$

则 T 参数为

$$T_{11}=1, \quad T_{12}=0, \quad T_{21}=Y, \quad T_{22}=1$$

【例 9-6】 求图 9-16 所示电路的 T 参数。

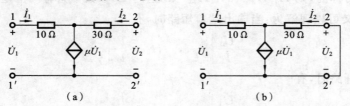

图 9-16　例 9-6 图

解 根据 T 参数的定义，在求 T_{11} 和 T_{21} 时，将端口 2-2′开路，$\dot{I}_2=0$，在端口 2-2′施加电压 $\dot{U}_2$，如图 9-16(a)所示，这时可求得

$$\dot{U}_1=10\dot{I}_1+\dot{U}_2$$

$$\dot{I}_1=\mu\dot{U}_1$$

于是有

$$T_{11}=\left.\frac{\dot{U}_1}{\dot{U}_2}\right|_{\dot{I}_2=0}=\frac{1}{1-10\mu}, \quad T_{21}=\left.\frac{\dot{I}_1}{\dot{U}_2}\right|_{\dot{I}_2=0}=\frac{\mu}{1-10\mu}$$

同样，如果将端口 2-2′短路，$\dot{U}_2=0$，在端口 2-2′输入电流 $\dot{I}_2$，如图 9-16(b)所示，则可求得

$$\dot{U}_1=10\dot{I}_1-30\dot{I}_2$$

$$\dot{I}_1+\dot{I}_2=\mu\dot{U}_1$$

于是有

$$T_{12}=\left.\frac{\dot{U}_1}{-\dot{I}_2}\right|_{\dot{U}_2=0}=\frac{40}{1-10\mu}, \quad T_{22}=\left.\frac{\dot{I}_1}{-\dot{I}_2}\right|_{\dot{U}_2=0}=\frac{1+30\mu}{1-10\mu}$$

4. H 方程和参数(混合参数)

在已知二端网络的输出电压 $\dot{U}_2$ 和输入电流 $\dot{I}_1$，求解二端网络的输入电压 $\dot{U}_1$ 和输出电流 $\dot{I}_2$ 时，可将无源线性二端网络的 Y 参数方程，即式(9-1)联立求解 $\dot{U}_1$ 和 $\dot{I}_2$，得到

$$\dot{U}_1=\frac{1}{Y_{11}}\dot{I}_1-\frac{Y_{12}}{Y_{11}}\dot{U}_2$$

$$\dot{I}_2=\frac{Y_{21}}{Y_{11}}\dot{U}_1+\left(Y_{22}-\frac{Y_{12}Y_{21}}{Y_{11}}\right)\dot{U}_2$$

若令

$$\left.\begin{array}{ll} H_{11}=\dfrac{1}{Y_{11}}, & H_{12}=-\dfrac{Y_{12}}{Y_{11}} \\ H_{21}=\dfrac{Y_{21}}{Y_{11}}, & H_{22}=Y_{22}-\dfrac{Y_{12}Y_{21}}{Y_{11}} \end{array}\right\} \tag{9-12}$$

则有

$$\left.\begin{array}{l}\dot{U}_1 = H_{11}\dot{I}_1 + H_{12}\dot{U}_2 \\ \dot{I}_2 = H_{21}\dot{I}_1 + H_{22}\dot{U}_2\end{array}\right\} \tag{9-13}$$

写成矩阵形式为

$$\begin{bmatrix} \dot{U}_1 \\ \dot{I}_2 \end{bmatrix} = \begin{bmatrix} H_{11} & H_{12} \\ H_{21} & H_{22} \end{bmatrix}\begin{bmatrix} \dot{I}_1 \\ \dot{U}_2 \end{bmatrix} = \boldsymbol{H}\begin{bmatrix} \dot{I}_1 \\ \dot{U}_2 \end{bmatrix}$$

式(9-13)称为 H 参数方程或混合参数方程，H_{11}、H_{12}、H_{21}、H_{22} 称为 H 参数或混合参数。当二端网络为无源线性网络时，H 参数之间有 $H_{12} = -H_{21}$ 成立，H 参数中有三个是独立的。如果网络是对称的，则 $H_{11}H_{22} - H_{12}H_{21} = 1$，这时 H 参数中只有两个是独立的。

H 参数的意义可以理解为：当输出端口短路时，有

$$H_{11} = \frac{\dot{U}_1}{\dot{I}_1}\bigg|_{\dot{U}_2=0}, \quad H_{21} = \frac{\dot{I}_2}{\dot{I}_1}\bigg|_{\dot{U}_2=0}$$

当输入端口开路时，有

$$H_{12} = \frac{\dot{U}_1}{\dot{U}_2}\bigg|_{\dot{I}_1=0}, \quad H_{22} = \frac{\dot{I}_2}{\dot{U}_2}\bigg|_{\dot{I}_1=0}$$

式中，H_{11} 为端口 2-2′ 短路时端口 1-1′ 的输入阻抗；H_{12} 为端口 1-1′ 开路时两端口电压之比，无量纲；H_{21} 为端口 2-2′ 短路时两端口电流比的倒数，无量纲；H_{22} 为端口 1-1′ 开路时端口 2-2′ 的输入导纳。由于这四个参数的量纲不同，所以称为混合参数。

由 H 参数建立的方程主要用于晶体管低频放大电路的分析。

【例 9-7】 试求图 9-17 所示晶体管等效电路的 H 参数。

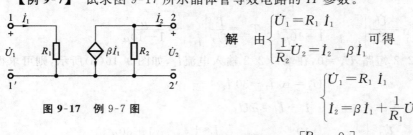

图 9-17　例 9-7 图

解　由 $\left\{\begin{array}{l}\dot{U}_1 = R_1\dot{I}_1 \\ \frac{1}{R_2}\dot{U}_2 = \dot{I}_2 - \beta\dot{I}_1\end{array}\right.$ 可得

$$\left\{\begin{array}{l}\dot{U}_1 = R_1\dot{I}_1 \\ \dot{I}_2 = \beta\dot{I}_1 + \frac{1}{R_1}\dot{U}_2\end{array}\right.$$

所以

$$\boldsymbol{H} = \begin{bmatrix} H_{11} & H_{12} \\ H_{21} & H_{22} \end{bmatrix} = \begin{bmatrix} R_1 & 0 \\ \beta & \dfrac{1}{R_2} \end{bmatrix}$$

5. 二端网络参数之间的关系

对于一个无源线性二端网络，可以根据对电路不同的分析要求，选择不同的参数来描述，达到简化分析过程的目的。当采用不同的参数表示同一个二端网络时，各参数之间必然存在一定的关系，可以相互换算。各参数之间的相互表示关系如表 9-1 所示。

表 9-1　二端网络参数之间的换算关系

	用 Z 参数表示	用 Y 参数表示	用 T 参数表示	用 H 参数表示
Z 参数形式	$\begin{matrix}Z_{11} & Z_{12}\\ Z_{21} & Z_{22}\end{matrix}$	$\begin{matrix}\dfrac{Y_{22}}{\lvert\boldsymbol{Y}\rvert} & \dfrac{-Y_{12}}{\lvert\boldsymbol{Y}\rvert}\\[2mm] \dfrac{-Y_{21}}{\lvert\boldsymbol{Y}\rvert} & \dfrac{Y_{11}}{\lvert\boldsymbol{Y}\rvert}\end{matrix}$	$\begin{matrix}\dfrac{T_{11}}{T_{21}} & \dfrac{\lvert\boldsymbol{T}\rvert}{T_{21}}\\[2mm] \dfrac{1}{T_{21}} & \dfrac{T_{22}}{T_{21}}\end{matrix}$	$\begin{matrix}\dfrac{\lvert\boldsymbol{H}\rvert}{H_{22}} & \dfrac{H_{12}}{H_{22}}\\[2mm] \dfrac{-H_{21}}{H_{22}} & \dfrac{1}{H_{22}}\end{matrix}$

续表

	用 Z 参数表示	用 Y 参数表示	用 T 参数表示	用 H 参数表示
Y 参数形式	$\begin{matrix}\dfrac{Z_{11}}{Z_{21}} & \dfrac{|Z|}{Z_{21}}\\[2mm] \dfrac{1}{Z_{21}} & \dfrac{Z_{22}}{Z_{12}}\end{matrix}$	$\begin{matrix}Y_{11} & Y_{12}\\[2mm] Y_{21} & Y_{22}\end{matrix}$	$\begin{matrix}\dfrac{T_{22}}{T_{12}} & \dfrac{-|T|}{T_{12}}\\[2mm] \dfrac{-1}{T_{12}} & \dfrac{T_{11}}{T_{12}}\end{matrix}$	$\begin{matrix}\dfrac{1}{H_{11}} & \dfrac{-H_{12}}{H_{11}}\\[2mm] \dfrac{H_{21}}{H_{11}} & \dfrac{|H|}{H_{11}}\end{matrix}$
T 参数形式	$\begin{matrix}\dfrac{Z_{11}}{Z_{21}} & \dfrac{|Z|}{Z_{21}}\\[2mm] \dfrac{1}{Z_{21}} & \dfrac{Z_{22}}{Z_{21}}\end{matrix}$	$\begin{matrix}\dfrac{-Y_{22}}{Y_{21}} & \dfrac{-1}{Y_{21}}\\[2mm] \dfrac{-|Y|}{Y_{21}} & \dfrac{-Y_{11}}{Y_{21}}\end{matrix}$	$\begin{matrix}T_{11} & T_{12}\\[2mm] T_{21} & T_{22}\end{matrix}$	$\begin{matrix}\dfrac{-|H|}{H_{21}} & \dfrac{-H_{11}}{H_{21}}\\[2mm] \dfrac{-H_{22}}{H_{21}} & \dfrac{-1}{H_{21}}\end{matrix}$
H 参数形式	$\begin{matrix}\dfrac{|Z|}{Z_{22}} & \dfrac{Z_{12}}{Z_{22}}\\[2mm] \dfrac{-Z_{21}}{Z_{22}} & \dfrac{1}{Z_{22}}\end{matrix}$	$\begin{matrix}\dfrac{1}{Y_{11}} & \dfrac{-Y_{12}}{Y_{11}}\\[2mm] \dfrac{Y_{21}}{Y_{11}} & \dfrac{|Y|}{Y_{11}}\end{matrix}$	$\begin{matrix}\dfrac{T_{12}}{T_{22}} & \dfrac{|T|}{T_{22}}\\[2mm] \dfrac{-1}{T_{22}} & \dfrac{T_{21}}{T_{22}}\end{matrix}$	$\begin{matrix}H_{11} & H_{12}\\[2mm] H_{21} & H_{22}\end{matrix}$

注：$|Z|=Z_{11}Z_{22}-Z_{12}Z_{21}$；$|Y|=Y_{11}Y_{22}-Y_{12}Y_{21}$；$|T|=T_{11}T_{22}-T_{12}T_{21}$；$|H|=H_{11}H_{22}-H_{12}H_{21}$。

9.3 二端网络的等效电路

由戴维南定理可知,在线性无源一端网络中,可以用一个等效阻抗(或导纳)来替代复杂的一端口,这使得电路的分析得到了简化,二者能等效替代的条件是端口上的电压、电流关系不变,并且等效替代是对外电路而言的,如图 9-18 所示。

对于线性二端网络,为了简化计算,也可以用简单的二端网络来等效替代复杂的二端网络,前提是用等效网络替代原网络后,端口上的电压、电流关系应保持不变。由 9.2 节二端网络的参数方程可以看出,只有二端网络的同一种参数完全相同,才能保持端口的电压、电流不变,二者才互相等效。因此凡满足这一等效条件的电路才是二端网络的等效电路。

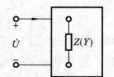

图 9-18 一端网络的等效电路

1. 线性无源二端网络的等效电路

对于不含受控源的二端网络而言,其四个参数中只有三个是独立的,所以无论其内部电路有多复杂,该二端网络都可以用一个仅含三个阻抗(导纳)的二端网络来等效替代。仅含三个阻抗(导纳)的二端网络只有两种形式,即 T 形电路和 Π 形电路,分别如图 9-19(a)、图 9-19(b)所示。

求取二端网络的等效电路,即确定该二端网络等效电路的阻抗(或导纳)元件的参数值。选择一组合适的二端网络参数,能非常方便地求出某种等效电路。例如,若求 T 形等效电路,采用 Z 参数最为方便,而若求 Π 形等效电路,采用 Y 参数最为方便。如果给定二端网络的参数是其他形式,则可以利用表 9-1 所示不同参数之间的转换关系,先求出合适的二端网络参数,再求等效电路。

1) 用 Z 参数表示的等效电路

如果已知某无源二端网络的 Z 参数为 $\boldsymbol{Z}=\begin{bmatrix} Z_{11} & Z_{12}\\ Z_{21} & Z_{22}\end{bmatrix}$,其中 $Z_{21}=Z_{12}$,试求该二端网络的 T 形等效电路,即确定如图 9-19(a)所示电路中各个阻抗元件的值。

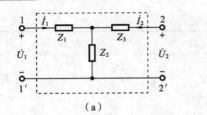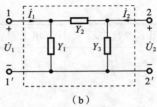

图 9-19 二端网络的等效电路

容易得到无源线性二端网络的 Z 参数方程为

$$\dot{U}_1 = Z_{11}\dot{I}_1 + Z_{12}\dot{I}_2$$
$$\dot{U}_2 = Z_{21}\dot{I}_1 + Z_{22}\dot{I}_2$$

用一个 T 形网络等效电路表示上述关系，主要是找出 Z_1、Z_2、Z_3 与 Z 参数之间的关系。在 Z 参数的推导过程中，可以得到

$$Z_{11} = Z_1 + Z_3, \quad Z_{12} = Z_3, \quad Z_{21} = Z_3, \quad Z_{22} = Z_2 + Z_3$$

将其联立求解得

$$\left. \begin{aligned} Z_1 &= Z_{11} - Z_{12} \\ Z_2 &= Z_{22} - Z_{12} \\ Z_3 &= Z_{12} = Z_{21} \end{aligned} \right\} \tag{9-14}$$

求其他参数方程的 T 形网络等效电路时，先进行参数变换，再利用式(9-13)求出。

【例 9-8】 已知导纳方程为

$$\dot{I}_1 = 0.2\dot{U}_1 - 0.2\dot{U}_2$$
$$\dot{I}_2 = -0.2\dot{U}_1 + 0.4\dot{U}_2$$

求该方程所表示的最简 T 形电路。

解 先根据导纳方程中的 Y 参数，求出 Z 参数。

$$|\boldsymbol{Y}| = Y_{11}Y_{22} - Y_{12}Y_{21} = 0.2 \times 0.4 - (-0.2) \times (-0.2) = 0.04$$

$$Z_{11} = \frac{Y_{22}}{|\boldsymbol{Y}|} = \frac{0.4}{0.04} \, \Omega = 10 \, \Omega$$

$$Z_{12} = Z_{21} = \frac{-Y_{12}}{|\boldsymbol{Y}|} = \frac{0.2}{0.04} \, \Omega = 5 \, \Omega$$

$$Z_{22} = \frac{Y_{11}}{|\boldsymbol{Y}|} = \frac{0.2}{0.04} \, \Omega = 5 \, \Omega$$

再由 Z 参数求出最简 T 形电路中三个阻抗的数值，得

$$Z_1 = Z_{11} - Z_{12} = (10-5) \, \Omega = 5 \, \Omega$$
$$Z_2 = Z_{22} - Z_{12} = (5-5) \, \Omega = 0 \, \Omega$$
$$Z_3 = Z_{12} = Z_{21} = 5 \, \Omega$$

所以，最简 T 形电路如图 9-20 所示。

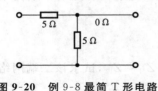

图 9-20 例 9-8 最简 T 形电路

2）用 Y 参数表示的等效电路

如果已知某互易二端网络的 Y 参数为 $\boldsymbol{Y} = \begin{bmatrix} Y_{11} & Y_{12} \\ Y_{21} & Y_{22} \end{bmatrix}$，

其中 $Y_{21} = Y_{12}$，求取该二端网络的 Π 形等效电路，即确定如图 9-19(b)所示电路中各个阻抗元件的值。

两个二端网络等效，即端口特性相同，令 Ⅱ 形等效电路的 Y 参数等于给定的 Y 参数，由此建立 Y 参数和元件的关系。图 9-19(b)所示电路的端口特性方程为

$$\begin{cases} \dot{I}_1 = Y_1\dot{U}_1 + Y_2(\dot{U}_1 - \dot{U}_2) = (Y_1 + Y_2)\dot{U}_1 - Y_2\dot{U}_2 = Y_{11}\dot{U}_1 + Y_{12}\dot{U}_2 \\ \dot{I}_2 = Y_2(\dot{U}_2 - \dot{U}_1) + Y_3\dot{U}_2 = -Y_2\dot{U}_1 + (Y_2 + Y_3)\dot{U}_2 = Y_{21}\dot{U}_1 + Y_{22}\dot{U}_2 \end{cases}$$

由该二端网络的 Y 参数和给定的二端网络的 Y 参数相等，得

$$\begin{cases} Y_{11} = Y_1 + Y_2 \\ Y_{12} = Y_{21} = -Y_2 \\ Y_{22} = Y_2 + Y_3 \end{cases}$$

即

$$\begin{cases} Y_1 = Y_{11} + Y_{21} \\ Y_2 = -Y_{21} \\ Y_3 = Y_{22} + Y_{21} \end{cases} \tag{9-15}$$

式(9-15)即为 Ⅱ 形等效二端网络的三个导纳和已知 Y 参数之间的关系。可见，用 Y 参数确定 Ⅱ 形等效电路的元件值关系非常简单。

2. 含受控源的二端网络的等效电路

若二端网络的内部含受控源，那么二端网络的四个参数将是相互独立的，故其等效二端网络中应含有至少四个元件。若某含受控源的二端网络的参数是以 Z 参数的形式给出的，其端口特性方程应如式(9-3)所示，式(9-3)又可写为

$$\left. \begin{array}{l} \dot{U}_1 = Z_{11}\dot{I}_1 + Z_{12}\dot{I}_2 \\ \dot{U}_2 = Z_{12}\dot{I}_1 + Z_{22}\dot{I}_2 + (Z_{21} - Z_{12})\dot{I}_1 \end{array} \right\} \tag{9-16}$$

式(9-16)中的最后一项可以用一个 CCVS 表示出来，其等效电路如图 9-21(a)所示。同理，用 Y 参数表示的二端网络可用图 9-21(b)所示的等效电路来替代。读者可自行证明其等效性。

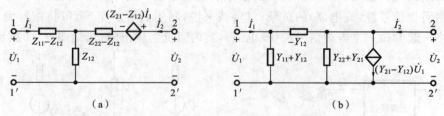

图 9-21 含受控源的二端网络的等效电路

9.4 二端网络的阻抗和传输函数

1. 输入阻抗和输出阻抗

1）输入阻抗

二端网络输出端口接负载阻抗 Z_L，输入端口接内阻抗为 Z_s 的电源 $\dot{U}_s$ 时，如图 9-22 所示。输入端口的电压 $\dot{U}_1$ 与电流 $\dot{I}_1$ 之比称为二端网络的输入阻抗 Z_{in}。

输入阻抗可以用二端网络的任意一种参数来表示，采用 T 参数表示时，根据式(9-8)及 $Z_{in} = \dfrac{\dot{U}_1}{\dot{I}_1}$，得输入阻抗为

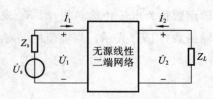

图 9-22 有载二端网络的输入阻抗

$$Z_{in} = \frac{\dot{U}_1}{\dot{I}_1} = \frac{T_{11}\dot{U}_2 + T_{12}(-\dot{I}_2)}{T_{21}\dot{U}_2 + T_{22}(-\dot{I}_2)} = \frac{T_{11}\left(\dfrac{\dot{U}_2}{-\dot{I}_2}\right) + T_{12}}{T_{21}\left(\dfrac{\dot{U}_2}{-\dot{I}_2}\right) + T_{22}} = \frac{T_{11}Z_L + T_{12}}{T_{21}Z_L + T_{22}} \tag{9-17}$$

采用实验参数表示时,可利用式(9-17)得到

$$Z_{in} = \frac{T_{11}}{T_{21}} \times \frac{Z_L + \dfrac{T_{12}}{T_{11}}}{Z_L + \dfrac{T_{22}}{T_{21}}} = (Z_{in})_\infty \times \frac{Z_L + (Z_{in})_0}{Z_L + (Z_{in})_\infty} \tag{9-18}$$

2) 输出阻抗

当把信号源由输入端口移至输出端口,但在输入端口保留其内阻抗 Z_s,如图 9-23 所示,这时输出端口的电压 $\dot{U}_2$ 与电流 $\dot{I}_2$ 之比,称为输出阻抗 Z_{ou}。

输出阻抗用 T 参数表示时,先将式(9-8)变换为如下 $\dot{U}_2$ 和 $\dot{I}_2$ 用 $\dot{U}_1$ 和 $\dot{I}_1$ 表示的形式:

$$\dot{U}_2 = T_{22}\dot{U}_1 - T_{12}\dot{I}_1$$

$$\dot{I}_2 = T_{21}\dot{U}_1 - T_{11}\dot{I}_1$$

式中利用了 $|T| = 1$,根据求解输入阻抗的方法,得到输出阻抗用 T 参数表示的形式为

$$Z_{ou} = \frac{T_{22}Z_s + T_{12}}{T_{21}Z_s + T_{11}} \tag{9-19}$$

输出阻抗用实验参数表示的形式为

$$Z_{ou} = (Z_{ou})_\infty \times \frac{Z_s + (Z_{ou})_0}{Z_s + (Z_{ou})_\infty} \tag{9-20}$$

式中,$Z_s = \dfrac{\dot{U}_1}{-\dot{I}_1}$。

利用二端网络的输入、输出阻抗,可以很方便地求出端口的电压和电流,即二端网络的输入阻抗可以看做信号源(或电源)的负载;对负载来说,利用戴维南定理,可将信号源(或电源)和二端网络一起看做一个等效信号源(或电源),其内阻抗为输出阻抗,如图 9-24 所示。

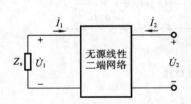

图 9-23　有载二端网络的输出阻抗

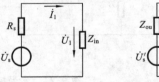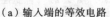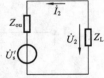

(a) 输入端的等效电路　　(b) 输出端的等效电路

图 9-24　无源线性二端网络的等效电路

3) 传输函数

当二端网络的输入端口接激励信号后,在输出端口得到一个响应信号,输出端口的响应信号与输入端口的激励信号之比,称为二端网络的传输函数。当激励和响应都为电压信号时,传输函数称为电压传输函数,用 K_u 表示;当激励和响应都为电流信号时,传输函数称为电流传输函数,用 K_i 表示。当电流的参考方向为流入网络时,传输函数为

$$\left.\begin{aligned} K_u &= \frac{\dot{U}_2}{\dot{U}_1} = \frac{\dot{U}_2}{A_{11}\dot{U}_2 + A_{12}(-\dot{I}_2)} = \frac{Z_L}{A_{11}Z_L + A_{12}} \\ K_i &= \frac{\dot{I}_2}{\dot{I}_1} = \frac{\dot{I}_2}{A_{21}\dot{U}_2 + A_{22}(-\dot{I}_2)} = \frac{-1}{A_{11}Z_L + A_{22}} \end{aligned}\right\} \tag{9-21}$$

　　由于网络中的电压、电流通常为复数,所以传输函数与频率有关。传输函数模的大小 $|K(\mathrm{j}\omega)|$ 表示信号经二端网络后的幅度变化,通常称为幅频特性。传输函数的幅角 $\varphi(\omega)$ 表示信号传输前后的相位变化,通常称为相频特性。

【**例 9-9**】　求出图 9-25(a)所示电路在输出端开路时的电压传输函数。

　　解　在输出端开路时,输出电压与输入电压之间的关系为

$$\dot{U}_2 = \frac{\dfrac{1}{\mathrm{j}\omega C}}{R + \dfrac{1}{\mathrm{j}\omega C}}\dot{U}_1 = \frac{1}{1+\mathrm{j}\omega CR}\dot{U}_1$$

所以,该电路的开路电压传输函数为

$$K_u = \frac{\dot{U}_2}{\dot{U}_1} = \frac{1}{1+\mathrm{j}\omega CR} = \frac{1}{\sqrt{1+(\omega CR)^2}}\mathrm{e}^{-\mathrm{j}\arctan(\omega CR)}$$

其幅频特性为

$$|K_u(\mathrm{j}\omega)| = \frac{1}{\sqrt{1+(\omega CR)^2}}$$

相频特性为

$$\varphi_u(\omega) = -\arctan(\omega CR)$$

幅频特性曲线和相频特性曲线分别如图 9-25(b)、图 9-25(c)所示。

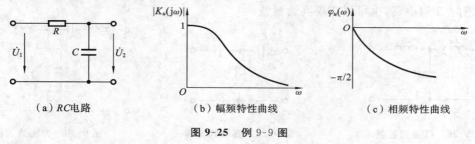

(a) RC电路　　　　(b) 幅频特性曲线　　　　(c) 相频特性曲线

图 9-25　例 9-9 图

9.5　二端网络的应用

1. 相移器

　　相移器是一种在阻抗匹配条件下的相移网络,在规定的信号频率下,使输出信号与输入信号达到预先给定的相移关系。相移器通常由电抗元件构成,由于电抗元件的值是频率的函数,所以一个参数值确定的相移器只对某一特定频率产生预定的相移。另外,电抗元件在传输信号时,本身不消耗能量,所以传输过程中无衰减,即网络的衰减常数 $\alpha=0$,传输常数 $\gamma=\mathrm{j}\beta$。

2. 衰减器

　　衰减器要达到的目的是调整信号的强弱,信号在通过它时不能产生相移。所以这一类网络通常由纯电阻元件构成,其相移常数 $\beta=0$,传输常数 $\gamma=\alpha$。衰减器可以在很宽的频率范围内进行匹配。

3. 滤波器

　　滤波器是一种对信号频率具有选择性的二端网络,它广泛应用于电子技术中。在信号传输过程中,为了提高传输线路传送信号的能力,通常采用复用的形式,即一条传输线路同时传送多个用户的信号。例如,有线电视信号通过一条传输电缆,可同时传送几十路电视信号,电视机利用滤波器将人们所需的某一套电视节目选择出来,而将其他电视节目信号衰减,以免对要观看的电视节目产生影响。

滤波器在传输特性上,必须在一定的频率范围内对信号衰减很小,相移也很小,这一频率范围称为通带。其他的频率范围必须有很大的衰减,这一频率范围称为阻带。

根据通带和阻带的相对位置,滤波器可以分为低通滤波器、高通滤波器、带通滤波器和带阻滤波器四种类型。

下面以由电感和电容构成的滤波器为例,简要说明滤波器的工作原理。

1)低通滤波器

低通滤波器的结构特点是:串联臂是电感,并联臂是电容,如图 9-26 所示。由于电感对低频信号的感抗很小,对高频信号的感抗很大,而电容对低频信号的容抗很大,对高频信号的容抗很小,当高、低频信号同时由低通滤波器的输入端送入时,低频信号可以顺利通过,而高频信号因电容的分流作用不能从输出端输出,从而达到低通滤波的目的。串联臂是电感、并联臂是电容的 Π 形电路,也可以实现低通滤波。

2)高通滤波器

高通滤波器的结构特点是:串联臂是电容,并联臂是电感,如图 9-27 所示。当高、低频信号同时由低通滤波器的输入端送入时,高频信号因容抗小、感抗大可以顺利通过,而低频信号因容抗大、感抗小无法送到输出端输出,从而达到高通滤波的目的。同样,串联臂是电容、并联臂是电感的 Π 形电路,也可以实现高通滤波。

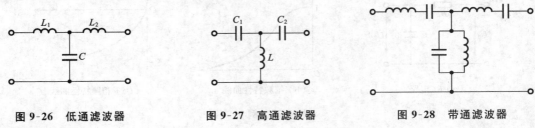

图 9-26 低通滤波器　　　图 9-27 高通滤波器　　　图 9-28 带通滤波器

3)带通滤波器

带通滤波器的结构特点是:串联臂是 LC 串联谐振电路,并联臂是 LC 并联谐振电路,如图 9-28 所示。通常三个谐振电路的谐振频率为通频带的中心频率 f_0。当输入信号频率为 f_0 时,串联臂的电抗为 0,相当于短路,并联臂的电抗为∞,相当于开路,信号很容易由输入端传输至输出端。当输入信号频率小于 f_0 时,串联臂呈容性,并联臂呈感性,这时带通滤波器相当于一个高通滤波器,对低频信号的传输形成较大的衰减。当输入信号频率大于 f_0 时,串联臂呈感性,并联臂呈容性,这时带通滤波器相当于一个低通滤波器,对高频信号的输出形成较大的衰减。

4)带阻滤波器

带阻滤波器的结构特点是:串联臂是 LC 并联谐振电路,并联臂是 LC 串联谐振电路,如图 9-29 所示。通常三个谐振电路的谐振频率同样为通频带的中心频率 f_0。当输入信号频率为 f_0 时,串联臂的电抗为 0,相当于短路,并联臂的电抗为∞,相当于开路,频率为 f_0 的信号不能被送到输出端。当输入信号频率小于 f_0 时,串联臂呈感性,并联臂呈容性,这时带阻滤波器相当于一个低通滤波器,对低频信号传输产生的衰减较小。当输入信号频率大于 f_0 时,串联臂呈容性,并联臂呈感性,这时带阻滤波器相当于一

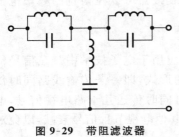

图 9-29 带阻滤波器

个高通滤波器,对高频信号的衰减较小。所以,带阻滤波器对 f_0 及其附近的信号频率范围有较强的阻碍作用,而对高频和低频的信号频率部分,很容易由输入端传输至输出端。

本 章 小 结

（1）满足端口条件的含四个端钮的网络称为二端网络,端口条件是指:从每个端口的一个端钮流入的电流应等于该端口另一个端钮流出的电流。线性定常无源二端网络可以用两个线性方程联立表示两个端口的电压、电流关系,这两个线性方程称为二端网络的参数方程,即二端网络的伏安关系。常用的四种形式如下。

导纳参数方程,即 Y 参数方程为

$$\begin{cases} \dot{I}_1 = Y_{11}\dot{U}_1 + Y_{12}\dot{U}_2 \\ \dot{I}_2 = Y_{21}\dot{U}_1 + Y_{22}\dot{U}_2 \end{cases}$$

阻抗参数方程,即 Z 参数方程为

$$\begin{cases} \dot{U}_1 = Z_{11}\dot{I}_1 + Z_{12}\dot{I}_2 \\ \dot{U}_2 = Z_{21}\dot{I}_1 + Z_{22}\dot{I}_2 \end{cases}$$

传输参数方程,即 T 参数方程为

$$\begin{cases} \dot{U}_1 = T_{11}\dot{U}_2 + T_{12}(-\dot{I}_2) \\ \dot{I}_1 = T_{21}\dot{U}_2 + T_{22}(-\dot{I}_2) \end{cases}$$

混合参数方程,即 H 参数方程为

$$\begin{cases} \dot{U}_1 = H_{11}\dot{I}_1 + H_{12}\dot{U}_2 \\ \dot{I}_2 = H_{21}\dot{I}_1 + H_{22}\dot{U}_2 \end{cases}$$

（2）二端网络的导纳参数、阻抗参数、传输参数、混合参数都可分别用来表征二端网络的特性。任何一组参数都可根据相应的参数方程在端口短路或开路的条件下由计算或测试确定。四组参数彼此相联系,当已知一组参数时,可根据表 9-1 求得其他三组参数。一个二端网络不一定同时存在四种参数,某种参数可能不存在,四种参数的用途也不相同。

（3）不含独立源和受控源的二端网络为互易二端网络。互易二端网络中有 $Y_{12}=Y_{21}$, $Z_{12}=Z_{21}$, $T_{11}T_{22}-T_{12}T_{21}=1$, $H_{12}=-H_{21}$,所以互易二端网络的各种参数中只有三个是独立,它只需用三个参数表征。

（4）在分析端接二端网络时,仍可根据两类约束来列写方程,但在元件约束关系中含有二端网络的伏安关系（二端网络的参数方程）。在分析端接二端网络时要特别注意转移电流比、转移电压比、输入阻抗和输出阻抗的确定方法。

（5）互易二端网络可以用三个阻抗或导纳组成的 T 形或 Π 形电路作为它的等效电路,如果互易二端网络是对称的,则其等效电路也是对称的。

习 题 9

9.1 求图 9-30 所示二端网络的 Z 参数。

9.2 求图 9-31 所示二端网络的 Z 参数。

9.3 求图 9-32 所示二端网络的 Y 参数和 Z 参数。

9.4 求图 9-33 所示二端网络的 T 参数矩阵。

9.5 求图 9-34 所示二端网络的 H 参数和 T 参数。

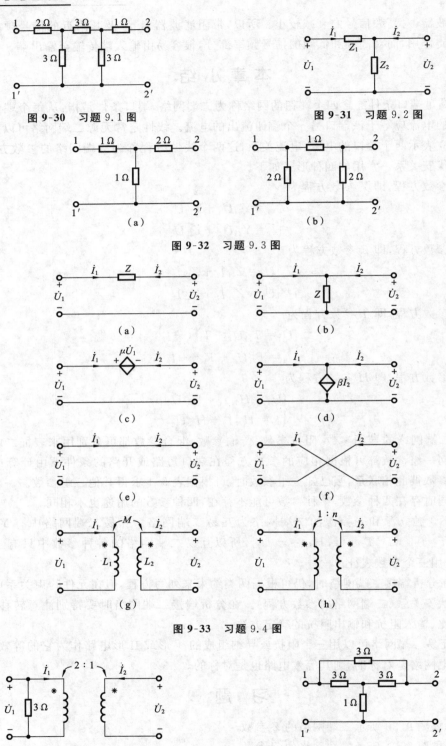

图 9-30　习题 9.1 图

图 9-31　习题 9.2 图

（a）

（b）

图 9-32　习题 9.3 图

（a）

（b）

（c）

（d）

（e）

（f）

（g）

（h）

图 9-33　习题 9.4 图

图 9-34　习题 9.5 图

图 9-35　习题 9.6 图

　　9.6　求图 9-35 所示二端网络的 Z 参数和 Y 参数，并画出 T 形等效电路和 Ⅱ 形等效电路。

9.7 已知二端网络的 T 参数为 $\boldsymbol{T}=\begin{bmatrix} 3 & 7 \\ 2 & 5 \end{bmatrix}$，求其 T 形等效电路。

9.8 求图 9-36 所示电路的 H 参数。

9.9 求图 9-37 所示电路的 Y 参数和 T 参数。

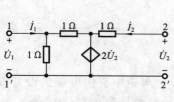

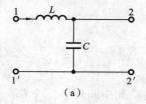

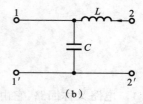

图 9-36 习题 9.8 图

图 9-37 习题 9.9 图

9.10 电路如图 9-38 所示，已知 N_1 的 T 参数矩阵为 $\boldsymbol{T}=\begin{bmatrix} A & B \\ C & D \end{bmatrix}$，求二端网络的 T 参数矩阵。

9.11 电路如图 9-39 所示，已知网络 N 的 Y 矩阵为 $\boldsymbol{Y}=\begin{bmatrix} Y_{11} & Y_{12} \\ Y_{21} & Y_{22} \end{bmatrix}$，求总网络的 Y 矩阵。

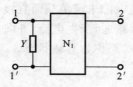

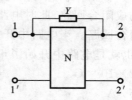

图 9-38 习题 9.10 图

图 9-39 习题 9.11 图

9.12 求图 9-40 所示网络的特性阻抗。

9.13 求图 9-41 所示网络的输入阻抗。

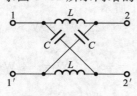

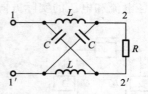

图 9-40 习题 9.12 图

图 9-41 习题 9.13 图

附录 A 答 案

A1 习题 1 答案

1.1 电路又称回路,它由电源、负载和中间环节三个部分组成。电路中提供电能的设备或元器件称为电源(如电池),电路中吸收电能或输出信号的元器件称为负载(如电灯),中间环节是连接电源和负载的部分(如导线),用来传输和控制电能。

1.2 理想电源包括理想电压源和理想电流源。理想电压源的两个基本特点是:① 无论它的外电路如何变化,它的端电压总保持恒定值 U_s,或为一定的时间函数 $U_s(t)$;② 通过电压源的电流不仅取决于电压源,还取决于外电路。理想电流源的两个基本特点是:① 无论它的外电路如何变化,它的输出电流为恒定值 I_s,或为一定的时间函数 $i_s(t)$;② 电流源两端的电压不仅取决于电流源,还取决于外电路。

1.3 电路有三种工作状态,即开路状态、短路状态、有载状态。开路又称断路,就是电源和负载未构成闭合回路,此时电路中无电流通过。短路就是电源未经负载而直接由导线接通构成闭合回路。当电路中开关 S 闭合之后,电源与负载接通,产生电流,并向负载输出电功率,也就是电路中开始了正常的功率转换,这种工作状态称为有载状态。

1.4 $q = 0.2 \times 10^{-3}$ C

1.5 $I = 4.55$ A

1.6 a 点电位高,b 点电位低。

1.7 图 1-37(a)中 $V_a = 2$ V
图 1-37(b)中 $V_a = 40$ V

1.8 (1) 各电流和电压的实际方向(用虚线表示)如图 A1-1 所示。

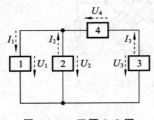

图 A1-1 习题 1.8 图

(2) 对于元件 1,$P_1 = U_1 I_1 = 4 \times 2$ W $= 8$ W > 0,该元件吸收功率,为负载。

对于元件 2,$P_2 = U_2 I_2 = -4 \times 1$ W $= -4$ W < 0,该元件发出功率,为电源。

对于元件 3,$P_3 = -U_3 I_3 = -7 \times 1$ W $= -7$ W < 0,该元件发出功率,为电源。

对于元件 4,$P_4 = -U_4 I_3 = -(-3) \times 1$ W $= 3$ W > 0,该元件吸收功率,为负载。

1.9 $V_b = +1$ V

1.10 $U_{bd} = 20$ V, $U_{ac} = 21$ V

1.11 $U_s = 12.5$ V

A2 习题 2 答案

2.1 (a) $R_{ab} = 6.06$ Ω (b) $R_{ab} = 10$ Ω (c) $R_{ab} = 0$ Ω (d) $R_{ab} = 30$ Ω

2.2 (a) $R_{ab}=5.76\ \Omega$ (b) $R_{ab}=7.5\ \Omega$ (c) $R_{ab}=4.49\ \Omega$

2.3 (a)开关 S 断开后的等效电阻 $R_{ab}=[(6+12)/\!\!/(12+6)]\ \Omega=9\ \Omega$
    开关 S 闭合后的等效电阻 $R_{ab}=[(6/\!\!/12)+(12/\!\!/6)]\ \Omega=8\ \Omega$
    (b)开关 S 断开后的等效电阻 $R_{ab}=[4/\!\!/(4+8)]\ \Omega=3\ \Omega$
    开关 S 闭合后的等效电阻 $R_{ab}=(4/\!\!/4)\ \Omega=2\ \Omega$

2.4 (a) $R_{ab}=(240/\!\!/360)\ \Omega=144\ \Omega$ (b) $R_{ab}=40\ \Omega$

2.5 $U=5\ \text{V}, U_{ab}=150\ \text{V}$

2.6 其等效电路分别如图 A2-1 所示。

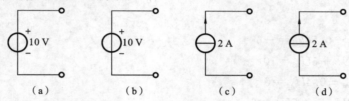

图 A2-1 习题 2.6 图

2.7 其等效电压源模型如图 A2-2 所示。

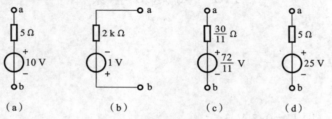

图 A2-2 习题 2.7 图

2.8 其等效电流源模型如图 A2-3 所示。

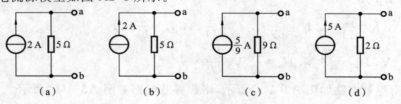

图 A2-3 习题 2.8 图

2.9 $I=0.125\ \text{A}$

2.10 $I=0.3\ \text{A}$

2.11 $I=4\ \text{A}, I_1=2.4\ \text{A}, I_2=1.6\ \text{A}$

2.12 $I_5=-0.956\ \text{A}$

2.13 (a) $I_1=1\ \text{A}, I_2=-1.75\ \text{A}, I=-0.75\ \text{A}$
     (b) $I=1.4\ \text{A}$

2.14 $\begin{cases} (10+30)I_{m1}-30I_{m3}=-4 \\ (30+10)I_{m2}-30I_{m3}=4 \\ I_{m3}=2 \end{cases}$

2.15 $U=\dfrac{176}{7}\ \text{V}$

2.16 $I_3 = 4.375$ A

2.17 $I = -0.964$ mA

2.18 列写节点电压方程为

$$\begin{cases} \left(\dfrac{1}{2} + \dfrac{1}{5}\right)U_{n1} - \dfrac{1}{2}U_{n2} = 4 - 10 \\ -\dfrac{1}{2}U_{n1} + \left(\dfrac{1}{2} + 3 + \dfrac{3}{2}\right)U_{n2} = 10 \end{cases}$$

$$U_{n1} = -\dfrac{100}{3} \text{ V}, \quad U_{n2} = \dfrac{16}{13} \text{ V}, \quad U = \dfrac{4}{3} \text{ V}$$

2.19 $V_a = 14$ V

2.20 (a) $\begin{cases} 0.7U_{n1} - 0.5U_{n2} = -6 \\ -0.5U_{n1} + 5U_{n2} = 10 \end{cases}$

(b) $\begin{cases} 1.6U_{n1} - 0.4U_{n2} = 6 \\ -0.4U_{n1} + 0.5U_{n2} = 6 \end{cases}$

A3 习题 3 答案

3.1 $R_i = 35$ Ω

3.2 $I_2 = 0.58$ A

3.3 $U = 1$ V

3.4 $U = 80$ V

3.5 (a) $U = 7$ V (b) $U = 0.5$ V

3.6 $P = 672$ W

3.7 $I = -0.375$ A

3.8 $I_1 = \dfrac{8}{11}$ A, $I_2 = \dfrac{2}{11}$ A, $I_3 = \dfrac{6}{11}$ A, $I_4 = \dfrac{4}{11}$ A, $I_5 = \dfrac{2}{11}$ A,

$U_{n1} = \dfrac{78}{11}$ V, $U_{n2} = \dfrac{48}{11}$ V, $U_o = \dfrac{40}{11}$ V, $\dfrac{U_o}{U_s} = \dfrac{4}{11}$

3.9 其戴维南等效电路如图 A3-1(a)所示,诺顿等效电路如图 A3-1(b)所示。

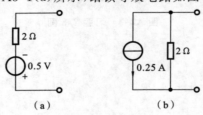

图 **A3-1** 习题 3.9 图

3.10 $I = 3.53$ A

3.11 $U_2 = 8$ V

3.12 (a) $U_{OC} = 28$ V, $R_{eq} = 18$ Ω (b) $U_{OC} = 9$ V, $R_{eq} = 2$ Ω

其戴维南等效电路如图 A3-2 所示。

3.13 (a) $I = -0.75$ A (b) $I = -0.154$ A

3.14 图 3-40(a)所示电路的等效电路如图 A3-3(a)所示,图 3-40(b)所示电路的等效电路如图 A3-3(b)所示。

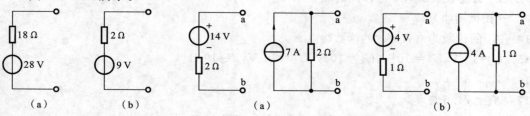

图 **A3-2** 习题 3.12 图　　　　　　　　图 **A3-3** 习题 3.14 图

3.15 $R_L=17.4\ \Omega$ 时,获得最大功率,$P_{Lmax}=0.147\ \text{W}$

3.16 $U=12\ \text{V},I=2\ \text{A}$

3.17 $R_L=7\ \Omega$ 时,获得最大功率,$P_{Lmax}=\dfrac{36}{7}\ \text{W}$

3.18 $R_L=5\ \Omega$ 时,获得最大功率,$P_{Lmax}=\dfrac{64}{5}\ \text{W}$

A4　习题 4 答案

4.1 有效值为 220 V,当 $t=0.0025\ \text{s}$ 时,$U=-80.5\ \text{V}$

4.2　(1) $U_m=10\ \text{V},f=50\ \text{Hz},\Psi_u=0$

　　　(2) $U_m=5\ \text{V},f=15.92\ \text{Hz},\Psi_u=30°$

　　　(3) $U_m=4\ \text{V},f=0.32\ \text{Hz},\Psi_u=-30°$

　　　(4) $U_m=8\sqrt{2}\ \text{V},f=0.32\ \text{Hz},\Psi_u=135°$

　　(波形图略)

4.3　(1) $5\angle53.13°$　(2) $5\angle90°$　(3) $5\angle-36.47°$　(4) $10\angle0°$

4.4　$A+B=8+\text{j}12.66,A\cdot B=50\angle113.1°,\dfrac{A}{B}=0.5\angle-6.9°$

4.5　(1)、(2)、(3)、(5)、(7)、(8)均是错的,(4)、(6)是对的。

4.6　(1) $\dot{U}=10\angle0°\ \text{V}$　(2) $\dot{I}=5\angle120°\ \text{A}$

4.7　(1) $i_1=6.32\sqrt{2}\sin(\omega t+71.6°)\ \text{A}$

　　　(2) $i_2=11.18\sqrt{2}\sin(\omega t-26.6°)\ \text{A}$

　　　(3) $u_1=10\sqrt{2}\sin(\omega t-53.13°)\ \text{V}$

　　　(4) $u_1=15\sqrt{2}\sin(\omega t-38°)\ \text{V}$

4.8　$i_3=1.732\sqrt{2}\sin(314t-30°)\ \text{A}$

4.9　$i_L=4\sin(1\,000t+15°)\ \text{A}$

4.10　(1) 元件 N 是电阻,$R=5\ \Omega$

　　　(2) 元件 N 是电容,$C=10\ \mu\text{F}$

4.11　(1) $p_L=-50\sin(20t)\ \text{W}$

　　　(2) $W_L=2.5[1+\cos(20t)]\ \text{J}$

4.12　$U=50\ \text{V},u=50\sqrt{2}\sin(31.4t+36.9°)\ \text{V}$

4.13 $i_1=20\sin(314t-6.87°)$ A，$Z_1=50\angle38.67°$ Ω，$Z_2=10\angle-53.13°$ Ω

Z_1 为感性负载，Z_2 为容性负载。

（相量图略）

4.14 A_2 的读数为 0 A，A_3 的读数为 3 A。

4.15 $U=10$ V，$U_R=10$ V，$U_L=10$ V，$U_C=10$ V，$Z=10$ Ω

4.16 $Z_{ab}=3+j$

4.17 $X_C=74.6$ Ω

4.18 $i_1=1.816\sin(314t+68.7°)$ A，$i_2=1.86\sin(314t+68.7°)$ A

$u_c=9.32\sin(314t-21.3°)$ V

4.19 $I=6$ A，$I_1=4.29$ A

4.20 $\lambda=\cos8.61°$，$P=1.18$ kW，$Q=178.2$ var

4.21 $C=559$ μF

4.22 (1) $C=656$ μF，$I=47.8$ A

(2) $C=213.6$ μF

4.23 $\dot{I}=2.3\angle61.7°$ A

4.24 $i_1=1.94\sin(314t-29.05)$ A

$i_2=1.372\sin(314t+105.94°)$ A

$u_c=6.86\sin(314t+15.94)$ V

4.25 $\dot{I}=0.37\angle-63.44°$ A

A5　习题 5 答案

5.1 (1) $\dot{U}_V=127\angle-30°$ V，$\dot{U}_W=127\angle-150°$ V

(2) $\dot{U}_U-\dot{U}_W=127\sqrt{3}\angle60°$ V

(3) $\dot{U}_V+\dot{U}_W=-\dot{U}_U=127\angle90°$ V

5.2 不能。$I_P=\dfrac{10}{\sqrt{3}}$ A

5.3 $I_P=I_L=1.46$ A

5.4 $I_P=2.53$ A，$I_L=4.38$ A

5.5 $I_P=7.27$ A，$I_L=12.6$ A

5.6 (1) $\dot{I}_U=20\angle0°$ A，$\dot{I}_V=10\angle-120°$ A，$\dot{I}_W=10\angle120°$ A，$\dot{I}_N=10\angle0°$ A

(2) $\dot{U}_{UN'}=165\angle0°$ V，$\dot{U}_{VN'}=252\angle-130.9°$ V，$\dot{U}_{WN'}=252\angle130.9°$ V

(3) $\dot{U}_{VN'}=380\angle-150°$ V，$\dot{U}_{WN'}=\dot{U}_{WV}=380\angle150°$ V

$\dot{I}_V=17.27\angle-150°$ A，$\dot{I}_W=17.27\angle150°$ A，$\dot{I}_U=29.91\angle0°$ A

(4) $\dot{U}_{UN'}=126.67\angle30°$ V，$\dot{I}_U=11.52\angle-150°$ A，$\dot{U}_{VN'}=253.33\angle-150°$ V

5.7 $\dfrac{I_{PY}}{I_{P\triangle}}=\dfrac{1}{\sqrt{3}}$，$\dfrac{I_{LY}}{I_{L\triangle}}=\dfrac{1}{3}$

5.8 A_3 表读数无变化，因为 R_1 断开时，加到 R_3 上的电压没有变化；A 表读数有变化，R_1 没断开时，A 表读数为线电流的大小，为 A_3 表读数的 $\sqrt{3}$ 倍，现将 R_1 断开，A 表与 A_3 表串联,电流读数相同,是相电流的大小,即为原读数的 $\frac{1}{\sqrt{3}}$。

5.9 （1）不能称为对称负载。

（2） $\dot{I}_U=22\angle 0°$ A, $\dot{I}_V=22\angle -30°$ A, $\dot{I}_W=22\angle 30°$ A, $\dot{I}_N=60.1\angle 0°$ A

（3） $P=4.48$ kW

5.10 （1）正常运行时,电动机作三角形连接, $I_P=13.7$ A, $I_L=23.7$ A, $P=12.51$ kW

（2）启动时,电动机作星形连接, $I_P=7.9$ A, $I_L=7.9$ A, $P=4.17$ kW

5.11 $P=9\,196$ W, $Q=7\,744$ var, $S=12\,022$ VA

5.12 $P_1=1\,666.68$ W, $P_2=833.34$ W

A6　习题 6 答案

6.1 $M=0.01$ Hz

6.2 $I=1.52$ A

6.3 $M=0.1$ H, $L_1=L_2=0.2$ H

6.4 $\dot{I}_1=7.79\angle -51.5°$ A, $\dot{I}_2=3.47\angle 150°$ A

6.5 $\dot{I}_1=4.39\angle -164.73°$ A, $\dot{I}_2=3.92\angle 168.7°$ A, $\dot{U}_2=39.2\angle 168.7°$ V

6.6 $C=0.667$ μF, $Q\approx 60$, $I_0=2$ mA

6.7 频率为 560 kHz 时, $C=161.5$ pF

频率为 990 kHz 时, $C=51.7$ pF

6.8 $f=1\,160$ kHz, $Q\approx 133$, $Z=243$ kΩ

6.9 $R=12$ Ω, $L=0.012$ H, $C=8\,333$ pF

6.10 $n=0.447$

A7　习题 7 答案

7.1 $i(t)=\dfrac{2}{\pi}\left[\sin(\omega t)-\dfrac{1}{2}\sin(2\omega t)+\dfrac{1}{3}\sin(3\omega t)-\dfrac{1}{4}\sin(4\omega t)+\cdots\right]$ A

7.2 $I=5$ A

7.3 $P=78.5$ W

7.4 $i_R=[0.5+\sqrt{2}\sin(\omega t)+0.5\sqrt{2}\sin(2\omega t+30°)]$ A

$i_C=[\sqrt{2}(\sin\omega t+90°)+\sqrt{2}\sin(2\omega t+120°)]$ A

$i=[0.5+2(\sin\omega t+45°)+1.12\sqrt{2}\sin(2\omega t+93.4°)]$ A

$P=150$ W

7.5 $i_R=[22\sin(\omega t)+9\sin(3\omega t)+5\sin(5\omega t)]$ A

$i_L=[22\sin(\omega t-90°)+3\sin(3\omega t-90°)+\sin(5\omega t-90°)]$ A

$i_C=[22\sin(\omega t+90°)+27\sin(3\omega t+90°)+25\sin(5\omega t+90°)]$ A

A8　习题 8 答案

8.1 $u_C(0_+)=0$ V, $u_R(0_+)=E$, $i(0_+)=E/R$

8.2 $u_C(t) = -2e^{-t}$, $u_R(t) = -0.5e^{-t}$

8.3 $\tau = 1.55$ s, $R = 77.5$ kΩ, $u_R(0_+) = 19.05$ V

8.4 $R = 50$ kΩ

8.5 $u_C(1\text{ ms}) = 1.9$ V

8.6 $i_L(t) = 2e^{-500t}$ A, $u_L(t) = -6e^{-500t}$ V, $u_R(t) = 3i_L(t) = 6e^{-500t}$ V

8.7 $i_L(t) = [2 + 5(1 - e^{-250t})]$ A

8.8 $i_L(t) = i'_L(t) + i''(t)$

$\quad = \{3[1 - e^{-2\,000(t-2)}] \cdot \varepsilon(t-2) - 3[1 - e^{-2\,000(t-4)}] \cdot \varepsilon(t-4) + 2e^{-2\,000t} \cdot \varepsilon(t)\}$ mA

8.9 $u_C(t) = 6 + e^{-t}(K_1\cos t + K_2\sin t)$

$\quad i(t) = 6e^{-t}\sin t \cdot \varepsilon(t)$ A

8.10 (1) $u_C(t) = 10e^{-t/\tau} = 0.24$ A, $u_C(30\text{ min}) = 3.2 \times 0.32$ kV $= 1.024$ kV

$\quad$ (2) $R = \dfrac{\tau}{C} = 52.66$ MΩ

$\quad$ (3) $t_1 = 4\,588.4$ s

$\quad$ (4) $I_{\max} = \dfrac{10\text{ kV}}{0.2\ \Omega} = 50$ kA, $P = \dfrac{1}{5\tau}\displaystyle\int_0^{5\tau} \dfrac{10^2}{0.2}e^{-2t/\tau}\mathrm{d}t = 50$ MW

8.11 (1) $u_C(t) = (-10 + 20e^{-0.2t})$ V, $t \geqslant 0$

$\quad$ (2) $t_0 = 3.466$ s

8.12 $u(t) = (3 - 2.5e^{-12t})$ V, $t \geqslant 0$

A9　习题 9 答案

9.1 $Z = \begin{bmatrix} 4 & 1 \\ 1 & 3 \end{bmatrix}$

9.2 $Z = \begin{bmatrix} Z_1 + Z_2 & Z_2 \\ Z_2 & Z_2 \end{bmatrix}$

9.3 $Y = \begin{bmatrix} \dfrac{1}{2} + 1 & -1 \\ -1 & \dfrac{1}{2} + 1 \end{bmatrix} S = \begin{bmatrix} 1.5 & -1 \\ -1 & 1.5 \end{bmatrix}$ S

$\quad Z = \dfrac{1}{\Delta Y}\begin{bmatrix} 1.5 & -1 \\ -1 & 1.5 \end{bmatrix} = \dfrac{1}{1.5^2 - 1}\begin{bmatrix} 1.5 & -1 \\ -1 & 1.5 \end{bmatrix}\Omega = \begin{bmatrix} 1.2 & -0.8 \\ -0.8 & 1.2 \end{bmatrix}\Omega$

9.4 $T_a = \begin{bmatrix} 1 & Z \\ 0 & 1 \end{bmatrix}$, $T_b = \begin{bmatrix} 1 & 0 \\ \dfrac{1}{Z} & 1 \end{bmatrix}$, $T_c = \begin{bmatrix} \dfrac{1}{1-\mu} & 0 \\ 0 & 1 \end{bmatrix}$, $T_d = \begin{bmatrix} 1 & 0 \\ 0 & 1-\beta \end{bmatrix}$,

$\quad T_e = \begin{bmatrix} 1 & 0 \\ 0 & 1 \end{bmatrix}$, $T_f = \begin{bmatrix} -1 & 0 \\ 0 & -1 \end{bmatrix}$, $T_g = \begin{bmatrix} -\dfrac{L_1}{M} & \mathrm{j}\omega\left(\dfrac{L_1 L_2}{M} - M\right) \\ \dfrac{0}{\mathrm{j}\omega M} & \dfrac{L_2}{M} \end{bmatrix}$, $T_h = \begin{bmatrix} \dfrac{1}{n} & 0 \\ 0 & n \end{bmatrix}$

9.5 $H = \begin{bmatrix} 0 & 2 \\ -2 & \dfrac{4}{3} \end{bmatrix}$, $T = \begin{bmatrix} 2 & 0 \\ \dfrac{2}{3} & \dfrac{1}{2} \end{bmatrix}$

9.6 $\boldsymbol{Z}=\begin{bmatrix} 3 & 2 \\ 2 & 3 \end{bmatrix}\Omega,\ \boldsymbol{Y}=\begin{bmatrix} 0.6 & -0.4 \\ -0.4 & 0.6 \end{bmatrix}S$

9.7 T 形等效网络电路如图 A9-3 所示。

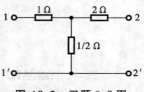

图 A9-3 习题 9.7 图

9.8 $\boldsymbol{H}=\begin{bmatrix} \dfrac{1}{Y_{11}} & -\dfrac{Y_{12}}{Y_{11}} \\ \dfrac{Y_{21}}{Y_{11}} & \dfrac{\Delta Y}{Y_{11}} \end{bmatrix}=\begin{bmatrix} \dfrac{1}{2} & 1 \\ 0 & -1 \end{bmatrix}$

9.9 $\boldsymbol{Y}=\dfrac{1}{\Delta Z}\begin{bmatrix} Z_{22} & -Z_{12} \\ -Z_{21} & Z_{11} \end{bmatrix}=\begin{bmatrix} j\omega L+\dfrac{1}{j\omega L} & -\dfrac{1}{j\omega L} \\ -\dfrac{1}{j\omega L} & \dfrac{1}{j\omega L} \end{bmatrix}$

$\boldsymbol{T}=\begin{bmatrix} -\dfrac{Y_{22}}{Y_{21}} & -\dfrac{1}{Y_{21}} \\ -\dfrac{\Delta Y}{Y_{21}} & -\dfrac{Y_{11}}{Y_{21}} \end{bmatrix}=\begin{bmatrix} 1 & j\omega L \\ j\omega L & 1-\omega^2 LC \end{bmatrix}$

9.10 $\boldsymbol{T}=\begin{bmatrix} A & B \\ AY+C & BY+D \end{bmatrix}$

9.11 $\boldsymbol{Y}=\begin{bmatrix} Y_{11}+Y & Y_{12}-Y \\ Y_{21}-Y & Y+Y_{22} \end{bmatrix}$

9.12 $Z_\text{C}=\sqrt{\dfrac{B}{C}}=\sqrt{\Delta Z}=\sqrt{\dfrac{L}{C}}$

9.13 $Z_\text{i}=\dfrac{AZ_\text{L}+B}{CZ_\text{L}+D}=R$

参 考 文 献

[1]　王慧玲.电路基础[M].2 版.北京:高等教育出版社,2007.
[2]　钟建伟.电路基础[M].北京:中国电力出版社,2008.
[3]　范世贵.王崇斌.电路基础[M].3 版.西安:西北工业大学出版社,2007.
[4]　邱关源.电路[M].5 版.北京:高等教育出版社,2006.
[5]　袁良范.马幼鸣.简明电路分析[M].北京:北京理工大学出版社,2003.
[6]　谢金详.电路基础[M].北京:北京理工大学出版社,2008.
[7]　刘建清.从零开始学电路[M].北京:国防工业出版社,2007.
[8]　王俊鹍.电路基础[M].2 版.北京:人民邮电出版社,2009.
[9]　孙玉坤.陈晓平.电路原理[M].北京:机械工业出版社,2006.
[10]　霍龙.朱晓萍.电路[M].北京:中国电力出版社,2009.
[11]　单潮龙.电路[M].北京:国防工业出版社,2008.
[12]　陈菊红.电工基础[M].北京:机械工业出版社,2008.
[13]　赵会军.电工技术[M].北京:高等教育出版社,2006.